国防科技图书出版基金

# 旋翼飞行器飞行力学建模

## Flight Dynamics Modeling for Rotorcraft

吕少杰　李国知　曹义华　编著

国防工业出版社

·北京·

**图书在版编目(CIP)数据**

旋翼飞行器飞行力学建模/吕少杰,李国知,曹义
华编著. —北京:国防工业出版社,2023.1
ISBN 978-7-118-12629-7

Ⅰ.①旋… Ⅱ.①吕… ②李… ③曹… Ⅲ.①无人驾
驶飞行器-飞行力学-力学模型 Ⅳ.①V47

中国国家版本馆 CIP 数据核字(2023)第 014553 号

※

国防工业出版社出版发行
(北京市海淀区紫竹院南路 23 号　邮政编码 100048)
三河市腾飞印务有限公司印刷
新华书店经售
*
开本 710×1000　1/16　印张 14½　字数 242 千字
2023 年 1 月第 1 版第 1 次印刷　印数 1—2000 册　定价 118.00 元

**(本书如有印装错误,我社负责调换)**

国防书店:(010)88540777　　发行邮购:(010)88540776
发行业务:(010)88540717　　发行传真:(010)88540762

# 致 读 者

本书由中央军委装备发展部**国防科技图书出版基金**资助出版。

为了促进国防科技和武器装备发展,加强社会主义物质文明和精神文明建设,培养优秀科技人才,确保国防科技优秀图书的出版,原国防科工委于1988年初决定每年拨出专款,设立国防科技图书出版基金,成立评审委员会,扶持、审定出版国防科技优秀图书。这是一项具有深远意义的创举。

**国防科技图书出版基金**资助的对象如下:

1. 在国防科学技术领域中,学术水平高,内容有创见,在学科上居领先地位的基础科学理论图书;在工程技术理论方面有突破的应用科学专著。

2. 学术思想新颖,内容具体、实用,对国防科技和武器装备发展具有较大推动作用的专著;密切结合国防现代化和武器装备现代化需要的高新技术内容的专著。

3. 有重要发展前景和有重大开拓使用价值,密切结合国防现代化和武器装备现代化需要的新工艺、新材料内容的专著。

4. 填补目前我国科技领域空白并具有军事应用前景的薄弱学科和边缘学科的科技图书。

国防科技图书出版基金评审委员会在中央军委装备发展部的领导下开展工作,负责掌握出版基金的使用方向,评审受理的图书选题,决定资助的图书选题和资助金额,以及决定中断或取消资助等。经评审给予资助的图书,由国防工业出版社出版发行。

国防科技和武器装备发展已经取得了举世瞩目的成就,国防科技图书承担着记载和弘扬这些成就、积累和传播科技知识的使命。开展好评审工作,使有限的基金发挥出巨大的效能,需要不断摸索、认真总结和及时改进,更需要国防科技和武器装备建设战线广大科技工作者、专家、教授以及社会各界朋友的热情支持。

让我们携起手来,为祖国昌盛、科技腾飞、出版繁荣而共同奋斗!

国防科技图书出版基金
评审委员会

# 前　言

　　直升机具有垂直起降、空中悬停、贴地机动飞行等独特飞行能力,但是其应用却始终掣肘于速度慢、航程短、振动噪声大等缺点,目前直升机正向着以高速、绿色和智能为特征的第五代产品迈进。近年来,为提升直升机的飞行速度,直升机不断发展出新构型,由于加装了推力/升力装置或固定翼飞机飞行模式,此类飞行器严格地讲已不能称为直升机,可统称为旋翼飞行器。美国2013年推出"未来垂直起降飞行器"(FVL)计划,重点在于提升现役直升机的速度、航程等性能指标,并已完成了多种高速新构型旋翼飞行器的飞行试验。高速旋翼飞行器和传统构型直升机将在很长一段时间内共存,甚至可能不会完全替代传统直升机,如纵列式直升机,纵列式双旋翼的气动布局能够承受目前旋翼飞行器中最大的重心变化范围,并适应复杂着陆环境,甚至能够完成悬崖单点起降的绝技,货舱空间大,负载能力强,当前构型的高速旋翼飞行器都不能完全胜任。

　　我国直升机总体设计正在从面向简单性能的设计向面向用户需求的综合能力设计转变,涉及学科越来越广,但飞行力学始终是直升机、旋翼飞行器总体设计的基础。飞行力学是以空气动力学为基础,研究飞行器在空中飞行时受到的力及其运动轨迹的学科。对于包括直升机在内的旋翼飞行器,由于旋翼空气动力的复杂性、旋翼尾流和机身之间的气动干扰,以及旋翼飞行器与固定翼飞行器不同的飞行特性及操纵模式,旋翼飞行器的飞行力学具有特殊的复杂性。经典的直升机飞行力学的发展较早,近年来,随着以 V–22 倾转旋翼机为代表的新构型旋翼飞行器的研制和投入实用,旋翼飞行器的飞行力学研究范围得到较大拓展,国内外学者、工程师们做了大量研究,取得了不少成果。

　　我国直升机长期以来型谱不全、构型单一,本书结合紧跟直升机的发展趋势,针对多种构型旋翼飞行器(单旋翼带尾桨直升机、纵列式直升机、倾转旋翼机及外吊挂系统、自转旋翼机等)的飞行力学问题进行全面阐述,对旋翼飞行器设计与分析中涉及的旋翼尾迹建模、旋翼/机身气动干扰建模、飞行力学建模及操纵性、稳定性和飞行品质分析方法作了系统介绍。本书兼顾旋翼飞行器飞行力学研究与分析的基本方法和工程应用,可供相关专业研究生学习使用,也可供从事旋翼飞行器设计和飞行力学建模研究技术人员阅读。

　　本书是作者在长期从事直升机飞行力学研究、航空装备作战需求与发展论证的基础上,融汇了中外该领域最新研究成果撰写完成的。全书共分 10 章,第 1 章介绍旋翼飞行器和飞行力学的内涵和发展,讨论了旋翼飞行器在设计上的特殊要求。第 2 章介绍旋翼的气动建模基础和技术应用,是旋翼飞行器空气动力学的核心内容。第 3 章讨论了旋翼机身气动干扰的求解问题,并在飞行力学分析模型中,以计算得到的气动干扰结果替代风洞数据,有利于减轻飞行力学建模中对气动干扰经验公式或试验数据的依赖。第 4 章描述了旋翼飞行器的全机飞行力学非线性方程,讨论了各种配平算法的计算流程和优缺点。第 5~8 章分别介绍了单旋翼带尾桨直升机、纵列式直升机、倾转旋翼机及外吊挂系统、自转旋翼机的飞行力学建模与应用基础,在阐明飞行力学原理的同时,更注重工程应用,将每种构型的理论计算与试验试飞进行充分对比分析,理论分析深入,工程化计算准确,算例充分。第 9 章和第 10 章讨论旋翼结冰条件下直升机飞行性能和飞行品质的研究方法,并对结冰带来的影响进行了分析。

本书的出版得到了国防科技图书出版基金的资助和国防工业出版社的大力支持和帮助,作者在此表示衷心感谢。本书的部分内容,采用了作者所在课题组的研究成果,特别感谢与作者共同研究并对研究成果做出贡献的研究人员。

由于作者水平有限,书中难免有不妥之处,敬请读者批评指正。

# 目　录

## 第1章　绪论

## 第2章　旋翼的气动建模

# 第3章 旋翼气动干扰分析

# 第4章　旋翼飞行器非线性飞行力学分析

# 第5章　单旋翼带尾桨直升机飞行力学建模

# 第6章　纵列式直升机飞行力学建模

# 第7章 倾转旋翼机及外吊挂飞行力学建模

# 第8章 自转旋翼机飞行力学建模

# 第9章 飞行性能计算及应用

# 第10章 直升机飞行品质研究

# Contents

## Chapter 1　Introduction

# Chapter 2   Aerodynamic modeling of the rotor

# Chapter 3   Rotor aerodynamic
# interference analysis

## Chapter 4　Nonlinear flight dynamics analysis of rotorcraft

## Chapter 5　Flight dynamics modeling of a single rotor helicopter with tall rotor

## Chapter 6　Flight dynamics modeling
## of tandem helicopter

# Chapter 7　Flight dynamics modeling of
# tiltrotor aircraft with sling load

# Chapter 8　Flight dynamics
## modeling of autogyro

# Chapter 9  Flight preformance calculation
## and application

# Chapter 10  Research on helicopter
## flight quality

# 第 **1** 章
## 绪论

## ■ 1.1 旋翼飞行器的发展概况

旋翼飞行器是以发动机驱动/无动力驱动的旋翼作为主要升力装置的飞行器的总称。旋翼飞行器以直升机(helicopter)为主要代表,还包括复合式直升机(compound helicopter)、倾转旋翼机(tiltrotor aircraft)、自转旋翼机(autogyro)等。旋翼飞行器由直升机发展而来,除自转旋翼机外,大都能够实现垂直起降、悬停、定点回转、前飞、后飞和侧飞,具有较高的自由度,可以保持零空速悬停,并以"一树之高"完成地形跟踪、地形回避,穿越山谷和鱼跃越障,以及高难度的贴地机动飞行。

直升机具有垂直起降、空中悬停、低空贴地飞行等其他飞行器无法比拟的飞行特性,在现代战争中扮演了重要角色。复合式直升机、倾转旋翼机等在充分保留直升机特点的基础上,通过采取相应技术措施使飞行速度得到大幅提高,进一步提高了旋翼飞行器的技术水平和作战效能。自转旋翼机虽然不能空中悬停,与直升机相比飞行速度相当,但结构简单、安全性极高、成本低、噪声小、使用维护方便,在民用领域已经被广泛应用,也非常适合军事上的秘密潜入和特种作战。

### 1.1.1 直升机的发展历程

20 世纪初为直升机发展的探索期,多种试验性机型相继问世。直升机升空后,为实现可控稳定飞行,第一个需要解决的问题是配平旋翼旋转所引起的反扭矩。因此,直升机早期的方案大多是多旋翼式,靠旋翼彼此反转来解决配平问题。方案的多样性表明了直升机探索阶段的技术不成熟性。经过多年实践,这些方案中只有纵列式和共轴双旋翼式保留了下来,至今仍在应用。横列式双旋翼方案未在直升机家族中延续,但在倾转旋翼/机翼式垂直起降飞行器中得到了继承和发展。单旋翼带尾桨直升机的代表是在 VS - 300,如图 1 - 1 所示,在其基础上制造的 R - 4 直升机是世界公认的第一架实用直升机。R - 4 直升机在第二次世界大战期间生产了数百架,极大促进了直升机的发展。

图 1 - 1　VS - 300 直升机试飞

直升机的发展历程以动力装置和旋翼系统为主要标志,根据机体结构、电子设备等,可以将直升机发展分为 4 个阶段。发展至今已是第四代直升机,其主要特点包括:采用无铰/无轴承旋翼、复合材料机体,装备更先进的电传操纵系统,安装新一代涡轴发动机、新一代通信导航和控制系统,最大飞行速度超过 300km/h,噪声水平 80dB 左右,具备一定的隐身性能。

尽管直升机具有可以悬停、机动灵活等诸多优点,但是其应用却始终掣肘于速度低、振动噪声大等缺点,目前直升机正向着以高速、绿色和智能为特征的第五代产品迈进。直升机前飞时,旋翼所处的复杂气动环境从根本上限制了直升机速度的提升,而要将旋翼从极度恶劣的前飞工作环境中解脱出来,主要技术手段包括总体构型革新与旋翼能力提升。直升机的使用空域一般在 5 ~ 6km 以下,与固定翼飞机相比,该范围更接近居民空间,在使用过程中所引起的周边环境变化,如外部噪声引起的噪声污染和发动机排放物引起的空气污染等,都会对周边的居民产生影响。对这些外部环境污染的有效控制是绿色直升机的特征,也是直升机适用性的重要指标。通常来讲,降噪和减排的技术称为绿色直升机技术。智能材料结构通过微型传感器、微处理器、光纤和压电材料等植入复合材料中,使直升机旋翼或结构按照飞行员的指令或根据局部的空气动力特性自动作出响应,调整形状,从而提高飞行性能和品质。

## 1.1.2 旋翼飞行器的发展

直升机经过 20 世纪初的发展,单旋翼带尾桨构型由于操纵性和稳定性的优势占据了主流,多旋翼构型中只有纵列式和共轴双旋翼式保留了下来。其中纵列式直升机以 CH-47 为代表,两副旋翼纵向前、后设置,允许设计长而平直的机身,货舱容积宽大,重心范围广,适合执行大载重运输任务。共轴双旋翼构型两副旋翼上下反转设计,无需尾桨,以 K-50/52 直升机为代表,上、下两副旋翼间隔较大,并在旋翼挥舞方面做了限制,以防止打桨。

常规构型直升机在大速度平飞时前行桨叶接近声速,后行桨叶出现反流区,带来旋翼升力降低、阻力及功率需求激增,最大速度与航程等性能指标难以提升,飞行效率受到诸多限制。因此,实现直升机的高速化,必须在构型上创新。到目前为止,提升直升机速度的构型技术大致有复合式、转换式两类,由于加装了推力/升力装置或固定翼飞机飞行模式,此类飞行器严格地讲已不能称为直升机,可统称为旋翼飞行器。

### 1. 复合式

复合式高速直升机是在常规旋翼/ABC 旋翼的基础上,通过配置辅助推进或升力装置实现高速飞行。例如,欧洲 X3 型即是通过机翼实现前飞时为旋翼卸载,旋翼可降低总距和转速,依赖辅助螺旋桨推进实现高速前飞。西科斯基提出前行桨叶概念(advancing blade concept,ABC)旋翼的复合推力高速直升机,在高速状态时后行桨叶被卸载,前行桨叶的升力能力得到最大程度的利用,实现不依靠机翼大速度前飞,是未来直升机的重要发展方向之一。该构型在 X2 验证机的基础上不断发展,并参与了美军的"未来垂直起降飞行器项目"(FVL)竞标,发展历程如图 1-2 所示。

图 1-2 基于 ABC 旋翼的复合推力直升机发展历程

复合式高速直升机的旋翼在飞行包线内的功能变化相对较小,确保其低空、低速性能和近地面机动能力不低于常规构型直升机,同时达到了较高的平飞速度。但未从根本上改变高速飞行前、后行桨叶气流不对称的问题,直升机的振动问题突出,最大平飞速度很难超过500km/h。

**2. 转换式**

转换式直升机,即在悬停、低速飞行和垂直飞行时以直升机模式飞行,高速时以螺旋桨飞机模式前飞,具有"跨界"特征,可实现更高的平飞速度,但悬停低速性能比复合式要低。转换式构型根据转换方式,又分为倾转旋翼机和停转旋翼机。其中停转式转入高速以后旋翼停转,作为机翼使用,其最大平飞速度理论上在所有构型中最高,但技术难度太大,目前尚处在探索研究阶段。

倾转式旋翼机通过转换旋翼功能实现高速飞行,即利用倾转机构实现其主要的气动部件在旋翼与螺旋桨之间转换,从而实现悬停、低速飞行和垂直飞行时以直升机模式飞行,高速时以螺旋桨飞机模式前飞,从而兼顾低速与高速飞行性能,具有振动小、噪声低、经济性好的优点,飞行控制系统和动力传动系统较为复杂。

以V-22为代表的倾转旋翼机是目前唯一列装部队的高速构型。目前倾转构型已发展至第三代,在技术升级的基础上,重点提升了低速飞行的机动性,与采用ABC旋翼的复合式直升机共同竞争美军的FVL项目,这两种构型的发展对比如图1-3所示。

SB>1
(起飞重量13.6t, 2018)

V-208
(起飞重量13.6t, 2017)

(a) V-280与SB>1

S-97
(起飞重量5t, 2015)

AW609
(起飞重量7.6t, 2003)

(b) AW609与S-97

X2技术验证机         V–22
(起飞重量2.5t，2008)   (起飞重量23.8t，1989)

(c) V–22 与 X2

图 1 – 3 倾转旋翼式与 ABC 旋翼的复合推力式的发展对比

此外，还有一种利用前飞时的相对气流吹动旋翼自转以产生升力的旋翼飞行器——自转旋翼机，它是一种介于直升机和固定翼飞机之间的飞行器。自转旋翼机的前进力由发动机带动螺旋桨直接提供，起飞时也可为旋翼提供动力，借助旋翼做近似垂直的起降。与直升机相比，自转旋翼机无传动机构和旋翼变距机构，无反扭矩问题，机体简单，空重比小，生产成本低，操作简单，易于学习，噪声和振动水平低，目前多用于轻小型航空器。

### 1.1.3 主要部件的发展

直升机由升力/推进系统、机身结构、起落装置、动力系统、传动系统、航电系统、机电系统和机载武器等主要部件组成。

#### 1. 升力/推进系统

升力系统主要包括旋翼和尾桨。旋翼是直升机区别于其他飞行器的标志性部件，它是直升机的主要升力面和操纵面。操纵机构通过对旋翼的操纵实现直升机的垂直起落、空中悬停以及向前、后、左、右各个方向的飞行。桨叶材料由最初的木材到金属材料，发展至今的复合材料，不仅要求旋翼系统的气动性能优越，同时对噪声、可靠性、可维护性以及抗弹击生存力提出了越来越高的要求。

尾桨用来平衡旋翼产生的反扭矩，除常规布局外，还有倾斜尾桨、涵道式尾桨、剪刀式尾桨等。每种尾桨构型都具备自身的优、缺点。例如，倾斜尾桨能够扩大直升机纵向重心范围，但易造成俯仰与偏航的操纵耦合，对机动性不利；涵道式尾桨安全性、隐蔽性高，但占据的结构空间多、重量大。

随着对直升机性能要求的不断提高，直升机桨叶翼型由对称翼型发展至超临界翼型，在较宽的马赫数范围内拥有较好的气动性能。桨叶形状由矩形桨叶发展至桨尖尖削、前凸后掠，而后又向三维变化发展（变弦长、下反桨尖），进一

·005·

步减少桨 - 涡干扰,提升旋翼效率。

旋翼、尾桨主要通过挥舞铰、摆振铰和变距铰控制桨叶 3 个方向的运动,旋翼桨毂构型经历了全铰接式/半铰接式、传统金属无铰旋式、星形柔性/球柔性、无铰式这 4 个阶段,随着材料技术的进步,其构型经历了由简单到复杂再到简单的过程,如图 1 -4 所示。

图 1 -4　全铰接式与无铰式旋翼

对于复合式直升机和自转旋翼机,需要推力螺旋桨或矢量推力涵道螺旋桨为前飞时提供推力,倾转旋翼机在高速飞行时由切换至螺旋桨状态的旋翼提供推力。

**2. 机身系统**

机身是直升机基本构成和平台,用于容纳乘员、支持和固定各种部件和设备。直升机多采用半硬壳式的机身结构,材料由最初的铝合金,逐渐演变为复合材料,目前机身结构大部分已使用复合材料。

**3. 起落装置**

起落装置是用于直升机起飞、降落及地面滑行的重要部件,主要用于支撑机体、传递地面载荷、吸收着陆冲击能量,是直升机满足抗坠毁指标和防止地面共振的主要部件。按结构可分为滑橇式起落架和轮式起落架,轮式起落架按布局可分为前三点和后三点式布局,按是否具备收放功能分为可收放、不可收放和半收放式。

滑橇式起落架多用于轻型直升机,结构简单。运输直升机稳定性要求高,货物和人员集中在中后机身,多前三点式起落架;武装直升机整机大部分质量靠前,野外着陆场地适应能力要求高,多采用后三点式起落架。从降低飞行阻力、雷达散射面积等角度考虑,可收放式起落架更为适合;从安全性角度出发,不可收放式起落架优势明显,直升机执行作战任务时多采用贴地飞行,存在来不及放下起落架的风险,这无疑会造成人员的伤亡。

**4. 动力系统**

20 世纪 60 年代开始,直升机的动力装置由活塞式发动机发展到涡轮轴式发动机。从 20 世纪 40 年代美国成功研制出世界上第一台涡轴发动机 T50 开始,涡轴发动机已经发展并投产到了第四代,正在研制第五代,功率覆盖 200 ~

8500kW。从第一代到第四代,压气机总压比提高了 2~3 倍,涡轮进口温度提高了 300~400K,单位功率提高了 1~2 倍,耗油率则下降了约 30%。20 世纪 80 年代投产的第三代涡轴发动机现处于生产和使用的高峰期,性能和结构先进,采用数字电子控制 + 机械液压控制的混合控制系统,典型材料为钛合金、定向凝固镍基合金、热障涂层和粉末高温合金。20 世纪 90 年代开始投产的第四代涡轴发动机性能和结构更加先进,采用全权限数字式电子控制系统,典型材料为第二代单晶合金和复合材料等。

**5. 传动系统**

直升机传动系统的作用是将发动机的功率和转速按一定比例传递到旋翼、尾桨和各附件,是涡轮轴发动机动力输出必不可少的动力传输部件。典型直升机传动系统如图 1-5 所示。国外传动系统的发展大致可分为 4 个阶段:①VS-300 采用的 V 形传送带和锥齿轮的传动系统;②由于 V 形传送带传递功率有限,直升机传动系统开始完全使用齿轮和轮系传动,包括定轴轮系和周转轮系;③传动系统减速器采用单元体设计和分级传动,机构更加复杂,干运转能力加强,减速比高是第三阶段直升机传动系统的特点;④从 21 世纪初至今,采用新型齿轮材料、面齿轮及分扭传动,在高速直升机、倾转旋翼机领域提出了共轴反转传动、倾转轴传动、变转速传动等新技术。

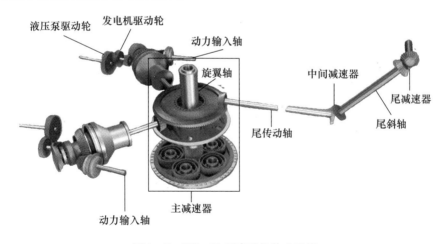

图 1-5　UH-60 型直升机传动系统

**6. 航电系统**

自 20 世纪 70 年代起,直升机开始采用大规模集成电路的电子设备和较先进的飞控系统。近年来,在信息技术的飞速发展下,航电系统成为发展最快的航空技术领域之一,包括态势感知、指挥控制、通信/数据链、导航定位、信息对抗和信息保障等功能,航电系统综合化程度越来越高。未来随着类脑计算、人机融合智能、脑机融合技术的发展,电子系统将朝着一体化、智能化方向拓展。

**7. 武器系统**

直升机机载武器系统主要包括机载弹药和机载火控系统。机载弹药主要包括空空导弹、空地导弹、火箭弹、航炮、航枪等;机载火控系统包括光电探测、火控雷达和头瞄等。近年来直升机机载武器远程打击能力不断增强,电子与光电对抗技术取得了长足进步,并注重模块化、通用化设计,多模制导技术大量应用。机载武器由"精确制导武器"向"智能化武器"迈进,各种新概念武器方兴未艾。

# ◼ 1.2　旋翼飞行器飞行力学的研究内涵和意义

## 1.2.1　研究内涵

旋翼飞行器飞行力学是将大气飞行力学的普遍原理应用到旋翼飞行器这一研究对象上。它以空气动力学为基础,研究旋翼飞行器在飞行时所受到的力和运动轨迹等问题,其研究范畴可以分为三部分。

(1)运动学问题。该问题是飞行力学研究的核心问题,通过旋翼飞行器运动学方程,建立运动、外力(矩)与操纵(控制)之间的关系。运动学方程是飞行控制系统设计的基础,也是飞行品质设计和评估的主要手段。

(2)动力学问题。主要研究旋翼飞行器的轨迹、动态特性(包括操纵性、稳定性、机动性等)及飞行精度(包括飞行控制精度、武器命中精度等)问题。

(3)静力学问题。它是动力学的特殊情况,主要研究旋翼飞行器飞行过程中的力或力矩平衡问题,如定常平飞时的运动特性研究。

建立旋翼飞行器飞行力学的数学模型(即运动学问题)是一项全局性研究工作,涉及的学科众多,如多体系统动力学、空气动力学、旋翼空气动力学、航空发动机理论、自动控制理论、计算数学等。飞行力学数学模型是开展直升机操稳特性分析、飞行实时数值仿真、半实物仿真、飞行模拟器设计、人机系统特性分析、飞行控制系统设计等项研究的基础。它以直升机飞行力学建模为基础,不断拓展至各种新构型旋翼飞行器,经历了从线性模型向非线性模型、从简单模型向复杂模型(包含飞行控制、发动机动力学及燃油调节等子系统)发展的过程,研究的飞行状态也由定常飞行向机动飞行发展。

由于直升机固有的动态不稳定性,人工驾驶十分困难,随着自动控制理论的不断完善,飞行控制系统(包括增稳系统)已经广泛应用于直升机,用于改善直升机的动力学特性,实现对直升机的各种控制。旋翼飞行器飞行力学建模已经与控制理论密不可分,其范畴由无控制情况下拓展至在有控制和无控制情况下旋翼飞行器运动特性研究。

以直升机为代表的旋翼飞行器空气动力现象十分复杂,气动部件之间干扰现象严重,旋翼本身是一个存在惯性、结构和气动耦合的复杂动力学系统,它既是升力面又是操纵面,存在明显的操纵耦合。因此,旋翼飞行器的运动具有明显的非线性特征,飞行力学建模复杂,求解十分困难。随着计算机科学和技术的突飞猛进,依靠电子计算机可对旋翼飞行器的复杂运动及其伴随现象进行定量化或可视化研究。

现代飞行力学作为一个交叉性很强的学科,不断推动着旋翼飞行器的发展,随着旋翼飞行器在军事上的广泛应用,除了对旋翼飞行器飞行性能、平衡特性、稳定性、操纵性和飞行载荷提出要求外,对振动水平、噪声水平、飞行航迹预测、机动性等要求也越来越高,为旋翼飞行器飞行力学建模增加了新的内涵和应用方向。它主要包括以下几个方面。

(1)贴地飞行和任务规划。贴地飞行可发挥旋翼飞行器的超低空优势,充分利用地形、气象条件做掩护,大幅降低被敌探测的概率。通过开展贴地飞行特性建模、贴地飞行控制研究、航路规划及航迹预测等,发挥"一树之高"的优势,提高旋翼飞行器的低空突防能力。

(2)多机协同对抗研究。旋翼飞行器执行作战任务多以编队形式展开,在研究单个旋翼飞行器飞行力学建模的同时,还需要研究多机的协同运动或对抗运动(多体运动)建模。飞行力学建模在研究若干飞行器在复杂环境背景下的攻防对抗问题中起着非常重要的作用。

(3)提升旋翼飞行器任务效能。不同任务对旋翼飞行器的要求各不相同,有时需要采用特殊设计才可满足任务要求。执行攻击任务时,为提高战场生存力,通常采用武器内埋,起落架可收放等设计提高隐身性;执行运输任务时,为便于货物运输,采用新的平尾控制模式、斜置尾桨等设计扩大货舱重心范围;执行远程突击任务时,为快速达到作战地域,需要被大型运输机装载运输,采用了低高度位旋翼等设计满足运输机舱内运输尺寸限制。这些特殊设计要求都需要对旋翼飞行器布局进行优化和并开展飞行力学研究。

(4)提高机载武器打击精度。需开展武器发射扰动条件下的飞行特性建模和控制方法研究,旋翼飞行器在发射武器之前,通过前馈控制进行姿态抑制,减少武器发射对载机的扰动,提高发射时的姿态稳定性和武器命中精度。

(5)开展作战效能评估的基础。根据本国地理环境、周边态势,技术基础、经济实力和装备规模,以飞行力学建模为基础,配合仿真手段,进行因地、因时制宜的战术技术研究,制订包括空/地、空/空等作战方案,进行旋翼飞行器的作战效能评估。

## 1.2.2 作用意义

旋翼飞行器飞行力学建模在旋翼飞行器的需求论证、工程设计、试验试飞、设计定型等阶段都发挥着重要作用。在需求论证阶段,可基于已有型号数据、实际飞参数据,建立通用飞行力学模型开展作战推演和效能评估,形成装备概念图像;在方案设计阶段,旋翼飞行器飞行力学建模主要解决总体设计参数选择、重量重心设计,根据气动数据进行飞行性能评估、飞行载荷分析、飞行品质评估与设计、飞行仿真、飞行控制系统设计和多学科优化设计等,提供满足要求的直升机数学模型和分析软件,提供高置信度的计算结果;在工程设计阶段,根据试验数据进行发动机和飞控系统的定量飞行品质评估、机动科目仿真、特殊性能和机动飞行载荷分析,为试飞考核提供飞行包线和安全边界;在设计定型阶段,按照"新机型在各个研制阶段都需用直升机飞行力学模型进行飞行品质的核查"的规定,基于试飞数据完成最终的飞行品质等评估。

此外,飞行力学建模还可用于直升机地面飞行模拟器设计、先进旋翼系统设计研究、直升机低速低空垂直飞行模拟、高性能武装直升机超低空地形跟踪飞行品质研究、武装直升机空战模拟、直升机多变量模型跟踪控制系统设计、有地效作用时旋翼气动特性研究等方面。

飞行力学建模不但贯穿于旋翼飞行器发展的各个阶段,而且具有重大的国防和经济价值。

## ▮ 1.3 旋翼飞行器飞行力学概况

旋翼飞行器飞行力学以空气动力学、理论力学和控制理论为基础,是研究旋翼飞行器整体运动、控制及响应的学科。旋翼是旋翼飞行器的标志,旋翼的气动建模是飞行力学建模的重点。旋翼的流场十分复杂,非定常状态严重,它限制了旋翼飞行器的速度极限,对其他部件带来严重的气动干扰,因此旋翼飞行器的飞行力学特性很大程度上取决于旋翼的气动性能。飞行性能是用户关心的旋翼飞行器的主要技战术指标,飞行品质是飞行器按照驾驶员的需要而完成任务的适宜程度,是旋翼飞行器任务效能的重要评价指标,已成为旋翼飞行器设计、试飞和使用的依据。飞行力学建模是精确开展飞行性能计算和飞行品质评估的重要基础。

## 1.3.1 旋翼空气动力学

旋翼是旋翼飞行器产生升力和操纵力的主要部件,受旋翼涡系的影响,直升机工作在十分复杂的流场中,旋翼对其他部件的气动干扰给机身动力学设计和飞行力学研究都带来十分重要的影响。

细致研究旋翼的气动特性,并考虑旋翼下洗带来的气动干扰,目前主要有两类数值方法,即涡方法和 CFD(计算流体力学)方法。CFD 方法通常基于欧拉体系求解欧拉方程或纳维 – 斯托克斯(N – S)方程,可以更好地描述旋翼流场的细致变化。但 CFD 方法采用有限体积或有限差分进行求解控制方程时,由于欧拉体系的固有属性,CFD 方法存在较大的数值耗散,从而导致计算精度降低。除了对计算资源要求较高外,还不易实现将旋翼流场和气动干扰计算嵌入飞行力学模型中,进一步研究旋翼流场对直升机平衡特性的影响。涡动力学采用尾迹分析,基于升力线或升力面假设,主要经历了固定尾迹、预定尾迹和自由尾迹 3个发展阶段。自由尾迹方法基于拉格朗日体系和无黏、不可压假设,考虑尾迹畸变,认为旋翼桨尖涡按照物质线运动。自由尾迹方法发展得比较成熟,在旋翼性能、气动载荷和气弹特性等方面得到了广泛的应用。旋翼尾迹模型耦合三维机身面元模型,如图 1 – 6 所示,可高效地分析旋翼带来的气动干扰,可进一步将气动干扰分析与飞行力学模型结合起来,用于飞行力学问题的研究。

图 1 – 6　AH – 64 直升机旋翼和尾桨尾迹形状

## 1.3.2　飞行力学建模

要完整、全面地描述旋翼飞行器运动过程,数学模型是相当复杂的。最初的直升机飞行力学模型较为简单,旋翼气动力建模忽略旋翼桨叶运动、尾迹诱导入流和桨叶气动载荷的动态特性,仅考虑机身的 6 个刚体运动自由度。随着对军用直升机飞行品质和机动性的要求越来越高,具有高带宽、高增益的飞行控制系统得到了广泛应用,直升机飞行力学模型的总体构成、子模型复杂程度、载荷计算难易程度越来越深,不同的研究对象、目的和阶段,构造数学模型的子模型数量和模型的复杂程度不尽相同。例如,柔性桨叶假设和二元翼型非定常非线性假设将大大提高旋翼模型的复杂程度,使旋翼载荷计算变得更加困难,而要模拟直升机起飞和着陆时的动力学过程,则必须考虑起落架动力学模型。

近几十年来,国外对直升机飞行动力学建模作了较系统的理论研究。针对不同的机型,发展了多种直升机飞行动力学非线性数学模型及其改进型。其中,最具代表性的是 ARMCOP 模型和 GENHEL 模型。

ARMCOP 模型由美国国家航空航天局(NASA)艾姆斯研究中心(AMES)开发,主要包含旋翼、尾桨、尾翼、机身、发动机/转速控制器、地面效应、控制系统。该模型考虑 10 个自由度,即 3 个旋翼挥舞自由度、1 个旋翼旋转自由度和 6 个机体自由度。在处理旋翼模型时,假设桨叶是刚性的,考虑桨叶挥舞铰约束、外伸量和洛克数等主要参数,采用静态均匀入流理论,二元翼型模型采用准定常线性假设,应用叶素理论导出周期平均的旋翼载荷解析表达式。这一方法便于对旋翼进行理论分析。尾桨处理成跷跷板旋翼形式,不考虑其周期变距和桨尖平面动力学,并给出了载荷解析表达式。考虑了旋翼、机身下洗因子,这种下洗因子由试验获得的经验系数或经验公式给出。机身和尾翼的气动力系数由风洞试验给出。模型经过不断修改和完善,得到了广泛应用。

GENHEL 模型由美国西科斯基直升机公司研发,主要包含旋翼、尾桨、尾翼、机身、发动机及燃油调节模型、地面效应、大气扰动模型、起落架动力学模型、控制系统模型。该模型假设机身和桨叶为刚性,考虑 6 个机体自由度和桨叶挥舞、桨叶摆振、静态非均匀入流和旋翼旋转等自由度。在计算旋翼载荷时没有考虑小角度假设,而是利用叶素理论逐段积分计算桨叶作用力。这种处理方法计算量较大,而且需要大量的桨叶翼型大范围攻角和侧滑角的风洞试验数据。用下洗因子模拟旋翼对机身、尾翼、尾桨和机身对尾翼、尾桨的下洗效应。下洗因子、机身和尾翼的气动力系数由风洞试验给出。模型以"黑鹰"直升机(UH-60A)为研究对象,经过修改和完善,对 UH-60A 直升机进行飞行实时仿真,理论计算结果与飞行试验数据符合很好。

近年来,为满足高性能直升机的设计要求,已有学者考虑尾迹自诱导畸变以及机体非定常运动引起的尾迹畸变效应对桨盘诱导入流分布,并进一步基于旋翼自由尾迹模型建立直升机飞行力学模型。自由尾迹/面元法虽然已经运用于旋翼/机身的气动干扰计算,但人们研究的主要内容是由于桨叶干扰而带来的机身表面的定常和非定常压力系数变化,尚未涉及飞行力学问题。长期以来,国内在直升机飞行动力学建模中,关于旋翼与机身的气动干扰计算仍然依赖气动经验公式和修正过的试验数据,需要引进高精度的气动干扰分析模型。

近年来,以 400km/h 以上的高速为典型特征的旋翼飞行器"呼之欲出",这类旋翼飞行器增加了升力/推力装置、气动操纵舵面,或综合了直升机和涡轮螺旋桨飞机的技术特点,其结构、气动、控制等技术比一般飞机或直升机复杂得多,其飞行力学建模已成为目前研究的热点。

## 1.3.3  飞行性能计算研究

旋翼飞行器由于具备固定翼飞机所没有的垂直飞行能力,用途十分广泛。飞行性能是飞行力学的重要研究内容之一,是以直升机为代表的旋翼飞行器主要技术指标和使用要求,主要是指常规飞行状态的性能,包括悬停性能、垂直飞行性能和前飞性能。飞行性能取决于不同状态下的剩余功率,即需用功率和发动机可用功率之差。当前飞速度增大到某一临界值时,由于空气压缩性,局部激波出现及发展,将出现波阻功率,它使翼型阻力系数急剧增大。在工程计算中,往往在大速度飞行时需用功率计算值跟不上试飞数据的变化,就是由于旋翼气动模型的阻力计算不准造成的。近年来,国内外学者大量研究了直升机的特征参数对飞行性能的影响,得出了一些有益的结论,如旋翼变转速设计对悬停升限和航程等的提升、斜置尾桨对直升机中小速度下的性能有利。

自 1970 年以来,当直升机被允许在仪表飞行规则下进行飞行后,直升机飞行遇到了越来越多的云层结冰问题。直升机飞行高度多处于 6000m 以下,在此高度范围内,经常会遇到雨雪冰霜等恶劣天气,当大气中的液态水含量较高时,会使直升机在执行任务期间遭遇云层结冰的危险。因此,旋翼结冰情况下的飞行性能研究具有很强的现实价值,而此方向的研究尚未完全展开。

## 1.3.4  飞行品质评估

随着旋翼飞行器应用领域的拓宽和技术的发展,人们对旋翼飞行器的要求也不断提高。直升机的设计和评价指标,从早期提出的飞行性能和可靠的强度扩展至舒适性、可靠性和任务效能。新的航空设计标准已把直升机飞行品质作为研究重点,直升机飞行品质涉及飞行安全和飞行员操纵的难易程度,它是直升机完成飞行员指令的能力,同时也是直升机在执行任务中对飞行员的适应性。直升机飞行品质新标准把所有飞行任务分解成若干任务科目基元的各种组合,并在此基础上结合驾驶员的环境可知度与直升机的响应类型( response type,

RT),共同设定品质。飞行品质评估既包括研究人员通过计算分析得到各项定量数据,通过与规范中指标对比,得出飞行品质等级;还包括试飞员对规定任务科目进行飞行检验而给出的等级。直升机最终确定的飞行品质等级,是对两种评价进行综合得出的。

# 1.4　旋翼飞行器的特殊设计要求

## 1.4.1　生存性设计

一款符合用户要求的、成功的旋翼飞行器产品,特别是军用型号,除了满足基本的动力学特性外,还必须针对任务环境进行生存性设计。以直升机为例,面临的空地威胁和自身的局限性主要表现在:①飞行速度相对较慢,易被敌方锁定目标。常规构型直升机飞行速度难以突破350km/h,低于防空导弹、火箭弹的速度,难以靠自身速度摆脱敌人攻击。②飞行高度相对较低,易受敌武器有效射程威胁。直升机以低空或超低空为主要活动空间,通常在50~100m高度飞行。这一高度空间,往往是各型防空火力的重点威胁区域。③噪声较大,不利于隐蔽突袭。直升机依靠旋翼产生升力飞行,旋翼的气动噪声和传动系统的内部噪声都很大,这给敌方传递了准备袭击的信号,不利于火力突袭或机动运输。④重点部位防护少,抗弹击能力较弱。受发动机功率限制,直升机不能带厚重的装甲飞行,大部分直升机只是在驾驶员座舱或油箱附近装有装甲防护层。⑤发动机红外辐射强,易受敌红外制导武器攻击。

按照国军标定义,直升机生存力是指直升机抗御和(或)经受人为敌对环境的影响而不引起持久的性能降低,并能连续、有效地完成规定任务的能力。直升机尤其是军用直升机的生存力取决于该机的易感性和易损性,易感性描述了被敌方发现和命中的概率大小,主要是通过各种设计降低直升机的可探测性,提高直升机的隐身性能和电子对抗能力;易损性描述了该直升机遭受某种等级的威胁后,使得任务能力受到限制或取消、人员及设备遭受损伤或损失的可能性,该性能取决于直升机的原始设计以及直升机在承受一次或多次打击时,任何可以减少损伤的生存力措施。

生存力设计主要从低可探测性设计和防护设计入手,首先降低被发现的概率,被发现后通过电子干扰等主动防护手段降低被击中的概率,击中后通过抗弹击、抗坠毁、主动救生等技术提高被击中/坠毁后的生存概率。低可探测性设计主要包括红外、噪声及雷达低可探测性,目的在于降低被敌方发现或打击的距离与概率;防护性设计则包括抗弹击、抗坠毁、主动救生和主动防护等。

## 1.4.2 环境适应性

根据使用地区的环境特性,确定旋翼飞行器需要满足的温度、风速、雨雪、沙尘、结冰条件、太阳辐射等气候环境的耐受能力,当无法满足时需选装特殊设备或采取特殊的维护手段。当旋翼飞行器在海上、舰上使用时,贮存与使用中将会面临比在内陆使用时更为严苛的海洋性气候,如海浪冲刷、盐雾腐蚀、霉菌腐蚀、高温辐射、高温水蒸气等,因此其应满足海上盐雾、霉菌、湿热的使用环境要求,应能在海上和舰上特殊气候产生的腐蚀环境下工作。

## 1.4.3 可靠性、可维修性、测试性等

一款旋翼飞行器型号产品,除性能指标达标外,要想真正好用,必须在可靠性、维修性、保障性等方面下工夫。通过可靠性设计,研究装备全寿命周期中故障的发生、发展规律和预防、控制方法,达到预防故障发生、消减故障后果、提高装备可靠性的目的。维修性是反映装备维修方便、快捷和经济性的重要特性,通过维修性设计可减少维修所需的时间、工时以及其他物质资源消耗与费用。保障性是装备及其保障资源组合在一起的装备系统的属性,既能满足平时战备完好性的要求,也能满足持续使用的要求。提高保障性可减少保障所需人力人员、技术资料、工具设施数量,减少技术培训,规范运输装卸与贮存。

# 1.5 旋翼飞行器发展展望

未来旋翼飞行器的发展呈现高速化、无人化、智能化的显著特征,这也是当前飞行器研究领域的热点,是最有可能带来旋翼飞行器技术变革,产生颠覆性的领域之一,受到国内外的广泛关注。

## 1.5.1 高速化

高速新构型旋翼飞行器应兼具垂直起降与高速、远程飞行能力,彻底解决直升机"腿慢、腿短"问题,在保证垂直起降能力的同时,大幅提升飞行速度和作战半径。除了上文提到的复合式直升机和倾转式旋翼飞行器外,目前还有旋翼停转式高速飞行器,通过控制气动部件在低速和高速状态的运行方式,低速状态旋翼旋转以提供气动力,高速状态桨叶停转或者收缩,以定翼机方式提供气动力,可实现更高速度的飞行。

除停转类外,美国通过国防高级研究计划局(DARPA)的"VTOL"、陆军的"FVL"等多项计划,在复合类和倾转类高速旋翼飞行器上已探索并发展多种新

构型技术,如图1-7中采用分布式涵道风扇和混合电力驱动系统的"雷击"验证机,涵道风扇安装在机翼中,呈蜂窝状,机翼倾转至垂直状态实现起飞着陆,设计最大飞行速度可达740km/h。空客直升机公司公开展示了采用双推力复合构型"竞速者"(Racer),该方案具有类似于X3验证机的总体构型,采用常规旋翼和位于盒翼的两副螺旋桨,设计简单而结构坚固,相比当前广泛使用的常规直升机,"竞速者"验证机的飞行速度增加50%、每千米的成本降低25%,且在330 km/h的速度下,每千米燃油消耗降低15%,噪声目标降低20%。此外,还有分布式驱动多桨倾转、涵道停转式等多种高速旋翼飞行器构型仍处于在探索中。

图1-7　"雷击"技术验证机

## 1.5.2　无人化

无人化是目前飞行器发展的一个重点方向。无人旋翼飞行器可以在驾驶员承受不了的环境(如沙漠、高温等)飞行,同时还能进行驾驶员承受不了的高度机动飞行。无人机不是有人机的完全代替,而应与有人机互相协调发展。无人旋翼飞行器与有人旋翼飞行器的发展存在以下关系。

**1. 技术上的相互借鉴**

在无人直升机研发过程中大量采用有人直升机成熟的技术,这是国外无人直升机降低风险的一种重要保障手段。例如,美国的"火力侦察兵"充分利用成熟的直升机技术和零部件,仅对机身和燃油箱作一些改进;波音公司的"小鸟"无人直升机采用的综合火力/飞行控制(IFFC)技术早已在"长弓阿帕奇"攻击直升机上得到应用。同时,新构型的高速旋翼飞行器的研制过程中,由于技术难度大、风险高,可先通过无人平台验证各种新技术、新方案和新理论,为有人驾驶旋翼飞行器的研制打下坚实的技术基础,缩短有人机的研制周期,减少研制风险。

**2. 注重老旧有人机的无人化改装**

将有人驾驶直升机改装成无人驾驶直升机的方法,研制费用少、风险低,所以已有许多改装的无人驾驶直升机出现,如 K - MAX 和 OH - 6"小鸟"都被改装成无人驾驶型。将技术成熟的有人驾驶军用直升机改装成为军用无人直升机的这种发展思路,将退役的老旧装备派上新用场,可以说是当今世界陆军航空兵装备发展的一个新动向。

**3. 有人机加装无人飞控模块**

在有人直升机的基础上通过集成无人飞行控制技术模块,实现有人/无人可选双模式飞行控制,融合无人系统的特征和优势,具备有人操纵和无人驾驶自由切换功能,可显著降低驾驶员的飞行负担。例如,美国陆军将两架 UH - 60MU 直升机通过加装机载计算机系统和新的电传飞行控制系统改装成可选驾驶的验证机,用来执行吊运任务或危险条件下的货运作战任务,将飞行员从驾驶舱解放出来,降低运行成本和保障需求,为战场指挥员的决策提供更灵活的选择。

**4. 发展有人 / 无人协同作战能力**

通过有人 / 无人协同作战,飞行员可在飞行中对无人机进行飞行路径、有效载荷和武器系统的控制,有人/无人协同作战在伊拉克和阿富汗经过了实战检验。有人/无人协同作战将大大降低士兵面临的风险,过去需由有人直升机遂行的越过山岗观察和找到目标的任务,现在可由无人机来执行。

# 1.5.3　智能化

人工智能是研究、开发用于模拟、延伸和扩展人类智能的理论、方法、技术及应用系统的一门新的科学技术,是计算机科学技术的前沿科技领域。旋翼飞行器的智能化技术含义更加宽泛,还包括自适应技术等。按不同维度,旋翼飞行器的智能化技术可分为部件智能维度、平台智能维度和群体智能维度。

**1. 部件智能维度**

发展部件级智能,主要是根据介质环境不同和飞行器状态改变,在飞行/航行/潜行过程中优化装备部件参数,摆脱制约部件被动设计难以兼顾多个介质状态的约束,充分发挥部件潜力。如旋翼的变体技术、转速优化技术、自适应柔性蒙皮技术、适应大变形的分布式传感器网络技术、全天候复杂地形智能起降技术等,提高旋翼飞行器部件对环境和任务的自适应能力。

**2. 平台智能维度**

近些年来,人工智能技术飞速发展基于人工智能的计算机视觉、图像识别、多源信息融合等技术,促进了精确目标识别、战场态势感知、任务规划、辅助决策等技术发展和任务执行。旋翼飞行器的平台智能维度,主要是指对飞行器平台进行智能化升级改造,提高飞行器平台的自主能力,使人工智能系统成为未来飞行器平台的关键因素。

### 3. 群体智能维度

随着无人旋翼飞行器自主能力的提升和有人/无人协同能力的发展,有人/无人集群成为重要发展方向。构建群体智能对抗体系,通过庞大的低成本作战单元数量以及多种不同性能的作战平台灵活组合,构建集目标探测、干扰、打击和打击效果评估的一体化作战单元,大大提升作战能力。

## 参考文献

[1] 文裕武,温清澄. 现代直升机应用及发展[M]. 北京:航空工业出版社,2000.

[2] 王适存. 直升机空气动力学[M]. 北京:航空专业教材编审组,1985.

[3] 张广林. 直升机在公共事务中的应用[M]. 北京:航空工业出版社,2009.

[4] 高正. 直升机空气动力学的新成果[M]. 北京:航空工业出版社,1999.

[5] Komerath N M,Smith M J,Tung Chee. A review of rotor wake physics and modeling [J]. Journal of the American Helicopter Society,2010,56(2):1 – 19.

[6] 倪先平,胡启元. 军用直升机飞行品质规范(ADS – 33)译文集[R]. 景德镇:中国直升机研究所,1994.

[7] 吴希明. 高速直升机发展现状、趋势与对策[J]. 南京航空航天大学学报,2015(2):173 – 179.

# 第❷章
## 旋翼的气动建模

旋翼空气动力学是旋翼飞行器空气动力学的核心内容。受旋翼涡系的影响,旋翼飞行器工作在十分复杂的流场中,旋翼对其他部件的气动干扰对机身振动、桨叶气动载荷和飞行性能都有十分重要的影响。一直以来,研究人员和学者在数值和试验两方面对旋翼涡系进行了大量的研究。

旋翼的气动建模不仅关注旋翼气动力和力矩的计算,还应进一步解决旋翼下洗带来的气动干扰问题。为此,首先应对旋翼流场进行很好的模拟。自由尾迹方法以一系列的离散涡元代替旋翼尾迹,允许尾迹随当地气流自由流动,计入了尾迹自诱导和尾迹畸变,能很好地模拟旋翼气动环境,是一种计算精度和计算量都能满足工程设计的数值方法。

## ◥ 2.1 经典旋翼空气动力学建模

旋翼是旋翼飞行器最为复杂的气动部件,旋翼的空气动力学建模是飞行动力学建模研究的重点。旋翼气动模型由旋翼力和力矩模型、旋翼挥舞运动模型和旋翼诱导速度模型等组成。常用的旋翼气动特性分析方法主要有动量理论、叶素理论和经典涡流理论(固定尾迹)等。

### 2.1.1 模型描述

以单个旋翼气动模型为对象。假设旋翼桨叶为刚性,挥舞铰与摆振铰位置重合,且不考虑桨叶摆振运动。为建立旋翼气动模型,需要对旋翼的运动进行描述。图 2-1 给出了相应的旋翼坐标系定义,$o$ 为直升机重心;$o_R$ 为旋翼桨毂中心;$o_R x_R y_R z_R$、$o_R x_S y_S z_S$ 和 $o_R x_{RW} y_{RW} z_{RW}$ 分别为旋翼桨毂坐标系、旋翼轴系和旋翼风轴系;$l_{R,G}$、$d_{R,G}$、$h_{R,G}$ 分别为 $o_R$ 相对于 $o$ 的纵向、侧向和垂向位移;$i_S$ 为旋翼轴前倾角;$\beta_S$ 为旋翼侧滑角,且有

$$\beta_S = \arctan\frac{v_S}{u_S} \tag{2-1}$$

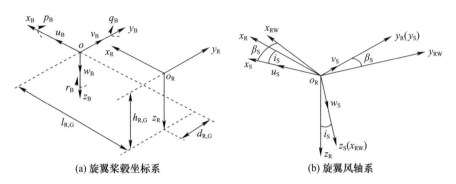

(a) 旋翼桨毂坐标系　　　　　　(b) 旋翼风轴系

图 2 - 1　旋翼气动模型坐标系定义

$u_B$、$v_B$、$w_B$ 为机体坐标系下旋翼飞行器运动速度分量,则旋翼轴系 $o_R x_S y_S z_S$ 下的旋翼运动速度分量 $u_S$、$v_S$、$w_S$ 为

$$\begin{pmatrix} u_S \\ v_S \\ w_S \end{pmatrix} = \begin{pmatrix} \cos(-i_S) & 0 & -\sin(-i_S) \\ 0 & 1 & 0 \\ \sin(-i_S) & 0 & \cos(-i_S) \end{pmatrix} \begin{pmatrix} u_B - q_B \cdot h_{R,G} + r_B \cdot d_{R,G} \\ v_B + p_B \cdot h_{R,G} - r_B \cdot l_{R,G} \\ w_B + q_B \cdot l_{R,G} - p_B \cdot d_{R,G} \end{pmatrix} \tag{2-2}$$

式中:$p_B$、$q_B$、$r_B$ 分别为机体滚转、俯仰和偏航角速度。为便于分析,在旋翼风轴系 $o_R x_{RW} y_{RW} z_{RW}$ 下展开旋翼建模。机体角速度 $p_B$、$q_B$、$r_B$ 到旋翼风轴系下的转换为

$$\begin{pmatrix} p_{RW} \\ q_{RW} \\ r_{RW} \end{pmatrix} = \begin{pmatrix} \cos\beta_S & \sin\beta_S & 0 \\ -\sin\beta_S & \cos\beta_S & 0 \\ 0 & 0 & 1 \end{pmatrix} \begin{pmatrix} \cos(-i_S) & 0 & -\sin(-i_S) \\ 0 & 1 & 0 \\ \sin(-i_S) & 0 & \cos(-i_S) \end{pmatrix} \begin{pmatrix} p_B \\ q_B \\ r_B \end{pmatrix} \tag{2-3}$$

旋翼前进比和初始入流比分别定义为

$$\mu = \frac{\sqrt{u_S^2 + v_S^2}}{\Omega R} \tag{2-4}$$

$$\lambda_0 = -\frac{w_S}{\Omega R} \tag{2-5}$$

## 2.1.2　动量理论

动量理论采用均匀滑流的假设,把旋翼看成一个无限薄的桨盘,应用流体流动的基本定律来研究旋翼桨盘对气流的作用。动量理论是一种宏观上的分析,

计算模型简单,主要用于旋翼诱导气流及旋翼性能的初步估算。动量理论的缺点是采用了均匀诱导速度的假设,且不能涉及旋翼桨叶的几何特性,因此,涉及桨叶几何特性的旋翼气动分析需考虑桨叶叶素的气动特性。

考虑垂直上升状态下的均匀载荷旋翼作用盘模型,如图 2 - 2 所示。旋翼作用盘位于 1—1 截面,模型的边界截面位于上游远处 0—0 截面和下游远处 2—2 截面。根据动量守恒定律,可知旋翼拉力为

$$T = m(V_2 - V_0) = mv_2 \qquad (2-6)$$

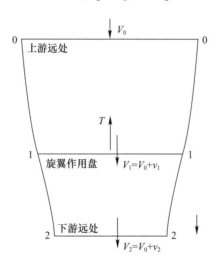

图 2 - 2　动量理论旋翼作用盘模型

由质量守恒定律,流过作用盘模型任意截面的流体质量流量不变,可表示为

$$m = \rho V_0 S_0 = \rho V_1 S_1 = \rho V_2 S_2 \qquad (2-7)$$

根据能量守恒定理,有

$$P = \frac{m(V_2^2 - V_0^2)}{2} = mv_2\left(V_0 + \frac{v_2}{2}\right) \qquad (2-8)$$

旋翼功率又等于旋翼拉力与桨盘气流速度 $V_1$ 的乘积,即

$$P = TV_1 = TV_0 + Tv_1 = mv_2(V_0 + v_1) \qquad (2-9)$$

可见,旋翼功率分为两个部分:旋翼拉力与垂直上升速度的乘积 $TV_0$,称为有效功率;旋翼拉力与诱导速度的乘积 $Tv_1$,称为诱导功率。

综合式(2 - 8)和式(2 - 9),故有

$$v_2 = 2v_1 \qquad (2-10)$$

在桨盘处,$S_1 = \pi R^2$,故旋翼拉力可写为

$$T = 2\rho\pi R^2 (V_0 + v_1) v_1 = 2\rho\pi R^2 V_1 v_1 \tag{2-11}$$

式中: $v_1$ 为整个桨盘的平均诱导速度, 以 $\rho (\Omega R)^2 \pi R^2$ 对 $T$ 无量纲化, 令 $\bar{v}_i = v_1 / (\Omega R)$, $\bar{V}_1 = V_1 / (\Omega R)$。

$$C_T = 2 \bar{V}_1 \bar{v}_i \tag{2-12}$$

前飞状态下, $\bar{V}_1$ 可写为

$$\bar{V}_1 = \sqrt{(\lambda_0 + \bar{v}_i)^2 + \mu^2}$$

根据旋翼动量理论, 旋翼桨盘均匀诱导速度可表示为

$$\bar{v}_i = \frac{C_T}{2\sqrt{(\lambda_0 + \bar{v}_i)^2 + \mu^2}} \tag{2-13}$$

通过牛顿迭代求解即可快速求解。

### 2.1.3  动量–叶素理论(积分格式模型)

桨叶叶素理论是机翼升力线理论在旋翼桨叶中的应用。它把桨叶看成由无限多的桨叶微段或叶素构成。假设每个桨叶剖面作为一个二维翼型来产生气动作用, 通过诱导速度计入尾流(三维效应)的影响, 因此在各桨叶微段上, 可应用二维翼型特性确定桨叶剖面的气动力和力矩, 沿桨叶径向积分可得一片桨叶, 进而得到整个旋翼的气动力和力矩。旋翼的气动性能取决于剖面的入流特性和升阻特性, 而升阻特性和当地剖面迎角与当地诱导速度密切相关, 因此, 使用叶素理论确定旋翼气动特性, 准确计算当地诱导速度是关键。可采用动量理论、涡流理论来计算诱导速度, 后者能给出较准确的诱速分布。

以右旋旋翼为例, 结合旋翼叶素理论与动量理论, 采用沿桨叶半径和沿桨叶方位角积分导出的公式建立旋翼气动模型, 由于该模型以积分形式导出, 也称其为积分格式的旋翼气动模型。积分格式的旋翼气动模型, 根据翼型剖面的当地来流速度和迎角求得桨叶剖面的空气动力载荷, 然后进一步在旋翼风轴系下推导公式。具体推导过程虽繁琐, 但较为简单, 本节不再赘述, 仅列出最终推导得出的基本公式。旋翼拉力系数、后向力系数、侧向力系数及旋翼扭矩系数分别为

$$C_T = \frac{T}{\rho (\Omega R)^2 \pi R^2} = \frac{a_s \sigma}{2} \left( -\frac{\lambda}{2} + \frac{\theta_0}{3} + \frac{\theta_T}{4} + \frac{\theta_0}{2}\mu^2 + \frac{\theta_T}{4}\mu^2 - \frac{B_{1W}}{2}\mu \right) \tag{2-14}$$

$$C_{\mathrm{H}} = \frac{H}{\rho\,(\Omega R)^2 \pi R^2} = C_{\mathrm{T}} a_{1\mathrm{c}} + \frac{\sigma}{4}\mu C_{\mathrm{d}} - \frac{a_{\mathrm{S}} a_{1\mathrm{c}} \sigma}{4}\left\{\mu\left[\mu\left(\frac{5\theta_0}{4} + \frac{5\theta_{\mathrm{T}}}{8}\right) - \frac{3}{4}B_{1\mathrm{W}} - \frac{1}{8}a_{1\mathrm{c}}\right] + \right.$$

$$\left. \frac{\lambda}{2}\right\} - \frac{a_{\mathrm{S}}\lambda\sigma}{4}\left(\frac{1}{2}B_{1\mathrm{W}} - \frac{\mu}{2}\theta_{\mathrm{T}} - \mu\theta_0\right) + \frac{a_{\mathrm{S}} a_0 \sigma}{4}\left(\frac{A_{1\mathrm{W}}}{3} - \frac{b_{1\mathrm{s}}}{3} + \frac{a_0}{2}\mu\right) \qquad (2-15)$$

$$C_{\mathrm{Y}} = \frac{Y}{\rho\,(\Omega R)^2 \pi R^2} = C_{\mathrm{T}} b_{1\mathrm{s}} + \frac{a_{\mathrm{S}}\sigma}{2}\left\{\mu\left[a_{1\mathrm{c}}\left(\frac{b_{1\mathrm{s}}}{4} - \frac{A_{1\mathrm{W}}}{4} - \mu a_0\right) + a_0\left(\frac{\mu B_{1\mathrm{W}}}{2} - \right.\right.\right.$$

$$\left.\left.\left. \frac{3}{4}\theta_0 + \frac{3}{2}\lambda - \frac{\theta_{\mathrm{T}}}{2}\right)\right] - \lambda\left(\frac{b_{1\mathrm{s}}}{4} - \frac{A_{1\mathrm{W}}}{4}\right) + a_0\left(\frac{B_{1\mathrm{W}}}{6} + \frac{a_{1\mathrm{c}}}{6}\right)\right\} \qquad (2-16)$$

$$C_{\mathrm{Q}} = \frac{Q}{\rho\,(\Omega R)^2 \pi R^2 R} = \frac{a_{\mathrm{S}}\sigma}{2}\left\{\mu\left[\mu\left(\frac{C_{\mathrm{d}}}{4a_{\mathrm{S}}} + \frac{B_{1\mathrm{W}} a_{1\mathrm{c}}}{16} - \frac{3}{16}a_{1\mathrm{c}}^2 + \frac{A_{1\mathrm{W}} b_{1\mathrm{s}}}{16} - \frac{b_{1\mathrm{s}}^2}{16} - \frac{a_0^2}{4}\right) - \lambda\left(\frac{B_{1\mathrm{W}}}{4} - \right.\right.\right.$$

$$\left.\left.\left. \frac{a_{1\mathrm{c}}}{2}\right) - \frac{a_0 A_{1\mathrm{W}}}{6} + \frac{a_0 b_{1\mathrm{s}}}{3}\right] + \frac{C_{\mathrm{d}}\sigma}{4a_{\mathrm{S}}} + \frac{\theta_0\lambda}{3} + \frac{\theta_{\mathrm{T}}\lambda}{4} - \frac{B_{1\mathrm{W}} a_{1\mathrm{c}}}{8} + \frac{A_{1\mathrm{W}} b_{1\mathrm{s}}}{8} - \frac{\lambda^2}{2} - \frac{a_{1\mathrm{c}}^2}{8} - \frac{b_{1\mathrm{s}}^2}{8}\right\}$$

$$(2-17)$$

式中:$\rho$ 为空气密度;$\Omega$ 为旋翼转速;$R$ 为旋翼半径;$a_{\mathrm{S}}$ 为桨叶升力线斜率;$\sigma$ 为旋翼实度;$\lambda$ 为旋翼入流比,且 $\lambda = \lambda_0 + \bar{v}_i$,方向垂直于桨盘平面指向下方;$\theta_0$ 为桨叶总距;$\theta_{\mathrm{T}}$ 为桨叶负扭度;$A_{1\mathrm{W}}$、$B_{1\mathrm{W}}$ 分别为旋翼风轴系下等效的横、纵向周期变距;$C_{\mathrm{d}}$ 为桨叶翼型阻力系数;$a_0$、$a_{1\mathrm{c}}$、$b_{1\mathrm{s}}$ 为旋翼桨叶挥舞系数,且有

$$a_0 = \frac{\gamma_{\mathrm{b}}}{12}\left(\frac{8C_{\mathrm{T}}}{a_{\mathrm{S}}\sigma} + \frac{\theta_0}{6} + \frac{\theta_{\mathrm{T}}}{5} - \frac{\mu^2\theta_0}{2}\right) - \frac{M_{\mathrm{S}} g}{I_{\mathrm{b}}\Omega^2} + \frac{\gamma_{\mathrm{b}}}{12}\mu\frac{p_{\mathrm{RW}}}{\Omega} \qquad (2-18)$$

$$a_{1\mathrm{c}} = \frac{4}{1 - \frac{\mu^2}{2}}\left[\mu\left(-\frac{\lambda}{2} + \frac{2}{3}\theta_0 + \frac{\theta_{\mathrm{T}}}{2} - \frac{3}{8}\mu B_{1\mathrm{W}}\right) - \frac{1}{4}B_{1\mathrm{W}}\right] - \frac{1}{1 - \frac{\mu^2}{2}}\left(\frac{16 q_{\mathrm{RW}}}{\gamma_{\mathrm{b}}\Omega} - \frac{p_{\mathrm{RW}}}{\Omega}\right)$$

$$(2-19)$$

$$b_{1\mathrm{s}} = \frac{4}{3}\frac{\mu}{1 + \frac{\mu^2}{2}}a_0 + A_{1\mathrm{W}} - \frac{1}{1 + \frac{\mu^2}{2}}\left(\frac{16 p_{\mathrm{RW}}}{\gamma_{\mathrm{b}}\Omega} + \frac{q_{\mathrm{RW}}}{\Omega}\right) \qquad (2-20)$$

式中:$\gamma_{\mathrm{b}}$ 为桨叶洛克数;$M_{\mathrm{S}}$ 为桨叶质量矩。旋翼桨毂俯仰力矩和滚转力矩为

$$M = \frac{N_{\mathrm{b}}}{2} M_{\mathrm{s}} \Omega^2 e a_{1\mathrm{c}} \qquad (2-21)$$

$$L = \frac{N_{\mathrm{b}}}{2} M_{\mathrm{s}} \Omega^2 e b_{1\mathrm{s}} \qquad (2-22)$$

### 2.1.4 涡流理论

动量理论只是根据整个气流的运动特性来描述桨盘的作用,无法涉及旋翼的几何形状;而叶素理论虽然从桨叶剖面受力情况来分析问题,但又不能很好地解决沿半径的诱导速度分布。由涡流理论可以求得旋翼周围任一点处的诱导速度,从而确定在叶素上的诸力,最后算出旋翼的拉力和功率。经典涡流理论包括桨盘涡系模型和桨叶涡系模型,旋翼被假设为具有无限片桨叶的桨盘,尾迹被认为是由每片桨叶后脱出旋涡线组成。

旋翼桨叶可模型化为附着涡。如图2-3(a)所示,根据"非儒氏旋翼"涡系模型可知,从桨叶不同半径处逸出许多不同的螺线尾随涡,即纵向自由涡。与此同时,由于桨叶环量 $\Gamma$ 随方位角而变化(也即随时间变化),从桨叶不同方位处还会逸出射线状的脱体涡,即横向自由涡。纵向自由涡与横向自由涡构成网格状的斜向螺旋涡面,如图2-3(b)所示,在定常气流环境下,若不计附加旋转的影响,且不考虑旋翼尾迹的收缩,前飞时旋翼涡系为一个斜向的圆柱,以桨盘平面为底面,涡系方向按桨盘平面处某一气流合速度 $V_1$ 方向延伸至无限远。实际上,在直升机大速度前飞时,这一涡系就转化为平面涡系了。

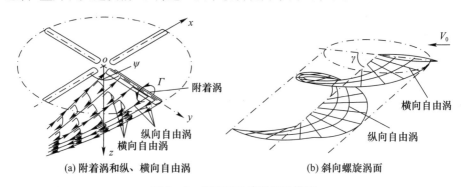

(a) 附着涡和纵、横向自由涡      (b) 斜向螺旋涡面

图 2-3 前飞时的旋翼涡系模型

我国学者王适存教授于1961年创立了广义涡流理论,由此能够确定在直升机任何定常飞行状态下空间任意一点的诱导速度。根据广义涡流理论,前飞时旋翼桨叶在不同半径处逸出纵向自由涡,在不同方位角处逸出射线状的脱体涡。据此,桨盘上的附着涡环量分布可以写成傅里叶级数形式,即

$$\overline{\Gamma} = \overline{\Gamma_0}(\bar{r}) + \overline{\Gamma_{1c}}(\bar{r})\cos\psi + \overline{\Gamma_{1s}}(\bar{r})\sin\psi + \cdots \quad (2-23)$$

式中: $\bar{r}$ 为桨盘径向位置; $\psi$ 为方位角。通过复杂的运算,最后求出桨盘平面上某点处的轴向诱导速度,总可以写成

$$\overline{v_z} = \overline{v_0}(\overline{r}) + \overline{v_{1c}}(\overline{r})\cos\psi + \overline{v_{1s}}(\overline{r})\sin\psi + \cdots \qquad (2-24)$$

一般情况下,诱导速度只取到一阶谐波为止,且诱导速度由同阶环量及前阶环量所激起。根据广义涡流理论,有

$$\overline{v_0}(r) = \frac{k}{4\pi\overline{V_1}}\overline{\Gamma_0}(r) \qquad (2-25)$$

$$\overline{v_{1c}}(r) = \frac{k}{4\pi\overline{V_1}}\left[\frac{2\cos\alpha_1}{1+\sin\alpha_1}\left(-\frac{2}{3}+\overline{r}+\frac{1}{2}\overline{r}^{\,2}\right)\overline{\Gamma_0}(r) + \frac{2\sin\alpha_1}{1+\sin\alpha_1}\overline{\Gamma_{1c}}(r)\right]$$

$$(2-26)$$

$$\overline{v_{1s}}(r) = \frac{k}{4\pi\overline{V_1}}\left[\left(\frac{2\cos\alpha_1}{1+\sin\alpha_1}\right)\overline{V_1}(3-3\overline{r}+\overline{r}^{\,2})\overline{\Gamma_0}(r) + \left(\frac{2}{1+\sin\alpha_1}\right)\overline{\Gamma_{1s}}(r)\right]$$

$$(2-27)$$

式中:$\alpha_1 = \alpha_0 + \varepsilon$;$\alpha_0$ 为以几何弦为准的零升力迎角;$\varepsilon$ 为 $\boldsymbol{V_1}$ 相对于 $\boldsymbol{V_0}$ 的夹角;$\boldsymbol{V_0}$ 为自由来流合速度。

依据旋翼广义涡流理论求解桨盘诱导速度,需要首先求解桨叶附着涡的环量。实际上,根据库塔 – 儒科夫斯基定理可知,桨叶升力借助桨叶附着涡环量处理后,桨叶上某一微元段 $\mathrm{d}r$ 的升力可写为

$$\mathrm{d}L = \rho U \Gamma \mathrm{d}r \qquad (2-28)$$

根据旋翼叶素理论,同时有

$$\mathrm{d}L = \frac{1}{2}\rho U^2 c C_1 \mathrm{d}r \qquad (2-29)$$

这样,桨叶附着涡环量可进一步写为

$$\Gamma = \frac{1}{2}C_1 c U = \frac{1}{2}a_\mathrm{s}\alpha c U = \frac{1}{2}a_\mathrm{s}c\left(\theta_0 - \arctan\frac{u_\mathrm{P}}{u_\mathrm{T}}\right)\sqrt{u_\mathrm{P}^2 + u_\mathrm{T}^2} \qquad (2-30)$$

式中:$a_\mathrm{s}$ 为桨叶翼型升力线斜率;$\alpha$ 为桨盘迎角;$u_\mathrm{T}$ 和 $u_\mathrm{P}$ 分别为桨叶切向和垂向来流速度;$U = \sqrt{u_\mathrm{T}^2 + u_\mathrm{P}^2}$ 为叶素剖面来流合速度。

一般来说,在直升机悬停和前飞情况下,$u_\mathrm{T} \gg u_\mathrm{P}$,因此,式(2 – 30)可简化为

$$\Gamma = \frac{1}{2}a_\mathrm{s}c(\theta_0 u_\mathrm{T} - u_\mathrm{P}) \qquad (2-31)$$

对 $\Gamma$ 无量纲化,有

$$\overline{\Gamma} = \frac{\Gamma}{\Omega Rc} = \frac{1}{2}a_\mathrm{s}(\theta_0\overline{u_\mathrm{T}} - \overline{u_\mathrm{P}}) \qquad (2-32)$$

在桨叶线性负扭转的情况下,旋翼桨叶上任意径向位置 $\bar{r}$ 和任意方位角 $\psi$ 下的总距可写为

$$\theta_0 = \theta_{0T} + \theta_T \bar{r} - A_1 \cos\psi - B_1 \sin\psi \qquad (2-33)$$

式中: $\theta_{0T}$ 为桨叶根部总距; $\theta_T$ 为线性负扭转角; $A_1$ 和 $B_1$ 分别为横向和纵向周期变距。

结合叶素理论,可分别求出旋翼拉力系数、滚转力矩系数和俯仰力矩系数,即

$$\begin{cases} C_T = \dfrac{1}{2\pi} \displaystyle\int_0^{2\pi} \int_0^1 (\bar{r} + \mu\sin\psi)\overline{\varGamma} \cdot \mathrm{d}\bar{r}\,\mathrm{d}\psi \\[2ex] C_L = \dfrac{1}{2\pi} \displaystyle\int_0^{2\pi} \int_0^1 (\bar{r} + \mu\sin\psi)\overline{\varGamma}\bar{r}\sin\psi \cdot \mathrm{d}\bar{r}\,\mathrm{d}\psi \\[2ex] C_M = -\dfrac{1}{2\pi} \displaystyle\int_0^{2\pi} \int_0^1 (\bar{r} + \mu\sin\psi)\overline{\varGamma}\bar{r}\cos\psi \cdot \mathrm{d}\bar{r}\,\mathrm{d}\psi \end{cases} \qquad (2-34)$$

### 2.1.5 动态入流模型

动态入流模型是以实验为基础发展起来的,在一定程度上揭示了诱导速度随旋翼气动力变化的动态响应规律。入流模型是从飞行力学的角度提出的,用于解决桨盘处的诱导速度问题。

动态入流理论的核心假设是:当旋翼扰动运动时,气动力的扰动变化必然引起诱导速度的变化,且这种诱导速度扰动沿桨叶展向和方位角变化;由于旋翼周围空气惯性的影响,诱导速度扰动不会瞬间产生,而是有个时间延迟。因此诱导速度可写成由旋翼径向位置和方位角表达的傅里叶级数形式,即

$$\bar{v}(\bar{r},\psi) = \lambda_0 + \lambda_{1c} \cdot \bar{r} \cdot \cos\psi + \lambda_{1s} \cdot \bar{r} \cdot \sin\psi \qquad (2-35)$$

式中: $\lambda_0$、$\lambda_{1c}$ 和 $\lambda_{1s}$ 分别为时均、一阶纵向和横向入流分量; $\psi$ 为旋翼桨叶方位角; $\bar{r}$ 为桨盘径向位置。动态入流模型将扰动运动所引起的气动力变化和诱导速度变化通过一组线性微分方程联系起来,即

$$M\begin{bmatrix} \dot{\lambda}_0 \\ \dot{\lambda}_{1s} \\ \dot{\lambda}_{1c} \end{bmatrix} + VL^{-1}\begin{bmatrix} \lambda_0 \\ \lambda_{1s} \\ \lambda_{1c} \end{bmatrix} = \begin{bmatrix} C_T \\ C_L \\ C_M \end{bmatrix} \qquad (2-36)$$

式中:$V$ 为质量流量参数矩阵;矩阵 $L$ 反映了扰动诱导速度与扰动气动载荷之间的静态关系;$M$ 矩阵反映了空气惯性的影响,体现了入流的时间延迟;$C_T$、$C_L$、$C_M$ 分别为旋翼拉力系数、滚转力矩系数和俯仰力矩系数。如果用叶素方法将以上入流模型引入桨叶动力学方程,就可得出桨叶载荷、桨盘入流跟旋翼响应之间的关系。

动态入流模型是在不断发展改进的,Pitt – Peters 动态入流模型是其中的典型代表。根据此模型,$M$ 矩阵包含时间常数,实质是非定常项。

$$M = \begin{pmatrix} \dfrac{128}{75\pi} & 0 & 0 \\ 0 & \dfrac{-16}{45\pi} & 0 \\ 0 & 0 & \dfrac{-16}{45\pi} \end{pmatrix} \quad (2-37)$$

质量流量参数矩阵为

$$V = \begin{pmatrix} \bar{V}_T & 0 & 0 \\ 0 & \bar{V}_m & 0 \\ 0 & 0 & \bar{V}_m \end{pmatrix} \quad (2-38)$$

式中:$\bar{V}_T = \sqrt{\mu^2 + \lambda^2}$ 为跟时均入流相关的质量流量参数;$\bar{V}_m = [\mu^2 + \lambda(\lambda + \lambda_0)]/\bar{V}_T$ 为跟一阶以及更高阶次入流相关的质量流量参数。

$L$ 矩阵是尾迹倾角的函数,即

$$L = \begin{pmatrix} 0.5 & 0 & \dfrac{15\pi}{64}\sqrt{\dfrac{1-\sin\chi}{1+\sin\chi}} \\ 0 & -\dfrac{4}{1+\sin\chi} & 0 \\ \dfrac{15\pi}{64}\sqrt{\dfrac{1-\sin\chi}{1+\sin\chi}} & 0 & -\dfrac{4\cdot\sin\chi}{1+\sin\chi} \end{pmatrix} \quad (2-39)$$

式中:$\chi$ 为尾迹倾角。

为了求解有关动态入流的微分方程组,需要得到 $C_T$、$C_L$、$C_M$ 的表达式,可以由涡流理论和动量理论有关的知识得到。

## 2.2　旋翼流场分析技术的发展

目前对直升机旋翼流场进行研究主要有两类数值方法,即涡方法和 CFD (计算流体力学)方法。

旋翼涡流理论以固定涡系模型为基础,不能分析诱导速度随时间的变化,不能计入桨叶之间的气动干扰,未考虑尾迹的收缩和涡系的畸变,得出的诱导速度不够精确,目前已由固定尾迹、预定尾迹发展至自由尾迹阶段。自由尾迹方法基于拉格朗日体系和无黏、不可压假设,考虑尾迹畸变,认为旋翼桨尖涡按照物质线运动,允许旋翼尾迹在空间随当地气流自由流动,考虑了涡元之间的相互诱导和尾迹的畸变效应,通过数值方法求解尾迹运动方程,以尾迹几何形状等作为收敛判据。相比固定尾迹和预定尾迹,自由尾迹方法更贴近实际,计算精度较高,在旋翼流场计算和旋翼性能计算上得到了广泛的应用,并用于旋翼的分析和设计。

应用不同的尾迹离散数值方法,自由尾迹模型可分为时间步进和松弛迭代模型两类。在时间域内采用显示向前步进时间积分算法,时间步进自由尾迹模型能够计算旋翼的瞬时气动特性,在每个时间步都会产生新的桨尖涡,同时淘汰尾迹末端的老旧桨尖涡,以尾迹形状作为收敛判据。该方法易受数值不稳定的影响,很难得到物理上正确的尾迹形状,且计算量较大。松弛迭代法是在时间步进自由尾迹的基础上发展起来的,该方法对近尾迹的几何形状迭代强加了周期性边界条件,能较好地计算直升机定常飞行时旋翼的尾迹形状和气动特性。松弛迭代法消除了数值不稳定性,所以得到进一步发展。随后,人们进一步将尾迹划分为近尾迹和远尾迹,简化了尾迹分析方法,通过在尾迹求解中加入周期解以改善收敛性,其中伪隐形预估－修正算法(PIPC),采用 4 点平均速度离散控制方程,利用周期边界条件建立了松弛迭代自由尾迹模型。该算法在悬停和小速度前飞状态下收敛性也较好,模型预测结果与试验测量结果具有较好的一致性,得到了广泛的应用。

近年来,人们开始将考虑黏性的离散涡模型应用于旋翼流场分析,该方法的优点在于保持了涡量守恒,但由于欧拉体系的固有特性,该方法存在非物理耗散现象,在计算过程中存在旋翼尾迹耗散问题。不同于传统的基于网格的计算流体力学方法,拉格朗日体系下的涡方法通过将欧拉/N－S 方程的非线性项转化为一系列常微分方程,避免了数值耗散且无需网格。为此,基于拉格朗日体系和不可压假设,建立了描述旋翼流场的黏性离散涡粒子方法,并应用于不同旋翼模型的流场计算,在避免数值耗散的基础上,黏性涡粒子法可以精确地捕捉旋翼尾迹的空间位置和畸变现象,图 2 - 4 所示为涡粒子方法计算的旋翼涡系示意图。但是涡粒子方法产生的涡元数目巨大,在计算粒子间诱导速度和速度梯度时会产生"$N$ 体"现象,而且涡元数目巨大,计算量将是不可接受的 $N^2$ 级,必须引入加速算法改善计算效率。

图 2 - 4　涡粒子法计算的 CH - 53 直升机旋翼涡系

## 2.3　自由尾迹分析技术

### 2.3.1　模型描述

在涡量运动学中,涡量场与速度场的空间关系实质上就是涡量的定义式,即

$$\boldsymbol{\omega} = \nabla \times \boldsymbol{u} \tag{2-40}$$

改写成标量形式有

$$\begin{cases} \omega_x = \dfrac{\partial u_z}{\partial y} - \dfrac{\partial u_y}{\partial z} \\[2mm] \omega_y = \dfrac{\partial u_x}{\partial z} - \dfrac{\partial u_z}{\partial x} \\[2mm] \omega_z = \dfrac{\partial u_y}{\partial x} - \dfrac{\partial u_x}{\partial y} \end{cases} \tag{2-41}$$

显而易见,$\nabla \cdot \boldsymbol{\omega} = 0$,所以涡量场还是一个无散度的矢量场。

对于升力体尾迹中的涡量,其运动满足涡动力学方程。对于不可压流体,密度为常数,假设运动黏性系数也为常数,并设彻体力有势,则可得不可压流体的涡量输运方程,即欧拉体系下速度 - 涡量形式的不可压 N - S 方程,有

$$\frac{\partial \boldsymbol{\omega}}{\partial t} = -(\boldsymbol{u} \cdot \nabla)\boldsymbol{\omega} + (\boldsymbol{\omega} \cdot \nabla)\boldsymbol{u} + \nu \Delta \cdot \boldsymbol{\omega} \tag{2-42}$$

式中:$\boldsymbol{\omega}$ 为涡量;$\boldsymbol{u}$ 为气流速度场;$\nu$ 为运动黏性系数。右边第 1 项为涡量对流项;第 2 项为涡量的拉伸项;第 3 项为黏性扩散项。

自由涡方法是一种有关涡量输运模型的技术。在许多有关旋翼尾流的实际问题中,由黏性作用所产生的结构(如组成旋翼尾流的涡元的内部涡核)在尺度上比纯位流所产生的结构要小得多(如尾流的整体变形),由此,若不考虑黏性效应,涡动力学方程可写为

$$\frac{D\boldsymbol{\omega}}{Dt} = (\boldsymbol{\omega} \cdot \nabla)\boldsymbol{u} \qquad (2-43a)$$

在众多实际应用中,假设黏性项对旋翼流场的影响较小是合理的,基于不可压、无黏假设,由亥姆霍茨定律可以认为涡线按物质线在空间运动,而物质线在空间的运动可由简单的、只包含对流项的方程表示,即

$$\frac{\mathrm{d}\boldsymbol{r}(\psi,\zeta)}{\mathrm{d}t} = V(\boldsymbol{r},t) \quad \boldsymbol{r}(t=0) = \boldsymbol{r}_0 \qquad (2-43b)$$

基于此,方程式(2-43b)可用来描述拉格朗日体系下涡轴线的运动。涡丝位置向量 $\boldsymbol{r}$ 是尾迹寿命角 $\zeta$ 和桨叶方位角 $\psi$ 的函数,$\boldsymbol{r}_0$ 为涡丝初始位置矢量。

## 2.3.2　旋翼桨叶涡系模型

基于升力面理论建立的桨叶涡系模型。一般来说,以在升力体物面分布的源或汇体现升力体的厚度效应。对于采用薄翼型的机翼,其厚度效应可以忽略,从而机翼可以简化为升力面。在旋翼桨叶涡系模型建立过程中,将升力面布置在与桨叶中弧面重合,升力面上的附着涡用涡格表示。为了叙述和画图方便,以中弧面为平面的无预扭对称翼型矩形桨叶为例,来说明升力面方法的网格划分和涡格的布置。

如图 2-5 所示,首先将中弧面沿展向分成 $N_r$ 个桨叶微段,桨叶微段间的分界线相互平行;然后将桨叶微段沿弦向的分界线等分为 $N_c$ 段,并沿展向连接相应的等分点,这样桨叶中弧面就被划分成了 $N_r \times N_c$ 个网格,每个网格的 4 个节点构成了四边形面元。如网格 $(i,j)$ 为节点 $P_{i,j}$、$P_{i,j+1}$、$P_{i+1,j}$ 和 $P_{i+1,j+1}$ 构成的四边形,它是第 $n(n = N_r \times j + i + 1)$ 个网格,其展向长度为 $r_{i,j}$,弦向长度为 $c_{i,j}$。网格的控制点位于面元的 3/4 弦线的中点,其单位法向量为

$$\boldsymbol{n}_{i,j} = \frac{\boldsymbol{P}_{i,j}\boldsymbol{P}_{i+1,j+1} \times \boldsymbol{P}_{i,j+1}\boldsymbol{P}_{i+1,j}}{|\boldsymbol{P}_{i,j}\boldsymbol{P}_{i+1,j+1} \times \boldsymbol{P}_{i,j+1}\boldsymbol{P}_{i+1,j}|} \qquad (2-44)$$

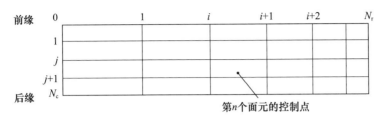

图 2-5　桨叶升力面网格的划分

在升力面的网格上布置附着涡。一般附着涡由四边形涡环或涡格来表示。规定涡格环量的正方向遵循右手法则。如图 2-6 所示,在中弧面上每个网格上放置一个涡格,且涡格的前缘展向附着涡位于该网格的 1/4 弦线上,弦向附着涡位于网格沿展向的分界线上,涡格的后缘附着涡位于弦向相邻网格的 1/4 弦线。需要注意的是,在桨叶后缘布置涡格时,后缘线涡的两个端点在中弧面网格沿弦向的分界线的延长线上,两个端点到对应桨叶后缘节点的距离由桨叶后缘网格节点处的切向气流速度确定。

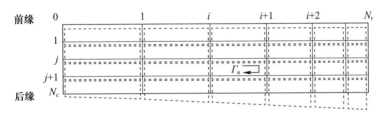

图 2-6　桨叶附着涡的布置

## 2.3.3　尾迹模型

对旋翼尾迹结构的描述,最简单的方法是忽略内部涡系,仅采用单根桨尖涡来描述旋翼尾迹,这种方法计算量小但精度稍差,在早期使用较多。最复杂的尾迹模型是全展自由尾迹模型,该方法精度较高,但计算量很大。

基于升力面理论可将旋翼尾迹分为近尾迹和远尾迹两部分。近尾迹固定在桨叶中弧面后缘的切平面内,在该区域内,由于桨尖涡处于卷起过程中,尾迹保持涡片形式,仍采用四边形涡格表示。在远尾迹,桨尖涡卷起形成具有高旋转速度和较小涡核半径的主涡。远尾迹则与近尾迹相连,向下游延伸,由卷起的桨尖涡构成,以当地速度随流场自由运动,其环量可取为桨叶附着环量峰值,尾迹结构如图 2-7 所示。尾迹在离开桨盘流动至较远处后,它的作用已经越来越小,可忽略不计。

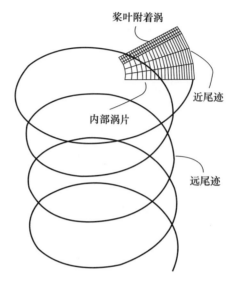

图2-7 旋翼尾迹结构

## 2.3.4 尖涡卷起与涡核模型

为便于分析,采用Vatistas涡来模拟桨尖涡,建立桨尖涡模型。该模型主要基于理想流体涡量运动的3个不变量(涡量、涡心和涡矩)守恒定理,用来确定初始桨尖涡的环量、展向位置和涡核大小。经过复杂的推导与分析,发现卷起后涡管的环量应等于附着涡环量峰值。为防止计算诱导速度时出现奇点,基于Biot-Savart定律,采用直线涡元诱导速度计算桨叶附着涡、近尾迹涡格、远尾迹涡丝之间的诱导速度。自由尾迹计算中,涡核半径$r_c$自桨尖涡卷起形成初始涡核开始,随着尾迹寿命角的变化而逐渐增大,桨尖涡卷起过程如图2-8所示。

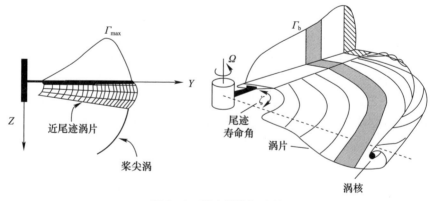

图2-8 桨尖涡卷起过程

对于自由尾迹模型假设涡量集中在具有黏性的涡核中,靠涡核半径的变化来模拟黏性扩散效应。涡核模型中的主要研究内容是桨尖涡初始涡核半径的确定和建立涡核扩散模型。

假设内部涡片为零厚度,转过一定角度后,涡片边缘卷起形成具有涡核半径的桨尖涡。根据 Vatistas 模型,桨尖涡与涡核半径、释放点展向位置和桨叶附着涡环量分布有关,通过 Vatistas 模型,在已知桨叶附着涡环量分布后,就能够确定桨尖涡的初始涡核半径、释放点位置和初始环量。

桨尖涡涡核半径会随时间发生扩散,涡核的增长受黏性效应和切变流场的影响,考虑涡量的黏性扩散,采用以下修正过的涡核扩散模型,即

$$r_c = \sqrt{r_{c0}^2 + \frac{4\alpha\delta\nu\zeta}{\Omega}} \qquad (2-45)$$

式中:$r_{c0}$ 为尖涡初始涡核半径;$\alpha$ 为奥辛常数,$\alpha = 1.2564$;$\delta$ 为有效黏性系数;$\nu$ 为空气运动黏性系数;$\zeta$ 为远尾迹寿命角。

在涡线和涡线之间以及涡线和机身的相互干扰下,用于代替尾迹涡系的直线涡段会产生拉伸效应,应进一步考虑涡核轴向的拉伸效应或压缩效应。以任意一段远尾迹涡丝为研究对象,根据质量守恒定律可知,对于不可压流体,该段涡丝的体积保持不变。若令该段涡丝长度为 $l$,则由于涡核的周向拉伸或压缩变形后,有以下表达式成立,即

$$\pi r_c^2 l = \pi (r_c + \Delta r_c)^2 (l + \Delta l) \qquad (2-46)$$

进一步推导,有

$$\Delta r_c = r_c \left( \sqrt{\frac{l}{l + \Delta l}} - 1 \right) \qquad (2-47)$$

结合式(2-45)与式(2-47),对涡核半径作进一步修正,即

$$r_c = \sqrt{\left( r_{c0}^2 + \frac{4\alpha\delta\nu\zeta}{\Omega} \right) \cdot \frac{l}{l + \Delta l}} \qquad (2-48)$$

式中:远尾迹涡丝段的长度 $l$ 和变化量 $\Delta l$ 由远尾迹涡丝段的运动提供。

## 2.3.5　模型求解

### 1. 附着涡环量

对于无黏流体来说,升力体物面上需满足不可穿透条件,即

$$\boldsymbol{u} \cdot \boldsymbol{n} = 0 \qquad (2-49)$$

式中:$\boldsymbol{u}$ 为物面上任意一点运动速度;$\boldsymbol{n}$ 为该点物面单位法向量。这一条件为桨

叶中弧面上附着涡环量求解提供了一种行之有效的计算方法。

将桨叶上第 $n$ 个附着涡格环量记为 $\Gamma_n^{\mathrm{b}}$;近尾迹上第 $l_{\mathrm{w}}$ 个涡格环量记为 $\Gamma_l^{\mathrm{w}}$;远尾迹上第 $k_{\mathrm{fw}}$ 根涡丝环量记为 $\Gamma_k^{\mathrm{fw}}$;第 $m$ 个桨叶附着涡格、第 $l_{\mathrm{w}}$ 个近尾迹涡格和第 $k_{\mathrm{fw}}$ 根远尾迹涡丝段在第 $n$ 个桨叶附着涡格控制点上的诱导速度分别记为 $\boldsymbol{u}_m^n$、$\boldsymbol{u}_l^n$ 和 $\boldsymbol{u}_k^n$。基于涡核模型修正的 Biot – Savart 定律,采用直线涡元诱导速度计算式,$\boldsymbol{u}_m^n$、$\boldsymbol{u}_l^n$ 和 $\boldsymbol{u}_k^n$ 的表达式可分别写为

$$\boldsymbol{u}_m^n = \frac{\Gamma_m^{\mathrm{b}}}{4\pi} \cdot \frac{h^2}{\sqrt{r_{\mathrm{c}}^4 + h^4}} \int_{S_m^{\mathrm{b}}} \frac{\mathrm{d}\boldsymbol{s} \times \boldsymbol{r}}{|\boldsymbol{r}|^3} \tag{2-50}$$

$$\boldsymbol{u}_l^n = \frac{\Gamma_l^{\mathrm{w}}}{4\pi} \cdot \frac{h^2}{\sqrt{r_{\mathrm{c}}^4 + h^4}} \int_{S_l^{\mathrm{w}}} \frac{\mathrm{d}\boldsymbol{s} \times \boldsymbol{r}}{|\boldsymbol{r}|^3} \tag{2-51}$$

$$\boldsymbol{u}_k^n = \frac{\Gamma_k^{\mathrm{fw}}}{4\pi} \cdot \frac{h^2}{\sqrt{r_{\mathrm{c}}^4 + h^4}} \int_{L_k^{\mathrm{fw}}} \frac{\mathrm{d}\boldsymbol{l} \times \boldsymbol{r}}{|\boldsymbol{r}|^3} \tag{2-52}$$

式中:$h$ 为第 $n$ 个桨叶附着涡格控制点到相应的四边形涡格的边长线段或涡丝段的垂直距离;$r_{\mathrm{c}}$ 为涡核半径;$S_m^{\mathrm{b}}$ 为第 $m$ 个桨叶附着涡格沿顺时针方向形成的四边形周线;$S_l^{\mathrm{w}}$ 为第 $l_{\mathrm{w}}$ 个近尾迹涡格沿顺时针方向形成的四边形周线;$L_k^{\mathrm{fw}}$ 为第 $k_{\mathrm{fw}}$ 根远尾迹涡丝沿桨叶旋转反方向形成的线段。这样整个自由尾迹模型在第 $n$ 个桨叶附着涡格控制点上的诱导速度为

$$\boldsymbol{u}_n = \sum_{m=1}^{N_{\mathrm{r}} \times N_{\mathrm{c}}} \boldsymbol{u}_m^n + \sum_{l_{\mathrm{w}}=1}^{N_{\mathrm{r}} \times N_{\mathrm{w}}} \boldsymbol{u}_l^n + \sum_{l_{\mathrm{fw}}=1}^{N_{\mathrm{fw}}} \boldsymbol{u}_k^n \tag{2-53}$$

在第 $n$ 个桨叶附着涡格控制点上,若记桨叶绝对运动速度为 $\boldsymbol{u}_{\mathrm{b}}^n$,自由来流速度为 $\boldsymbol{u}_{\infty}^n$,$\boldsymbol{u}$ 可以写为

$$\boldsymbol{u} = \boldsymbol{u}_{\infty}^n + \boldsymbol{u}_n - \boldsymbol{u}_{\mathrm{b}}^n \tag{2-54}$$

结合式(2 – 49)与式(2 – 54),有

$$\boldsymbol{u}_n \cdot \boldsymbol{n}_n = (\boldsymbol{u}_{\mathrm{b}} - \boldsymbol{u}_{\infty}) \cdot \boldsymbol{n}_n \tag{2-55}$$

对所有桨叶升力面上的附着涡格控制点应用式(2 – 55),则可以得到一组关于附着涡格环量的方程组,采用数值方法进行求解即可得到桨叶附着涡环量。

**2. 尾迹控制方程**

式(2 – 43b)中尾迹寿命角 $\zeta$ 和桨叶方位角 $\psi$ 都与时间有关,且有 $\psi = \Omega t$,$(\psi - \zeta) = \Omega t_{\zeta=0}$,则式(2 – 43)可写为

$$\frac{\mathrm{d}\boldsymbol{r}}{\mathrm{d}t} = \Omega \left( \frac{\partial \boldsymbol{r}}{\partial \psi} + \frac{\partial \boldsymbol{r}}{\partial \zeta} \right) \tag{2-56}$$

尾迹涡线节点的速度包括来流速度和其他所有附着涡、内部涡片和尾迹节点对该点产生的诱导速度之和,即

$$V(r(\psi,\varsigma)) = V_\infty + v_{ind}(r(\psi,\varsigma)) \qquad (2-57)$$

式中:$v_{ind}$ 包含桨叶运动引起的尾迹牵连气流速度 $\pmb{u}_{fw}^{bb}$。桨叶附着涡、近尾迹涡片和远尾迹涡丝在 $\pmb{r}$ 处的诱导速度 $\pmb{u}_{fw}^b$、$\pmb{u}_{fw}^w$ 和 $\pmb{u}_{fw}^{fw}$ 如图 2-9 所示。

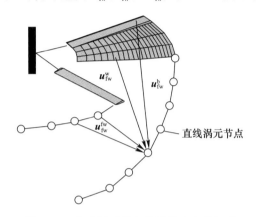

图 2-9　直线涡元节点处诱导速度的组成

因此,尾迹控制方程可写为以下偏微分方程形式,即

$$\frac{\partial \pmb{r}}{\partial \psi} + \frac{\partial \pmb{r}}{\partial \zeta} = \frac{1}{\Omega}\pmb{V} = \frac{1}{\Omega}(V_\infty + \pmb{u}_{fw}^{bb} + \pmb{u}_{fw}^b + \pmb{u}_{fw}^w + \pmb{u}_{fw}^{fw}) \qquad (2-58)$$

为了求解尾迹控制方程式(2-58),必须对式中桨叶方位角和尾迹寿命角的偏微分项进行数值离散,如图 2-10 所示,采用五点中心差分方法对尾迹控制方程进行离散,以网格中心点的值代替偏微分项,可近似表示为

$$\left.\frac{\partial \pmb{r}}{\partial \psi_w}\right|_{(l+1/2,k+1/2)} = \frac{1}{2}\left(\frac{\pmb{r}_{l,k+1} - \pmb{r}_{l,k}}{\Delta\psi} + \frac{\pmb{r}_{l+1,k+1} - \pmb{r}_{l+1,k}}{\Delta\psi}\right) \qquad (2-59)$$

$$\left.\frac{\partial \pmb{r}}{\partial \psi_b}\right|_{(l+1/2,k+1/2)} = \frac{1}{2}\left(\frac{\pmb{r}_{l+1,k} - \pmb{r}_{l,k}}{\Delta\psi} + \frac{\pmb{r}_{l+1,k+1} - \pmb{r}_{l,k+1}}{\Delta\psi}\right) \qquad (2-60)$$

而右端的诱导速度项采用相邻四点的平均值,即

$$\pmb{V}(\pmb{r}_{l+1/2,k+1/2}) = \frac{\pmb{V}(\pmb{r}_{l,k}) + \pmb{V}(\pmb{r}_{l,k+1}) + \pmb{V}(\pmb{r}_{l+1,k+1}) + \pmb{V}(\pmb{r}_{l+1,k})}{4} \qquad (2-61)$$

由此尾迹控制方程可以离散为

$$\pmb{r}_{l+1,k+1} = \pmb{r}_{l,k} + \frac{\Delta\psi}{4\Omega}[\pmb{V}(\pmb{r}_{l,k}) + \pmb{V}(\pmb{r}_{l,k+1}) + \pmb{V}(\pmb{r}_{l+1,k+1}) + \pmb{V}(\pmb{r}_{l+1,k})] \qquad (2-62)$$

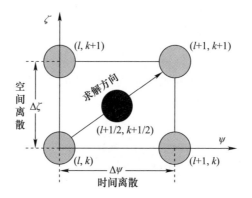

图 2-10　五点中心差分对计算域离散

将尾迹控制方程离散后,对控制方程进行迭代求解。对于非线性隐式差分方程,采用伪隐性预估修正迭代法(PIPC)进行求解,采用固定尾迹作为初始解,具体步骤如下。

预估步:

$$\tilde{r}_{l+1,k+1}^{n} = \tilde{r}_{l,k}^{n} + \frac{\Delta\psi}{4\Omega}\left[ V(r_{l,k}^{n-1}) + V(r_{l,k+1}^{n-1}) + V(r_{l+1,k+1}^{n-1}) + V(r_{l+1,k}^{n-1}) \right] \quad (2-63)$$

修正步:

$$r_{l+1,k+1}^{n} = r_{l,k}^{n} + \frac{\Delta\psi}{4\Omega}\left[ \hat{V}(r_{l,k}) + \hat{V}(r_{l,k+1}) + \hat{V}(r_{l+1,k+1}) + \hat{V}(r_{l+1,k}) \right] \quad (2-64)$$

对前、后两次迭代计算的速度取加权平均,即

$$\begin{cases} \hat{V}(r_{l,k}) = \varepsilon V(r_{l,k}^{n-1}) + (1-\varepsilon)V(\tilde{r}_{l,k}^{n}) \\ \hat{V}(r_{l,k+1}) = \varepsilon V(r_{l,k+1}^{n-1}) + (1-\varepsilon)V(\tilde{r}_{l,k+1}^{n}) \\ \hat{V}(r_{l+1,k}) = \varepsilon V(r_{l+1,k}^{n-1}) + (1-\varepsilon)V(\tilde{r}_{l+1,k}^{n}) \\ \hat{V}(r_{l+1,k+1}) = \varepsilon V(r_{l+1,k+1}^{n-1}) + (1-\varepsilon)V(\tilde{r}_{l+1,k+1}^{n}) \end{cases} \quad (2-65)$$

式中:$\varepsilon$ 为松弛因子。

收敛判据为

$$\mathrm{RMS} = \frac{1}{l_{\max}N_{\mathrm{fw}}}\sum_{l=1}^{l_{\max}}\sum_{k=1}^{N_{\mathrm{fw}}} \| r_{l,k}^{n} - r_{l,k}^{n-1} \| \quad (2-66)$$

式中:RMS 为残差;上标 $n$ 表示第 $n$ 次迭代的尾迹,下标 $l$ 表示第 $l$ 根涡线,$k$ 表

示此涡线的第 $k$ 个定位点。由式(2-66)可见,迭代中以尾迹几何形状的残差为收敛判据,若不收敛,令 $\boldsymbol{r}_{l,k}^{n+1} = \boldsymbol{r}_{l,k}^{n}$,更新尾迹形状,继续进行下一迭代步的计算。

**3. 桨盘诱导速度**

根据自由尾迹模型计算出尾迹形状和环量,从而求解桨盘诱导速度分布为

$$\begin{bmatrix} u_{ix} \\ u_{iy} \\ u_{iz} \end{bmatrix} = \boldsymbol{u}_i = \boldsymbol{u}_b + \boldsymbol{u}_{nw} + \boldsymbol{u}_{fw} \qquad (2-67)$$

式中:$\boldsymbol{u}_b$、$\boldsymbol{u}_{nw}$ 和 $\boldsymbol{u}_{fw}$ 分别为桨叶附着涡、近尾迹涡片和远尾迹涡丝对桨盘上任意一点的诱导速度矢量。由于 $x$ 轴和 $y$ 轴方向上的诱导速度 $u_{ix}$ 和 $u_{iy}$ 对旋翼拉力没有贡献,因此,仅计入 $z$ 轴方向的诱导速度 $u_{iz}$ 建立旋翼诱导速度计算模型。

## 2.3.6 模型验证

通过将计算的尾迹形状和诱导速度同试验数据对比,对自由尾迹模型进行验证。

**1. 尾迹形状**

尾迹形状验证算例为前飞状态下的旋翼尾迹试验,旋翼系统为 2MRTS(2-meter rotor test system)缩比旋翼,基本参数如表 2-1 所列。

表 2-1 ROBIN 旋翼基本参数

| 参数 | 取值 | 参数 | 取值 |
|---|---|---|---|
| 桨叶片数 | 4 | 桨尖速度 $\Omega R/(\mathrm{m/s})$ | 190.2 |
| 半径/m | 0.861 | 翼型 | NACA0012 |
| 弦长/m | 0.066 | 总距 $\theta_0/(°)$ | 12.47 |
| 挥舞铰外伸量(无量纲) | 0.06 | 纵向周期变距 $B_1/(°)$ | 3.23 |
| 桨叶根切(无量纲) | 0.24 | 横向周期变距 $A_1/(°)$ | -1.07 |
| 拉力系数 $C_T$ | 0.0064 | 负扭度 $\theta_T/(°)$ | -8.0 |
| 前进比 $\mu$ | 0.15、0.23 | 桨盘迎角 $\alpha_S/(°)$ | -3.0 |
| 旋翼转速/(r/min) | 2000 | | |

图 2-11 给出了前进比 $\mu = 0.15$ 时,桨叶方位角在 0°、90°、180° 和 270° 时桨尖涡几何形状俯视和侧视的计算结果。试验中采用烟流试验测量得到不同桨叶方位角旋翼尾迹的空间几何形状,通过比较可见,计算得出的尾迹几何形状与测量值吻合较好,体现了明显的尾迹畸变现象。

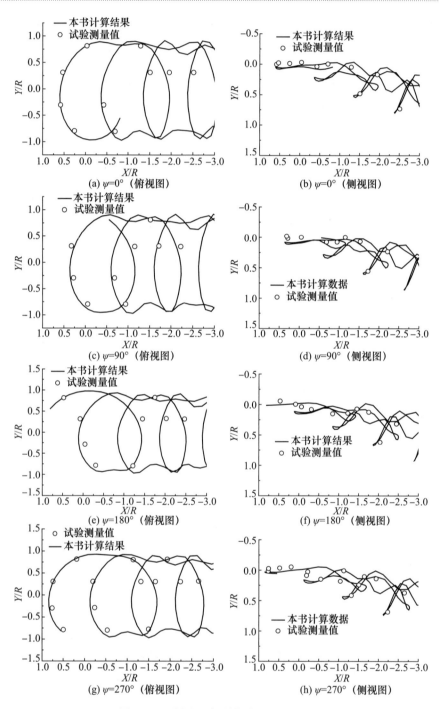

图 2 – 11　尾迹几何形状验证（$\mu = 0.15$）

图 2-12 给出了前进比 $\mu = 0.23$ 时,桨叶方位角在 0°、90°、180° 和 270° 时桨尖涡几何形状俯视和侧视的计算和试验测量结果的对比。与前进比 $\mu = 0.15$ 时相比,前进比增大后,尾迹被吹向远方,从俯视图来看,桨尖涡几何形状更加规则,这是因为来流速度增大,使尾迹涡线被更快地吹向机身后方,导致涡线间距增大,减轻了尾迹的自诱导和畸变现象。

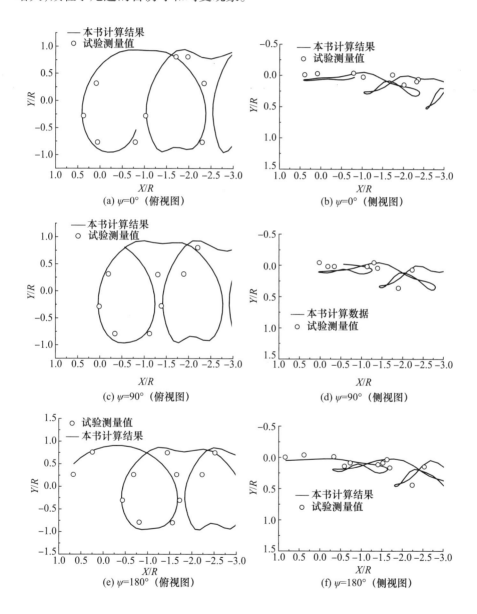

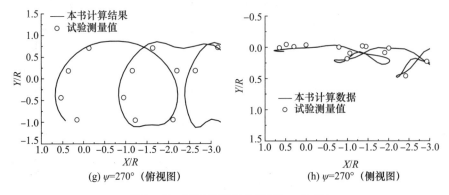

(g) $\psi = 270°$（俯视图）    (h) $\psi = 270°$（侧视图）

图 2 - 12    尾迹几何形状验证 $(\mu = 0.23)$

## 2. 诱导速度

诱导速度算例为 OH - 13E 直升机全尺寸旋翼悬停诱导速度测量试验。该试验在不同拉力系数下，通过热膜风速仪测量旋翼下方的不同径向位置诱导速度分布，旋翼基本参数如表 2 - 2 所列。

表 2 - 2    OH - 53E 旋翼基本参数

| 参数 | 取值 | 参数 | 取值 |
|---|---|---|---|
| 桨叶片数 | 2 | 桨尖速度 $\Omega R/(\mathrm{m \cdot s})$ | 137.16 |
| 半径/m | 5.353 | 翼型 | NACA0015 |
| 弦长/m | 3.557 | 总距 $\theta_0/(°)$ | 10.75 |
| 拉力系数 $C_T$ | 0.004 | 纵向周期变距 $B_1/(°)$ | 0.0 |
| 横向周期变距 $A_1/(°)$ | 0.0 | 负扭度 $\theta_T/(°)$ | - 4.25 |

由图 2 - 13 可以看出，在旋翼桨盘下方 $0.1R$、$0.5R$ 和 $1.0R$ 的轴向位置处，自由尾迹模型计算得到的轴向诱导速度分布与试验测量结果总体趋势一致，在个别位置存在差异，表明该方法可以有效地计算旋翼下洗流场。

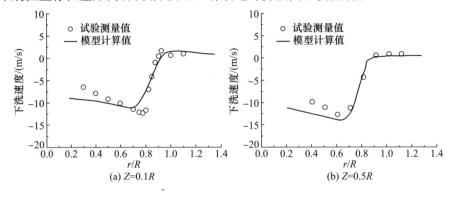

(a) $Z=0.1R$    (b) $Z=0.5R$

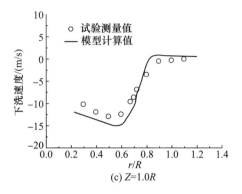

(c) $Z=1.0R$

图 2 - 13　诱导速度验证

## 2.4　旋翼挥舞系数与诱导速度的耦合求解

考虑桨叶挥舞运动方程

$$M_{\mathrm{G}} + M_{\mathrm{C}} + M_{\mathrm{F}} + M_{\mathrm{T}} + M_{\mathrm{Gyro}} = 0 \qquad (2-68)$$

式中：$M_{\mathrm{G}}$、$M_{\mathrm{C}}$、$M_{\mathrm{F}}$、$M_{\mathrm{T}}$、$M_{\mathrm{Gyro}}$ 分别为桨叶重力、离心力、惯性力、升力和陀螺力绕挥舞铰的力矩，且 $M_{\mathrm{T}}$ 可写成一阶傅里叶级数形式，即

$$M_{\mathrm{T}} = M_{\mathrm{T0}} + M_{\mathrm{Tc}}\cos\psi + M_{\mathrm{Ts}}\sin\psi \qquad (2-69)$$

由于桨叶挥舞角按一阶傅里叶级数形式可写为

$$\beta = a_0 - a_{1c}\cos\psi - b_{1s}\sin\psi \qquad (2-70)$$

这样，桨叶挥舞运动方程可写为

$$I_{\mathrm{b}}\ddot{\beta} + I_{\mathrm{b}}\Omega^2\beta = M_{\mathrm{T0}} - M_{\mathrm{s}}g + (M_{\mathrm{Tc}} + 2P_{\mathrm{R}}\Omega I_{\mathrm{b}})\cos\psi + (M_{\mathrm{Ts}} - 2Q_{\mathrm{R}}\Omega I_{\mathrm{b}})\sin\psi$$

$$(2-71)$$

将式（2-65）代入式（2-67），并进一步整理，可得到以下关于 $a_0$、$a_{1c}$、$a_{1s}$ 的隐式三元非线性方程组，求解方程组即可得到 $a_0$、$a_{1c}$、$a_{1s}$ 的数值解，即

$$\begin{cases} f_1(a_0, a_{1c}, a_{1s}) = I_{\mathrm{b}}\Omega^2 a_0 - M_{\mathrm{T0}} + M_{\mathrm{s}}g = 0 \\ f_2(a_0, a_{1c}, a_{1s}) = M_{\mathrm{Tc}} + 2P_{\mathrm{R}}\Omega I_{\mathrm{b}} = 0 \\ f_3(a_0, a_{1c}, a_{1s}) = M_{\mathrm{Ts}} - 2Q_{\mathrm{R}}\Omega I_{\mathrm{b}} = 0 \end{cases} \qquad (2-72)$$

在旋翼飞行器飞行力学配平计算中，每个迭代步中都需要进行旋翼诱导速度求解，采用涡流理论和自由尾迹等旋翼气动模型时，旋翼诱导速度为非均匀分布，为提高求解效率，可采用诱导速度－挥舞系数交叉耦合迭代算法。该算法能

够有效结合涡流理论或旋翼自由尾迹模型很快求解出非均匀诱导速度分布,同时得到诱导速度非均匀分布条件下的旋翼挥舞系数,分别针对诱导速度迭代环节和挥舞系数迭代环节中的迭代误差及迭代次数作了最大允许限制。在整个交叉耦合迭代计算中,当非均匀诱导速度迭代误差或迭代次数超过最大允许值时,采用初始动量理论诱导速度均匀分布继续进行挥舞系数迭代计算;当挥舞系数迭代误差或迭代次数超过最大允许值时,采用初始动量理论条件下的挥舞系数继续进行非均匀诱导速度迭代计算。这样就有效抑制了数值迭代计算的发散,同时也控制了整个迭代计算时间。交叉耦合迭代计算流程如图 2 – 14 所示。

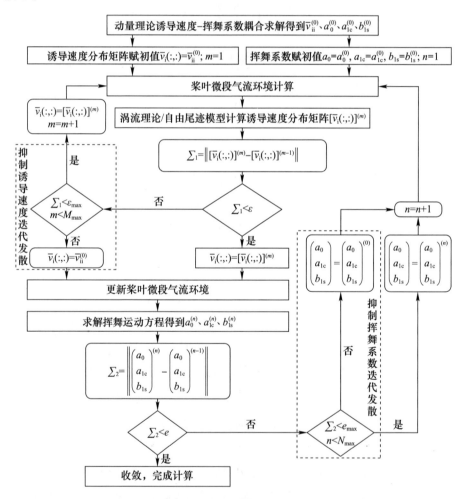

图 2 – 14　诱导速度 – 挥舞系数交叉耦合迭代算法流程图

# 📐 2.5　小　　结

相比于固定翼飞机,垂直起降、空中悬停、低空低速机动飞行能力是旋翼飞行器的最大优点,但旋翼飞行器的振动和噪声较大,舒适度和稳定性略差,这些均与复杂的旋翼流场直接相关。旋翼气动建模方法复杂程度不同,可适用于不同颗粒度和不同用途的旋翼飞行器飞行力学模型,其中自由尾迹方法能够很好地模拟旋翼尾迹形状和下洗速度,但该方法基于无黏、不可压假设,随着人们对高雷诺数、非定常物面黏性绕流问题的日益重视,黏性涡粒子法由于考虑了涡量的黏性、输运和拉伸效应,近年来,国外学者开始将高精度涡粒子模型引入旋翼流场的计算和研究中。

## 参考文献

[1] 曹义华. 现代直升机旋翼空气动力学[M]. 北京:北京航空航天大学出版社,2015.

[2] 高正. 直升机空气动力学的新成果[M]. 北京:航空工业出版社,1999.

[3] 王适存,徐国华. 直升机旋翼空气动力学的发展[J]. 南京航空航天大学学报,2001,33(3):203 – 211.

[4] Leishman J G. Principles of helicopter aerodynamics(2nd Edition)[M]. New York:Cambridge University Press,2006.

[5] Bagai A. Contributions to the mathematical modeling of rotor flow fields using a pseudo implicit free wake analysis[D]. Maryland:University of Maryland,1995.

[6] Zhao J,He G. Modeling rotor wake dynamic with viscous vortex particle method[J]. AIAA Journal,2009,47(4):902 – 915.

[7] Ghee T A,Elliott J W. The wake of a small – scale rotor in forward flight using flow visualization[J]. Journal of the American Helicopter Society,1995,40(3):52 – 65.

[8] Boatwright D W. Measurements of velocity components in the wake of a full – scale helicopter rotor in hover[R]. USAAMRDL Technical Report 33 – 72,1972.

[9] Komerath N M,Smith M J,Tung Chee. A review of rotor wake physics and modeling[J]. Journal of the American Helicopter Society,2010,56(2):1 – 19.

[10] Strawn R C,Caradonnna F X,Duque EPN. 30 years rotorcraft computational fluid dynamics research and development[J]. Journal of the American Helicopter Society, 2006,51(1):5 – 21.

# 第 ❸ 章
## 旋翼气动干扰分析

　　旋翼流场由桨叶产生的涡系主导,非常复杂。低速前飞状态下,机身浸润在旋翼尾迹中,桨叶脱出的桨尖涡将贴近机身表面移动,由此产生显著的旋翼/机身非定常气动干扰。由于旋翼尾迹的复杂性和时变性,一方面,旋翼对其他气动部件产生下洗、侧洗等,影响其气动性能;另一方面,机身的存在也会改变旋翼的入流角分布,影响桨叶非定常气动载荷,并最终影响旋翼气动性能、整机飞行性能、操纵载荷及振动特性,因此准确分析旋翼带来的非定常气动干扰显得非常重要。

　　近年来,CFD 方法在直升机和旋翼流场分析中得到了成功应用,该方法可以看作在流体力学的基本方程(质量守恒方程、动量守恒方程、能量守恒方程)控制下对流动的数值模拟。基于欧拉体系求解 N－S 方程,采用嵌套网格技术,CFD 方法能准确模拟复杂的直升机和旋翼流场,但该方法在整个计算域需要大量网格,且存在数值耗散,对计算时间和计算资源消耗较大。为减小 CFD 计算资源,通过将旋翼简化为作用盘,采用动量源方法可提高旋翼/机身气动扰分析效率,通过在 N－S 方程右端增加源项计算前飞状态下的旋翼/机身气动干扰,但不能很好模拟桨叶非定常特性对机身的影响以及机身对桨叶气动特性的影响。

　　自由尾迹模型通过逐次迭代得到尾迹的形状和流场诱导速度分布,可用来模拟尾迹与其他物体的干扰。面元法建立在势流的基础上,结合边界层模型,可解决任意三维物体的不可压绕流问题。通过迭代桨叶附着环量、尾迹在机身面元处引起的诱导速度、机身面元在旋翼桨叶和尾迹定位点处引起的诱导速度,建立起自由尾迹/面元法的耦合方法。该方法是一种实用、高效的分析旋翼气动干扰的方法。相比 CFD 方法,该方法计算量较小,计算精度满足工程要求。

　　长期以来,在直升机飞行力学问题的研究中,旋翼通常采用简单的诱导入流模型,旋翼对机身等气动部件的气动干扰依赖气动干扰经验公式或风洞试验数据,这严重制约了旋翼飞行器飞行力学的发展。近年来,为满足高性能直升机的设计要求,基于复杂的旋翼气动模型,国外已经开始着手将旋翼气动干扰分析引入直升机飞行力学模型。本章以面元法计算机身流场,通过耦合自由尾迹方法可计算旋翼下洗流对机身、平尾和尾桨压力中心的气动干扰,进一步将自由尾迹/面元法嵌入直升机飞行力学模型,可用计算得到的旋翼下洗速度代替风洞试验数据,研究直升机的平衡特性。

# 3.1　机身流场计算

长期以来,在直升机机身设计中,人们对于复杂的机身外形,较少从空气动力学方面考虑,在确定其气动特性时,一般求助于风洞试验,它可以直接提供机身的空气动力系数而不受限于机身的几何外形。由于风洞试验的时间周期长、费用高,研发一种满足工程精度要求的预测机身气动特性的程序,有一定参考意义和现实意义。

面元法作为解决三维物体的不可压绕流问题的计算流体力学方法,近 30 年来得到了广泛应用。它将机身表面做离散化处理,在物面上选取足够数量的点,作为几何输入点,每个面元由这些点构成,呈平面四边形或三角形。离散之后,整个物面便由这些四边形或三角形来代替。各种面元法主要是以边界条件、奇点类型和面元形状来区别。面元法的发展趋势是从低阶向高阶发展,从外部的 Neumann 边界条件逐渐发展到内部的 Dirichlet 问题。通过三维面元模型模拟机身,是一种实用、高效的机身气动建模流场的方法。相比 CFD,该方法计算量较小,计算精度满足工程要求。

### 3.1.1　面元法原理

面元法首先将物体表面进行离散,生成网格后用一个平面或曲面代替原来的物面,该平面或曲面称为面元。而后在面元上布置流动的奇点,如源、涡、偶极子及其组合,求解气动问题。一般地,物面曲率较大处面元应取得密些;估计速度梯度较大处也应取密些,如图 3 - 1 所示。对于机身,通常通过表面源/汇的叠加即可满足流场的模拟要求。

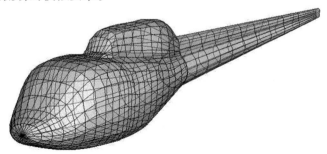

图 3 - 1　机身网格划分示意

　　通常可利用 Rhinoceros 等软件对直升机进行实体建模和空间拓扑结构划分,再运用 Gridgen 等软件生成多块对接结构网格,编制计算机程序将机身网格数据输入面元法计算程序中。网格的划分和读取顺序如图 3 - 2 所示。

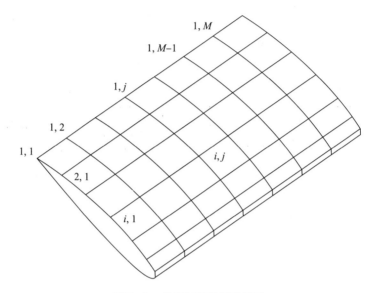

图 3 - 2　机身网格数据的读取

　　读取网格数据后,设面元 4 个角点的坐标分别为

$$\boldsymbol{r}_k = (x_k, y_k, z_k) \quad k = 1 \sim 4 \tag{3-1}$$

则面元单位法向向量 $\boldsymbol{n}$ 为

$$\boldsymbol{n} = \frac{\boldsymbol{A} \times \boldsymbol{B}}{|\boldsymbol{A} \times \boldsymbol{B}|} \tag{3-2}$$

　　$\boldsymbol{A}$、$\boldsymbol{B}$ 为面元两对角线向量,计算得到法向向量 $\boldsymbol{n}$,再取面元上点 $c$,便可确定面元所在平面。点坐标 $\boldsymbol{c}$ 取面元 4 个角点的平均值,即

$$\boldsymbol{c} = \frac{1}{4}(\boldsymbol{r}_1 + \boldsymbol{r}_2 + \boldsymbol{r}_3 + \boldsymbol{r}_4) \tag{3-3}$$

　　在面元法计算中,除了机身体轴系、机身风轴系外,还会用到面元局部坐标系,每个面元都有各自的面元局部坐标系。图 3 - 3 所示为面元单位坐标向量,除法向向量 $\boldsymbol{n}$ 外,$\boldsymbol{u}$ 和 $\boldsymbol{p}$ 分别为面元纵向与横向单位向量,向量 $\boldsymbol{o}$ 分别与 $\boldsymbol{n}$ 和 $\boldsymbol{u}$ 垂直。机身体轴系和面元局部坐标系之间的转换矩阵可通过单位向量 $\boldsymbol{o}$、$\boldsymbol{n}$ 和 $\boldsymbol{u}$

得到。计算诱导速度时,通常在面元局部坐标系中进行,再通过转换关系矩阵转化至机身体轴系。

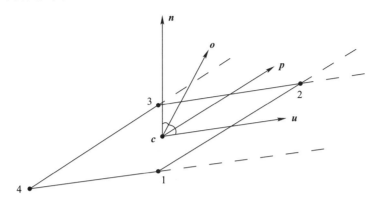

图 3-3　面元单位坐标向量

## 3.1.2　诱导速度计算

若机身表面 $S$ 上任意点 $q$ 处源强度为 $\sigma(q)$,则机身对空间某点 $p$ 的速度位可表示为

$$\boldsymbol{\varphi} = \iint\limits_{S} \frac{\sigma(q)}{r(p,q)} \mathrm{d}S \qquad (3-4)$$

式中:$r(p,q)$ 为点 $p$ 到点 $q$ 的距离。设 $t$ 为面元特征尺寸,$r_0$ 为空间任意一点至面元间距离,按照计算点和面元间距离不同,可采用两种形式的近似公式加快计算速度:①当 $2.5 < r_0/t < 4.0$ 时,可以采用"中场公式";②当计 $r_0/t \geqslant 4.0$ 时,可以采用"远场公式"。

设面元源强度为 $\sigma$,其对空间任意一点 $(x,y,z)$ 的诱导速度的精确公式为

$$u(x,y,z) = \frac{\sigma}{4\pi}\left[\frac{y_2 - y_1}{d_{12}}\ln\frac{r_1 + r_2 - d_{12}}{r_1 + r_2 + d_{12}} + \frac{y_3 - y_2}{d_{23}}\ln\frac{r_2 + r_3 - d_{23}}{r_2 + r_3 + d_{23}} + \right.$$
$$\left. \frac{y_4 - y_3}{d_{34}}\ln\frac{r_3 + r_4 - d_{34}}{r_3 + r_4 + d_{34}} + \frac{y_1 - y_4}{d_{41}}\ln\frac{r_4 + r_1 - d_{41}}{r_4 + r_1 + d_{41}}\right] \qquad (3-5)$$

$$v(x,y,z) = \frac{\sigma}{4\pi}\left[\frac{x_1 - x_2}{d_{12}}\ln\frac{r_1 + r_2 - d_{12}}{r_1 + r_2 + d_{12}} + \frac{x_2 - x_3}{d_{23}}\ln\frac{r_2 + r_3 - d_{23}}{r_2 + r_3 + d_{23}} + \right.$$
$$\left. \frac{x_3 - x_4}{d_{34}}\ln\frac{r_3 + r_4 - d_{34}}{r_3 + r_4 + d_{34}} + \frac{x_4 - x_1}{d_{41}}\ln\frac{r_4 + r_1 - d_{41}}{r_4 + r_1 + d_{41}}\right] \qquad (3-6)$$

$$w(x,y,z)=\frac{\sigma}{4\pi}\Big[\arctan\Big(\frac{m_{12}e_1-h_1}{zr_1}\Big)-\arctan\Big(\frac{m_{12}e_2-h_2}{zr_2}\Big)+$$

$$\arctan\Big(\frac{m_{23}e_2-h_2}{zr_2}\Big)-\arctan\Big(\frac{m_{23}e_3-h_3}{zr_3}\Big)+$$

$$\arctan\Big(\frac{m_{34}e_3-h_3}{zr_3}\Big)-\arctan\Big(\frac{m_{34}e_4-h_4}{zr_4}\Big)+$$

$$\arctan\Big(\frac{m_{41}e_4-h_4}{zr_4}\Big)-\arctan\Big(\frac{m_{41}e_1-h_1}{zr_1}\Big)\Big) \tag{3-7}$$

在上述各式中，

$$d_{12}=\sqrt{(x_2-x_1)^2+(y_2-y_1)^2},\quad d_{23}=\sqrt{(x_3-x_2)^2+(y_3-y_2)^2}$$

$$d_{34}=\sqrt{(x_4-x_3)^2+(y_4-y_3)^2},\quad d_{41}=\sqrt{(x_1-x_4)^2+(y_1-y_4)^2}$$

$$m_{12}=\frac{y_2-y_1}{x_2-x_1},\quad m_{23}=\frac{y_3-y_2}{x_3-x_2},\quad m_{34}=\frac{y_4-y_3}{x_4-x_3},\quad m_{41}=\frac{y_1-y_4}{x_1-x_4}$$

$$r_k=\sqrt{(x-x_k)^2+(y-y_k)^2+z^2}\quad k=1,2,3,4$$

$$e_k=\sqrt{(x-x_k)^2+z^2}\quad k=1,2,3,4$$

$$h_k=(x-x_k)(y-y_k)\quad k=1,2,3,4$$

在 $w(x,y,z)$ 计算过程中，当 $z\to0$ 时，$p$ 点是否位于面元内对 $w(x,y,z)$ 的计算结果影响较大，需要人为设定精度判断 $p$ 点位置，如果 $p$ 点位于面元外，则 $w(x,y,z)$ 为零；否则，$w(x,y,z)$ 为 $2\pi$。计算中可将计算 $p$ 点转化至面元局部坐标系，并设定精度，若满足精度则认为 $z\to0$，进一步判断 $p$ 点 $(x,y)$ 坐标是否落在面元内。此外，若有一边平行于 $y$ 轴时，则相应于该边的两个反正切项应相互抵消。

### 3.1.3 边界条件

物面边界条件要求相对于物面的法向速度为零，远场边界条件要求物体对流体的扰动在无限远处为零。此时，在机身表面上的 Neumann 边界条件可以表示为

$$\begin{cases}|\nabla\varphi|_\infty\to0\\ \frac{\partial\varphi}{\partial n}-\boldsymbol{V}_\infty\cdot\boldsymbol{n}=0\end{cases} \tag{3-8}$$

式中:$V_{\infty}$ 为来流速度;$n$ 为物面法向向量。

采用格林函数,无穷远处无扰动条件自动满足。此时,在机身表面上的物面无穿透边界条件可以表示为

$$(V_{\infty} + \nabla\varphi) \cdot n = 0 \qquad (3-9)$$

式中:$\nabla\varphi$ 为速度位增量。若机身表面被分成 $N$ 个面元,并假定每个面元上分布的源强度为常值,控制方程组可写为

$$\sum_{j=1}^{N} A_{ij}\sigma_j = -n_i \cdot V_{\infty} \qquad (3-10)$$

式中共有 $N$ 个方程,$N$ 个未知 $\sigma_j$,可通过解线性代数方程组确定机身 $N$ 个面元上的源强度 $\sigma_j$。式(3-10)中:$n_i$ 为标量形式的面元单位法向向量;$A$ 为面元影响系数矩阵,$A_{ij}$ 为任意两个面元之间的速度影响系数,有

$$A_{ij} = \begin{cases} 2\pi & i = j \\ -\iint\limits_{S_j} \dfrac{\partial}{\partial n_i} \cdot \dfrac{1}{r_{ij}} \mathrm{d}S_j & i \neq j \end{cases} \qquad (3-11)$$

式中:$r_{ij}$ 为两面元控制点间的距离。采用常值面源,根据上述方法计算得到诱导速度影响矩阵 $A$。通过对机身绕流的面元模拟,机身绕流可采用 G-S 迭代方法进行求解,G-S 迭代收敛的充要条件如下:①如果矩阵 $A$ 是主对角占优矩阵,则 G-S 迭代收敛;②如果矩阵 $A$ 正定,则 G-S 迭代收敛。在面元法求解绕流问题中,影响系数矩阵 $A$ 对上述两个充要条件通常都满足,求解较为容易,迭代方程为

$$\sigma_i^{(m+1)} = \frac{1}{A_{ii}} \left[ -n_i \cdot V_{\infty} - \sum_{j=1}^{i-1} A_{ij}\sigma_i^{(m+1)} - \sum_{j=i+1}^{N} A_{ij}\sigma_i^{(m)} \right] \qquad (3-12)$$

各面元的初始源强度 $\sigma_i^{(0)}$ 取为零。迭代的收敛条件为

$$\left| \frac{\sigma_i^{(m+1)} - \sigma_i^{(m)}}{\sigma_i^{(m)} - \sigma_i^{(m-1)}} \right| \leqslant \varepsilon \qquad (3-13)$$

### 3.1.4　求解流程

整个机身绕流的面元求解流程如图 3-4 所示。

机身流场确定后,无量纲压力系数可表示为

$$C_p = \frac{p - p_{\infty}}{(1/2)\rho V_{\infty}^2} = 1 - \frac{V^2}{V_{\infty}^2} \qquad (3-14)$$

式中:$V$ 为当地气流速度;$p$ 为当地压力;$\rho$ 为密度。

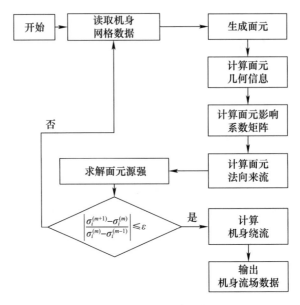

图 3 - 4　面元法求解机身流场流程图

## 3.1.5　算例分析

以 ROBIN 模型为例进行验证,它是 NASA 的试验模型,并不是真正的直升机,但其机身具有一定代表意义。对其建模首先是通过解析函数计算的方式得到机身表面点的位置坐标,然后再生成实体,图 3 - 5 所示为 ROBIN 机身建模和网格划分。在本章的算例中,ROBIN 模型流场计算的高度设为海平面高度,气体参数与该高度上的大气环境保持一致。根据试验条件,选择的计算条件如下:孤立机身流场的远前方来流速度 $V = 21.2\text{m/s}$,来流迎角 $\alpha = 0°$。

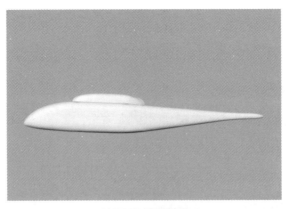

(a) ROBIN实体模型

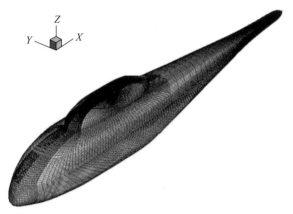

(b) ROBIN机身网格

图 3 - 5　ROBIN 模型和机身网格划分

　　根据计算条件,运用面元法模型,图 3 - 6 所示为试验条件下本模型计算得到的 $y = 0$ 截面(即纵向对称面)的表面压力系数分布,图 3 - 7 所示为计算得到的孤立机身表面压力系数分布。通过比较可知,计算得到的压力系数变化趋势与 CFD 结果及参考结果吻合较好,面元法可有效地用于机身流场计算。

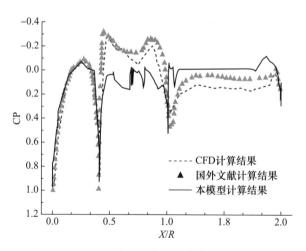

图 3 - 6　ROBIN 模型机身顶部中线压力系数分布

　　本模型计算结果同参考结果和 CFD 结果总体一致,但存在一定差异。原因可能如下:

　　(1)面元法假设流体为无旋且无黏,这与流体实际流动有一定差别。

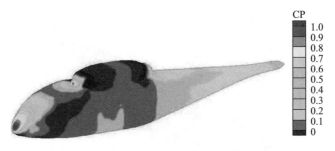

图 3-7　ROBIN 机身压力系数分布

（2）在机身前部（$X/R = 0.0 \sim 0.5$），计算结果与参考结果有较好的一致性；在机身中部（$X/R = 0.5 \sim 1.0$），此处前接座舱后接尾梁，机身的几何形状急剧变化而导致流动分离，基于无黏、无旋假设的面元法无法捕捉到这种现象，造成机身中部计算结果与参考结果有一定差异；在机身后部（$X/R = 1.1 \sim 1.9$），计算结果与参考结果的差值恒定，可能是由程序的计算精度和面元法的方法假设引起的。

该方法也可以应用到船舶、汽车和高速列车的外形设计上。

## 3.2　旋翼/机身气动干扰计算

采用自由尾迹方法计算旋翼尾迹，使用三维面元模型代替机身，通过耦合自由尾迹和面元法计算旋翼尾迹对机身、平尾和尾桨带来的干扰。从桨叶后缘脱出的旋翼桨尖涡在靠近机身时，会对机身产生撞击或者绕过机身表面加速运动，而机身的存在也会对旋翼尾迹产生堵塞和阻碍作用，影响旋翼的入流情况和旋翼性能。因此，在耦合建模过程中，需要分别考虑旋翼下洗对机身的干扰和机身对旋翼尾迹的干扰，采用涡线镜像法模拟机身对尾迹的诱导和堵塞。图 3-8 给出了旋翼尾迹对机身、平尾和尾桨干扰效果。

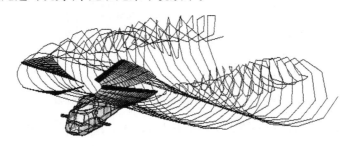

图 3-8　UH-60A 旋翼下洗示意图

### 3.2.1　求解方法

将旋翼尾迹模型和机身面元模型耦合,计算桨叶附着涡和尾迹涡线在机身面元控制点处产生的诱导影响,可得到以下联立方程,即

$$\sum_{j=1}^{N_A} (V_{\zeta,ij}^{\sigma})_i \sigma_j = -(V_{\infty\zeta i} + V_{R\zeta i}) \quad i = 1, 2, \cdots, N_A \quad (3-15)$$

式中:$V_{\infty\zeta i}$ 为来流速度在第 $i$ 个面元的局部坐标系上的法向分量;$V_{R\zeta i}$ 为旋翼所产生的诱导速度在第 $i$ 个面元的局部坐标系上的法向分量;$(V_{\zeta,ij}^{\sigma})_i$ 为第 $j$ 块面元对第 $i$ 个面元控制点所产生的诱导速度在第 $i$ 个面元的局部坐标系上的法向分量;$N_A$ 为机身面元总数。

同样,机身面元会对尾迹涡线节点产生诱导速度,因此尾迹控制方程式(2-58)应加入面元对尾迹的诱导速度,则

$$\frac{\partial \boldsymbol{r}}{\partial \psi} + \frac{\partial \boldsymbol{r}}{\partial \zeta} = \frac{1}{\Omega} \boldsymbol{V} = \frac{1}{\Omega}(V_{\infty} + \boldsymbol{u}_{fw}^{bb} + \boldsymbol{u}_{fw}^{b} + \boldsymbol{u}_{fw}^{w} + \boldsymbol{u}_{fw}^{fw} + \boldsymbol{u}_{fw}^{P}) \quad (3-16)$$

式中:$\boldsymbol{u}_{fw}^{P}$ 为所有机身面元对尾迹节点产生的诱导速度之和。

自由尾迹/面元法的耦合迭代流程如图 3-9 所示。

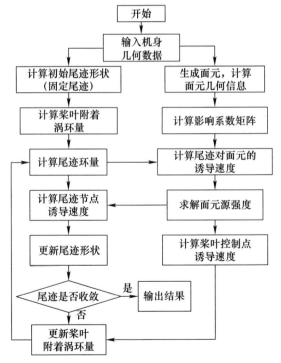

图 3-9　自由尾迹/面元法的耦合迭代流程图

### 3.2.2　涡/面干扰

在低速前飞状态下,机身浸润在旋翼尾迹中,因此旋翼尾迹涡线将靠近机身表面。尾迹涡线和机身表面的干扰包括两个方面:①尾迹涡线会在机身面元控制点处引起诱导速度,在计算机身面元源强度时应考虑涡段对面元的诱导速度;②机身对尾迹涡线定位节点产生诱导速度,如式(3 - 16)所示。当尾迹涡线继续向下游运动时,一方面,机身会对尾迹的自由流动产生阻碍作用,由于气流不可能穿透机身继续流动,尾迹涡线沿机身表面法向的运动会减缓;另一方面,尾迹涡线会沿机身表面的切向加速运动。

当尾迹涡线靠近机身时,为满足机身表面无穿透的条件,同时模拟涡线靠近机身表面时的加速现象。在点涡镜像法的基础上,采用涡线镜像法,将离散后的机身面元近似看作平面,每小段尾迹涡线由两点直线构成,通过涡线中点的镜像涡,便可得到镜像涡线,镜像涡线涡量为 $\Gamma' = -\Gamma$。当尾迹涡线与机身面元的距离大于面元的特征尺寸时,式(3 - 16)中的 $u_{\mathrm{fw}}^{P}$ 采用面元诱导速度计算公式;当尾迹涡线与机身面元的距离小于面元的特征尺寸时,$u_{\mathrm{fw}}^{P}$ 由镜像涡线计算得到。涡线镜像法如图3 - 10所示。

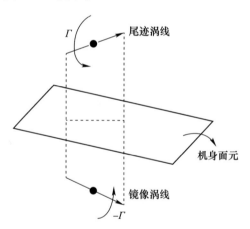

图3 - 10　涡线镜像法示意图

### 3.2.3　计算结果与分析

以单旋翼带尾桨直升机为例,采用 UH - 60 直升机数据,基于以上耦合模型开展计算。计算所用机身网格如图3 - 11所示。

为计算旋翼对机身、平尾和尾桨压力中心处的下洗速度,以上气动部件的压力中心位置如表3 - 1所列,采用桨毂坐标系,$X$ 轴指向机头,$Z$ 轴竖直向下。

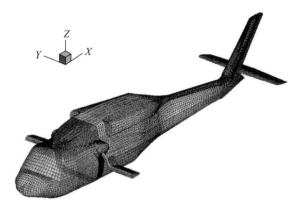

图 3 - 11　UH - 60 机身网格

表 3 - 1　压力中心坐标

| 部件 | $X/\mathrm{m}$ | $Y/\mathrm{m}$ | $Z/\mathrm{m}$ |
| --- | --- | --- | --- |
| 机身 | - 0.109 | 0.0 | 2.057 |
| 平尾 | - 9.124 | 0.0 | 1.803 |
| 尾桨 | - 9.26 | 0.356 | - 0.246 |

**1. 旋翼/机身干扰**

图 3 - 12 给出了不同速度下的旋翼/机身干扰效果，$\dot{X}$ 为前飞速度。该方法很好地捕捉到了涡核半径随尾迹寿命角的扩散效应、桨尖涡的卷起过程和尾迹的对流现象。桨尖涡与其他桨叶之间的桨/涡干扰现象，在低速情况下最为严重（图 3 - 12（b））。

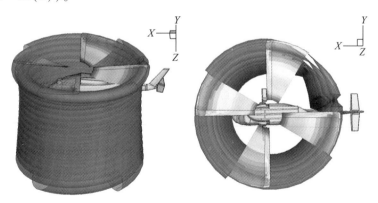

(a) $\dot{X}=0$，$\mu=0.0$

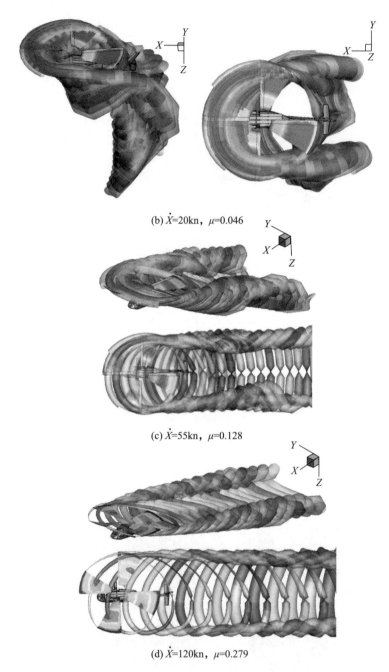

(b) $\dot{X}$=20kn, $\mu$=0.046

(c) $\dot{X}$=55kn, $\mu$=0.128

(d) $\dot{X}$=120kn, $\mu$=0.279

图 3-12　算例直升机旋翼尾迹/机身干扰的几何形状

(1kn = 1 n mile/h = 1.852km/h)

该定性分析表明,悬停状态下,机身大部都浸在旋翼的尾迹中,旋翼对机身的下洗干扰最为严重;随着前飞速度的增大,在低速状态下,机身尾部逐渐浸入到旋翼的尾迹中,旋翼尾迹对平尾撞击产生显著的旋翼/平尾气动干扰。在中小速度时,旋翼对平尾、尾桨的干扰达到最大,随着尾迹后移至机身后部,旋翼/机身的下洗干扰逐渐减小;进一步增大平飞速度,尾迹被吹向远方,旋翼对平尾、尾桨的下洗干扰减弱,旋翼对机身的干扰效应也进一步减小。

**2. 旋翼下洗速度计算**

风洞试验中测量到的气动干扰数据一般表现为气动干扰因子 $k_w$,它和尾迹倾斜角和旋翼后倒角有关,下洗速度 $w_{wash}$ 由下式计算,即

$$w_{wash} = k_w \cdot v_i \tag{3-17}$$

式中:$v_i$ 为旋翼平均诱导速度。

运用上述自由尾迹/面元法计算旋翼对机身、平尾和尾桨的下洗速度如图 3-13 所示。不同飞行条件对旋翼/机身气动干扰有着复杂的影响,尤其是旋翼/尾桨干扰,在中小速度下最难预测,目前还没有一种能在全速度范围内较为精确地模拟旋翼/机身干扰的气动模型。本章计算时所选前飞速度范围为 40~120kn。国外试验仅测量了旋翼对机身和平尾的气动干扰因子,并假设在相同速度下,旋翼对尾桨的气动干扰因子与旋翼对平尾的气动干扰因子取值相同,这与实际的气动干扰情况并不完全符合,因此需要单独计算旋翼对尾桨中心的下洗干扰,计算得到的尾桨处下洗速度与平尾处下洗速度有一定区别。

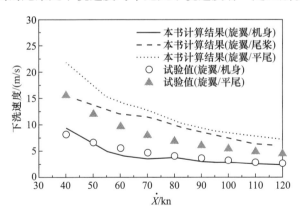

图 3-13 旋翼对其他部件的下洗

如图 3-13 所示,计算得到的下洗速度与试验数据相比趋势完全一致,但存在一定差异,尤其是旋翼/平尾下洗速度的预测值同试验值之间差距较大,二者的差距随着前飞速度增大逐渐减小。原因可能是当前飞速度较小时,旋翼尾迹

主要集中在平尾区域,桨尖涡对平尾表面猛烈撞击,产生较强的涡-面干扰;机身虽然在悬停和小速度下也受到旋翼尾迹的强烈撞击,但由于机身面积较平尾大出许多,产生的涡-面干扰没有平尾表面的涡-面干扰强烈。而本书采用的涡线镜像法是处理涡-面干扰的一种近似方法,当涡-面干扰十分严重时,计算精度会产生一定下降。总体上,该耦合模型对旋翼/机身的下洗速度预测较为准确,大速度下的旋翼/平尾下洗速度要比小速度下的旋翼/平尾下洗速度计算更为准确。

旋翼对平尾的下洗速度随着飞行速度的增加从 40kn 到 80kn 迅速减小,随后减小的趋势变缓。旋翼对尾桨的压力中心处下洗速度大致保持同一减小趋势。旋翼尾迹对机身的下洗速度从 100kn 开始趋于稳定。在前飞速度超过 120kn 后,旋翼的下洗干扰变得微弱。在低速和中等前飞速度,由于尾桨位置较高,旋翼尾迹干扰更多集中在平尾区域,对平尾产生强烈的撞击,此时平尾比尾桨更多地受到旋翼尾迹的影响。在高速前飞的情况下,旋翼尾迹流向远方,尾迹带来的干扰迅速减小,旋翼尾迹对尾桨和平尾旋翼的下洗速度都变得较小,两者之间差别不大。

## ◾ 3.3　耦合配平计算

当前,在飞行力学建模中,旋翼/机身等部件之间的气动干扰模拟过多地依赖试验数据。而在无试验数据的情况下,目前大多采用半经验公式求解气动干扰,这势必会降低飞行特性模拟的精度。通过上述旋翼/机身气动分析方法,以单旋翼带尾桨直升机 UH-60 为例,结合飞行力学模型建立一种高精度的耦合旋翼机身气动干扰模型的直升机配平分析方法。

### 3.3.1　求解方法

在自由尾迹/面元法模型与直升机飞行力学模型的嵌套应用中,首先要解决的问题就是如何实现旋翼自由尾迹模型与直升机飞行力学模型的衔接。将自由尾迹/面元法嵌入直升机飞行动力学模型中,以计算得到的旋翼对机身、平尾、垂尾的下洗干扰速度代替风洞干扰试验数据,研究直升机的平衡特性。

首先,基于动量或涡流理论建立直升机飞行力学模型完成初次的平衡计算,单旋翼带尾桨直升机飞行力学建模及配平验证详见第 5 章;其次,在此基础上根据初次配平结果完成旋翼自由尾迹/面元法耦合模型迭代求解,得到收敛的尾迹几何形状及机身面元源强;最后,展开旋翼桨盘诱导速度分布计算,在此诱导速度分布下计算离散的旋翼气动模型,得到旋翼对其他部件的下洗速度,并计算气

动部件的气动力和力矩,再次完成直升机的平衡计算。计算中,采用前后两次平
衡计算结果(4 个操纵量和两个姿态角)之差的范数作为残值来判断收敛性。若
计算不收敛,则采用本次平衡计算结果进行下一计算步的旋翼自由尾迹 PIPC 和
机身面元源强迭代求解,继续进行下一次的平衡计算,直到同时得到收敛的平衡
计算结果与旋翼尾迹几何形状,整个配平流程如图 3 – 14 所示。

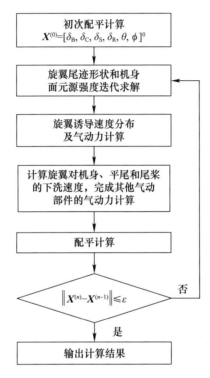

图 3 – 14　嵌入自由尾迹/面元法的配平流程图

## 3.3.2　结果分析

　　耦合自由尾迹/面元法模型的直升机飞行力学模型配平结果如图 3 – 15 所
示,以计算得到的旋翼下洗速度代替风洞试验中的旋翼下洗干扰数据,完成配平
计算。计算结果与试飞结果和嵌入涡粒子模型的 FLIGHTLAB 软件计算结果进
行了对比,为了验证模型计算结果的精确度,图中给出了 ±10% 的误差边界。算
例直升机飞行力学建模过程详见第 5 章。

　　耦合涡粒子模型的 FLIGHTLAB 飞行仿真软件只给出了 4 个操纵量的配平
值,本书俯仰角和滚转角的配平结果同试飞数据和国外模型计算结果的对比如
图 3 – 16 所示。

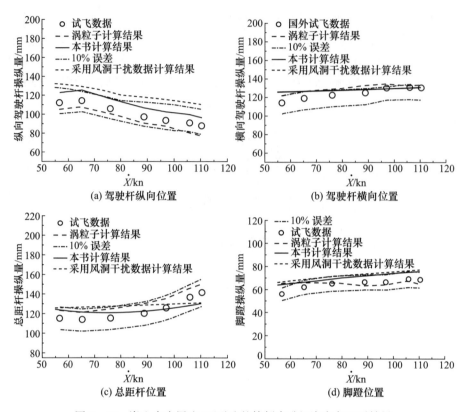

图 3 - 15　嵌入自由尾迹/面元法的算例直升机姿态角配平结果

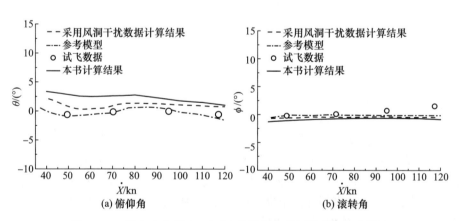

图 3 - 16　嵌入自由尾迹/面元法的算例直升机姿态角配平结果

由图 3 - 15 和图 3 - 16 可见,耦合自由尾迹/面元法模型的直升机飞行力学模型配平计算结果与试飞结果吻合较好,同涡粒子模型相比,除了在个别前飞速度下的脚蹬配平位置,本模型计算结果更贴近试飞结果,或与涡粒子模型精度相当。同采用风洞干扰数据的配平结果相比,本模型更加接近试飞数据。计算误差的可能来源有 3 点:①计算中所用直升机飞行力学模型虽然与 GEN-HEL 模型计算精度相当,但二者在小速度下的脚蹬、纵向操纵量和横向操纵量存在个别误差;②本书计算得到的下洗速度与风洞试验数据存在一定误差,同飞行力学模型误差累加,进一步增大造成在配平计算时产生误差;③FLIGHTLAB 软件是在 GENHEL 模型基础上不断改进而来的,是目前在直升机飞行动力学方面最先进且通过专业飞行验证的飞行仿真软件,能够将飞行动力学建模与飞行控制有机结合,本书所建飞行动力学模型与 FLIGHTLAB 软件相比,处于开环状态。

同采用风洞干扰数据的配平结果相比,本章的耦合模型在操纵量配平上要优于前者,但姿态角配平上要劣于前者。其中俯仰角的误差可能是由于本书模型计算旋翼对平尾处的下洗速度与风洞试验干扰数据相比偏大,进一步造成在计算平尾纵向力矩时偏大,算例直升机出现"抬头"现象。

# ▧ 3.4 小 结

自由尾迹/面元法可有效计算旋翼下洗对其他气动部件的气动干扰,嵌入旋翼飞行器飞行力学模型中,一定程度上降低了飞行力学模型对风洞试验数据的依赖,可服务于旋翼飞行器的高精度设计。空气动力学是飞行力学的基础,随着旋翼空气动力学和计算科学的进步,未来将有更为细致的气动部件模型应用于旋翼飞行器的飞行力学研究。

## 参考文献

[1] 钱翼稷. 空气动力学[M]. 北京:北京航空航天大学出版社,2004.

[2] 徐华舫,朱自强. 亚、超音速定常位流的面元法[M]. 北京:国防工业出版社,1981.

[3] Bettschart N. Rotor Fuselage Interaction:Euler and Navier − Stokes Computations with an Actuator Disk[C]. American Helicopter Society 55th Annual Forum, Montreal, Canada. May 25 − 27,1999.

[4] Yihua C, Ming Z. Numerical simulation of rotor − fuselage − cylinder interaction in forward flight [J]. Journal of Aircraft,2010,47(4):1426 − 1430.

[5] Crouse G L, Leishman J G, Bi Naipei. Theoretical and experimental study of unsteady rotor/body aerodynamic interactions[J]. Journal of the American Helicopter Society,1992,37(1): 55 − 65.

［6］ Hilbert K B. A mathematical model of UH － 60 helicopter［R］. NASA Report TM85890,1984.

［7］ Zhao J,He G. A viscous vortex particle model for rotor wake and interference analysis ［J］. Journal of the American Helicopter Society,2010,55(1):1 － 14.

［8］ Cao Yihua,L v Shaojie,Li Guozhi. A coupled free － wake/panel method for rotor/fuselage/empennage aerodynamic interaction and helicopter trims［J］. Proceedings of the Institution of Mechanical Engineers,Part G:Journal of Aerospace Engineering,2015,229(3):435 － 444.

# 第 ④ 章
# 旋翼飞行器非线性飞行力学分析

旋翼飞行器非线性飞行力学分析通过建立和求解旋翼飞行器的飞行力学方程组,可开展平衡特性、稳定性、操纵性和飞行品质的研究。本章是不同构型旋翼飞行器飞行力学建模的基础,起牵总作用,第5~8章在本章的基础上具体开展各部件气动力和力矩的建模研究和算例分析,此外通过建立外吊挂模型和结冰模型,还可进一步开展旋翼飞行器外吊挂及结冰情况下的飞行力学分析。

任何飞行器在空中运动都具有6个自由度,即质心的3个移动自由度和绕质心的3个转动自由度。一般来说,为了控制飞行器的运动和姿态,就需要6个独立的操纵机构来控制3个力和3个力矩。飞行员实现对6个操纵机构的控制和协调是非常困难的,直升机和倾转旋翼机等通过总距杆、驾驶杆(周期变距杆)和脚蹬来实现飞行控制,设置了垂向、纵向、横向、航向4个操纵通道。倾转旋翼机在固定翼飞机模式下其气动部件还包括升降舵、副翼和方向舵,但座舱内操纵杆系设置与直升机相同,通过各操纵杆、脚蹬之间相互影响,来达到协调操纵的目的。

## ■ 4.1 运 动 描 述

建立适合研究旋翼飞行器定直平飞、侧滑、侧飞、爬升和下滑飞行的飞行力学模型,需要对旋翼飞行器的运动进行描述。图4-1给出了平面地球假设条件下实现旋翼飞行器各种飞行状态时的参考坐标系定义。

图中,$o_E x_E y_E z_E$ 为地面坐标系,$o_E$ 为预选的地面某一点,$x_E o_E z_E$ 面为水平面,且 $o_E x_E$ 轴指向北方,$o_E z_E$ 轴指向东方,$o_E y_E$ 轴按右手定则确定;$o$ 点为旋翼飞行器重心在地面坐标系上的空间位置;$h_0$ 为初始飞行高度;$h$ 为任意时刻的飞行高度;$o x_I y_I z_I$ 为惯性坐标系,且 $o x_I$ 轴与 $o_E x_E$ 方向一致,$o y_I$ 轴与 $o_E z_E$ 方向一致,$o z_I$ 轴按右手定则确定;$o x_B y_B z_B$ 为机体坐标系;$p_B$、$q_B$、$r_B$ 分别为机体滚转、俯仰和偏航角速度;$\phi$、$\theta$、$\psi$ 分别为机体滚转角、俯仰角和偏航角;$\psi_h$ 为航迹角;$\theta_{cl}$ 为爬升角;$V_{eq}$ 为旋翼飞行器的有效飞行速度。

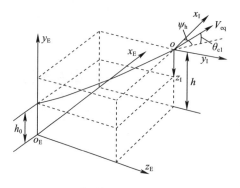 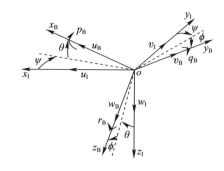

(a) 惯性坐标系下运动速度分量　　　　　　　(b) 机体坐标系下运动速度分量

图 4-1　飞行时的参考坐标系定义

惯性坐标系和机体坐标系下,运动速度分量分别为

$$\begin{pmatrix} u_I \\ v_I \\ w_I \end{pmatrix} = \begin{pmatrix} V_{eq}\cos\theta_{cl}\cos\psi_h \\ V_{eq}\cos\theta_{cl}\sin\psi_h \\ -V_{eq}\sin\theta_{cl} \end{pmatrix} \qquad (4-1)$$

$$\begin{pmatrix} u_B \\ v_B \\ w_B \end{pmatrix} = \begin{pmatrix} 1 & 0 & 0 \\ 0 & \cos\phi & \sin\phi \\ 0 & -\sin\phi & \cos\phi \end{pmatrix} \begin{pmatrix} \cos\theta & 0 & -\sin\theta \\ 0 & 1 & 0 \\ \sin\theta & 0 & \cos\theta \end{pmatrix} \begin{pmatrix} \cos\psi & \sin\psi & 0 \\ -\sin\psi & \cos\psi & 0 \\ 0 & 0 & 1 \end{pmatrix} \begin{pmatrix} u_I \\ v_I \\ w_I \end{pmatrix} (4-2)$$

按以下方式设定旋翼飞行器的各种飞行状态:

(1) 定直平飞。$\theta_{cl}=0°$,$\psi=0°$,$\psi_h=0°$,此时,$u_I=V_{eq}$,$v_I=0$,$w_I=0$;

(2) 侧滑。$\theta_{cl}=0°$,$\psi=0°$,此时,$u_I=V_{eq}\cos\psi_h$,$v_I=V_{eq}\sin\psi_h$,$w_I=0$;

(3) 侧飞。$\theta_{cl}=0°$,$\psi=0°$,此时,$u_I=0$,$v_I=\pm V_{eq}$,$w_I=0$;

(4) 爬升/下滑。$\psi=0°$,$\psi_h=0°$,此时,$u_I=V_{eq}\cos\theta_{cl}$,$v_I=0$,$w_I=-V_{eq}\sin\theta_{cl}$。

## ■ 4.2　非线性飞行力学方程组

旋翼飞行器的非线性飞行力学方程组可表示为

$$\begin{cases} m_G \boldsymbol{a} + m_G \boldsymbol{\omega} \times \boldsymbol{V} = \boldsymbol{F} \\ \dot{\boldsymbol{H}} + \boldsymbol{\omega} \times \boldsymbol{H} = \boldsymbol{M} \\ \boldsymbol{\omega} = \boldsymbol{T}_{Euler} \begin{bmatrix} \dot{\phi}, & \dot{\theta}, & \dot{\varphi} \end{bmatrix}^T \end{cases} \qquad (4-3)$$

式中:$\boldsymbol{F}$ 为旋翼飞行器所受合力;$\boldsymbol{M}$ 为合力矩;$\boldsymbol{H}$ 为角动量矢量;$\boldsymbol{\omega}$ 为姿态角速

度矢量; $T_{\text{Euler}}$ 为转换矩阵。以单旋翼带尾桨直升机为例, $F$ 和 $M$ 可展开表达为

$$\begin{cases} F = F_{\text{R}} + F_{\text{TR}} + F_{\text{FUS}} + F_{\text{HT}} + F_{\text{VT}} + F_{\text{G}} \\ M = M_{\text{R}} + M_{\text{TR}} + M_{\text{FUS}} + M_{\text{HT}} + M_{\text{VT}} \end{cases} \qquad (4-4)$$

下标 R、TR、FUS、HT、VT 和 G 分别代表旋翼、尾桨、机身、平尾、垂尾和重力产生的力和力矩。对于其他构型的旋翼飞行器,由于气动部件有个别不同,可在式(4-4)右侧进行调整。

设 $X_{\text{B}}$、$Y_{\text{B}}$、$Z_{\text{B}}$ 为旋翼飞行器机体坐标系下 3 个方向的气动力合力, $L_{\text{B}}$、$M_{\text{B}}$、$N_{\text{B}}$ 为机体坐标系下 3 个方向气动力合力矩。$V$、$a$ 和 $\omega$ 分别为旋翼飞行器运动速度、加速度和角速度矢量。角动量矢量 $H$ 写成标量形式,有

$$\begin{pmatrix} h_x \\ h_y \\ h_z \end{pmatrix} = \begin{pmatrix} I_{xx}p_{\text{B}} - I_{xy}q_{\text{B}} - I_{xz}r_{\text{B}} \\ I_{yy}q_{\text{B}} - I_{yz}r_{\text{B}} - I_{xy}p_{\text{B}} \\ I_{zz}r_{\text{B}} - I_{xz}p_{\text{B}} - I_{yz}q_{\text{B}} \end{pmatrix} \qquad (4-5)$$

式中: $I_{xx}$、$I_{yy}$、$I_{zz}$、$I_{xy}$、$I_{xz}$ 和 $I_{yz}$ 为惯性矩和惯性积。旋翼飞行器一般可近似认为关于平面 $ox_{\text{B}}z_{\text{B}}$ 对称,于是有 $I_{yz} = I_{xy} = 0$。

欧拉角 $\theta$、$\phi$、$\varphi$ 的变化率与机体角速度的关系可用以下方程组表示,即

$$\begin{bmatrix} \dot{\phi} \\ \dot{\theta} \\ \dot{\varphi} \end{bmatrix} = \begin{bmatrix} 1 & -\cos\phi\tan\theta & \sin\phi\tan\theta \\ 0 & \sin\phi & \cos\phi \\ 0 & \cos\phi\sec\theta & -\sin\phi\sec\theta \end{bmatrix} \begin{bmatrix} p_{\text{B}} \\ q_{\text{B}} \\ r_{\text{B}} \end{bmatrix} \qquad (4-6)$$

运用式(4-5)和式(4-6),得到式(4-3)的标量形式如下:

$$\begin{cases} \dot{u}_{\text{B}} = \dfrac{X_{\text{B}}}{m_{\text{G}}} - g\sin\theta + r_{\text{B}}v_{\text{B}} - q_{\text{B}}w_{\text{B}} \\[2mm] \dot{v}_{\text{B}} = \dfrac{Y_{\text{B}}}{m_{\text{G}}} + g\cos\theta\sin\phi + p_{\text{B}}w_{\text{B}} - r_{\text{B}}u_{\text{B}} \\[2mm] \dot{w}_{\text{B}} = \dfrac{Z_{\text{B}}}{m_{\text{G}}} + g\cos\theta\cos\phi + q_{\text{B}}u_{\text{B}} - p_{\text{B}}v_{\text{B}} \\[2mm] \dot{p}_{\text{B}} = \dfrac{L_{\text{B}}}{I_{xx}} + \dfrac{\dot{r}_{\text{B}}I_{xz}}{I_{xx}} + \dfrac{q_{\text{B}}r_{\text{B}}(I_{yy} - I_{zz})}{I_{xx}} + \dfrac{p_{\text{B}}q_{\text{B}}I_{xz}}{I_{xx}} \\[2mm] \dot{q}_{\text{B}} = \dfrac{M_{\text{B}}}{I_{yy}} + \dfrac{(r_{\text{B}}^2 - p_{\text{B}}^2)I_{xz}}{I_{yy}} + \dfrac{p_{\text{B}}r_{\text{B}}(I_{zz} - I_{xx})}{I_{yy}} \\[2mm] \dot{r}_{\text{B}} = \dfrac{N_{\text{B}}}{I_{zz}} + \dfrac{\dot{p}_{\text{B}}I_{xz}}{I_{zz}} - \dfrac{q_{\text{B}}r_{\text{B}}I_{xz}}{I_{zz}} + \dfrac{p_{\text{B}}q_{\text{B}}(I_{xx} - I_{yy})}{I_{zz}} \\[2mm] \dot{\phi} = p_{\text{B}} + q_{\text{B}}\sin\phi\tan\theta + r_{\text{B}}\cos\phi\tan\theta \\[2mm] \dot{\theta} = q_{\text{B}}\cos\phi - r_{\text{B}}\sin\phi \\[2mm] \dot{\psi} = q_{\text{B}}\sin\phi\sec\theta + r_{\text{B}}\cos\phi\sec\theta \end{cases} \qquad (4-7)$$

式(4-3)和式(4-7)在理论上可涵盖旋翼飞行器所有的飞行状态,故也称为全量方程组。

### 4.2.1 平衡状态

当物体处于静止或者均衡状态(如匀速直线运动)时,称物体处于平衡状态。在该状态下,合外力和合外力矩都为零,即旋翼飞行器平衡的条件就是作用于重心的合力和绕重心的合力矩等于零,所以运动加速度矢量 $\boldsymbol{a}$ 和角加速度矢量 $\boldsymbol{\omega}$ 为零,$\boldsymbol{H}$ 为角动量矢量导数,也为零。式(4-3)可简化为

$$\begin{cases} \boldsymbol{F} = 0 \\ \boldsymbol{M} = 0 \end{cases} \tag{4-8}$$

### 4.2.2 简单机动状态

#### 1. 稳定协调转弯

旋翼飞行器稳定协调转弯时,除了旋翼拉力明显高于旋翼飞行器总重量,且旋翼有一个俯仰速度从而使旋翼桨叶 $270°$ 方位角叶尖迎角减小外,其他情况都类似于定直平飞状态。通过考虑协调转弯时离心力对飞行力学模型的影响,可进一步建立稳定协调转弯飞行力学方程。图4-2建立了稳定协调转弯飞行时的参考坐标系,图中,$ox_vy_vz_v$ 为原点在重心处的速度坐标系。

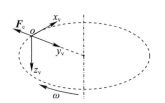 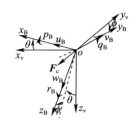

(a) 稳定协调转弯离心力示意　　　(b) 机体坐标系下离心力分量

图4-2 稳定协调转弯飞行坐标参考系

在稳定协调转弯过程中,流转角 $\phi$ 保持不变,因而有

$$p_B = 0 \tag{4-9}$$

协调转弯角速度 $\boldsymbol{\omega}$ 引起的机体俯仰角速度和偏航角速度分别为

$$q_B = \omega \sin\phi \tag{4-10}$$

$$r_B = \omega \cos\phi \tag{4-11}$$

协调转弯飞行产生的离心力 $\boldsymbol{F}_c$ 的标量形式为

$$F_{c} = m_{G}V\omega \tag{4-12}$$

式中：$V$ 为协调转弯飞行速率。

$F_{c}$ 在机体坐标系下的分量为

$$\begin{pmatrix} X_{B,c} \\ Y_{B,c} \\ Z_{B,c} \end{pmatrix} = \begin{pmatrix} 1 & 0 & 0 \\ 0 & \cos\phi & \sin\phi \\ 0 & -\sin\phi & \cos\phi \end{pmatrix} \begin{pmatrix} \cos\theta & 0 & -\sin\theta \\ 0 & 1 & 0 \\ \sin\theta & 0 & \cos\theta \end{pmatrix} \begin{pmatrix} 0 \\ -F_{c} \\ 0 \end{pmatrix} \tag{4-13}$$

将协调转弯角速度 $\boldsymbol{\omega}$ 及其引起的机体俯仰角速度、偏航角速度和离心力 $\boldsymbol{F}_{c}$ 计入式(4-3)，即可得到稳定协调转弯飞行力学方程组。

**2. 稳定向心回转**

与稳定协调转弯飞行一样，对于右旋旋翼，在稳定向心回转飞行时，除了旋翼拉力明显高于旋翼飞行器总重量，且旋翼有一个滚转速度，在顺时针向心回转时使旋翼桨叶 0° 方位角叶尖迎角减小，在逆时针向心回转时使旋翼桨叶 180° 方位角叶尖迎角减小外，其他情况都类似于侧飞飞行状态。依据稳定协调转弯飞行力学建模思路，图 4-3 所示为稳定向心回转飞行时的参考坐标系。图中，$ox_{v}y_{v}z_{v}$ 为原点在直升机重心处的速度坐标系。

在稳定向心回转过程中，俯仰角 $\theta$ 保持不变，因而有

$$q_{B} = 0 \tag{4-14}$$

向心回转角速度 $\boldsymbol{\omega}$ 引起的机体滚转角速度和偏航角速度为

$$p_{B} = -\omega\sin\theta \tag{4-15}$$

$$r_{B} = \omega\cos\theta \tag{4-16}$$

向心回转飞行产生的离心力 $\boldsymbol{F}_{c}$ 的标量形式为

$$F_{c} = m_{G}V\omega \tag{4-17}$$

式中：$V$ 为向心回转飞行速率。

$F_{c}$ 在机体坐标系下的分量为

$$\begin{pmatrix} X_{B,c} \\ Y_{B,c} \\ Z_{B,c} \end{pmatrix} = \begin{pmatrix} 1 & 0 & 0 \\ 0 & \cos\phi & \sin\phi \\ 0 & -\sin\phi & \cos\phi \end{pmatrix} \begin{pmatrix} \cos\theta & 0 & -\sin\theta \\ 0 & 1 & 0 \\ \sin\theta & 0 & \cos\theta \end{pmatrix} \begin{pmatrix} -F_{c} \\ 0 \\ 0 \end{pmatrix} \tag{4-18}$$

将向心回转角速度 $\boldsymbol{\omega}$ 及其引起的机体俯仰角速度、偏航角速度和离心力 $\boldsymbol{F}_{c}$ 计入式(4-3)中，可得到稳定向心回转飞行力学方程组。

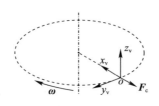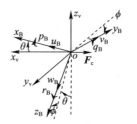

(a) 向心回转离心力示意      (b) 机体坐标系下离心力分量

图 4 - 3   向心回转飞行坐标参考系

# 4.3 飞行力学方程组的求解

飞行力学方程组的求解也叫飞行器的配平计算问题,数学本质上就是解一组代数/超越方程组。对于一般的复杂力学系统来说,这个方程组都是非线性的,而对于以直升机为代表的旋翼飞行器来说,这个方程组的各个未知数之间还有着很强的耦合。这种耦合根本上是来自旋翼飞行器飞行力学模型中的状态变量、控制变量之间的动态耦合,但在代数方程组迭代求解的数值过程中,这种耦合效应也会造成很大的影响。它所导致的突出问题就是配平计算的迭代初值难以给出。对于旋翼飞行器和外吊挂飞行,由于加装了新的推力/升力装置和吊挂系统,这个困难会变得更加明显。

## 4.3.1 牛顿迭代法

在平衡状态下,旋翼飞行器的非线性方程组简化为 3 个合力、3 个合力矩方程组成的耦合非线性方程组,方程组中多数参量隐含于各个气动力项中,相对于线性方程组,数值求解要复杂得多。该非线性方程组的求解即配平计算,是根据平衡条件确定稳定飞行所需的操纵输入量和飞行姿态角。在简单机动状态下,姿态角速度矢量 $\boldsymbol{\omega}$ 为已知,飞行力学非线性方程组同样可用六元隐式非线性方程组表示,即

$$f(\boldsymbol{x}) = 0 \tag{4-19}$$

式中:$\boldsymbol{x} = [\delta_B, \delta_C, \delta_S, \delta_R, \theta, \phi]^T$;$\boldsymbol{f}(\boldsymbol{x}) = [f_1, f_2, f_3, f_4, f_5, f_6]^T$ 为直升机六自由度平衡方程组;$f_i|_{i=1,6}$ 为 $\boldsymbol{x}$ 的函数,即直升机 3 个合力、3 个合力矩方程组。

采用牛顿法时,迭代式为

$$\begin{cases} \Delta x_i^{(k)} = -[f'(x^{(k)})]^{-1} f(x^{(k)}) \\ x^{(k+1)} = x^{(k)} + \Delta x_i^{(k)} \end{cases} \tag{4-20}$$

式中：$f'(x)$ 为 $f(x)$ 的雅可比矩阵，即

$$f'(x) = \begin{bmatrix} \dfrac{\partial f_1}{\partial x_1} & \dfrac{\partial f_1}{\partial x_2} & \cdots & \dfrac{\partial f_1}{\partial x_6} \\[2mm] \dfrac{\partial f_2}{\partial x_1} & \dfrac{\partial f_2}{\partial x_2} & \cdots & \dfrac{\partial f_2}{\partial x_6} \\[2mm] \vdots & \vdots & & \vdots \\[2mm] \dfrac{\partial f_6}{\partial x_1} & \dfrac{\partial f_6}{\partial x_2} & \cdots & \dfrac{\partial f_6}{\partial x_6} \end{bmatrix} \qquad (4-21)$$

在非线性问题中，雅可比矩阵通常采用差分法求出。该方法的主要优点是收敛性好，缺点是只具有局部收敛性，只有当足够接近真实解时，求解得到的解才是需要的解，而多变量非线性方程组往往有许多个解，因此选取不同的初始值通过迭代得到的解也可能不同。

## 4.3.2　梯度法加牛顿迭代

为解决初值问题，对于非线性方程组（4-19），可先采用梯度法。若能快速求得满足精度要求的解，则求解完成；若不能，则以梯度法的求解值为初值，采用牛顿法求得满足精度要求的解。

采用梯度法时，可以构造函数

$$\phi = \sum_{i=1}^{6} f_i^2 \qquad (4-22)$$

从初始点 $x_i^{(0)}$ 出发，沿着使 $\phi$ 下降最快的方向（即负梯度方向），逐步下降 $\phi$ 值，直至降到它的极小点，该函数的极小值对应的解即为逼近原方程组的解。

以梯度法求解值为初值，设定小量 $\varepsilon$，求解上述迭代方程式（4-20），直至 $\max(\Delta x_i^{(k)}) < \varepsilon$，由此可求出方程组的牛顿解。以直升机为例，整个非线性飞行动力学配平计算流程如图 4-4 所示。

## 4.3.3　Padfield 方法

G. D. Padfield 在仔细研究过直升机飞行力学各自由度的平衡方程以后，提出

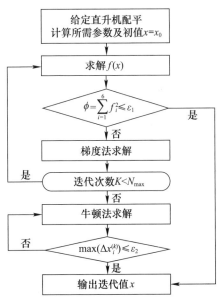

图 4-4　梯度法 - 牛顿迭代
配平计算流程图

了一种逐个自由度配平的方法,将整个六自由度配平问题分解成 3 个"部分配平"问题。

(1) 纵向部分配平:通过纵向力和力矩平衡条件来确定直升机的俯仰姿态和主旋翼总距参数。

(2) 横/航向部分配平:通过横向力和力矩平衡条件来确定直升机的滚转姿态和周期变距参数。

(3) 旋翼转速/扭矩部分配平:通过旋翼扭矩(航向力矩)平衡条件来确定直升机的尾桨参数和旋翼转速等。

每个"部分配平"问题都是一个单变量非线性方程求解问题,计算过程中,这 3 个部分配平被人为赋予了不同的优先级别:纵向部分配平优先被满足,剩下两个当中则是横/航向配平优先被满足。这种配平计算方法从最外层的框架来看,它就是一次旋翼转速/扭矩部分配平迭代,其每一个迭代步中都嵌套着一次横/航向部分配平迭代;而横/航向部分配平迭代的每一个迭代步中都嵌套着一次纵向部分配平迭代。这样,就形成了一种多重嵌套结构的算法。

这种处理方法主要基于横/航向部分和旋翼转速/扭矩部分的配平参数对纵向部分配平的影响较小,旋翼转速/扭矩部分的配平参数对横/航向部分配平的影响也比较小。因此,具有一定局限性,只适用于单旋翼带尾桨构型的直升机,且不能是斜置尾桨。因为斜置尾桨拉力对直升机偏航力矩和俯仰力矩的影响一样显著,因此旋翼扭矩配平参数会对纵向部分配平有较大影响,从而影响整个嵌套迭代算法的稳定性。而对于双旋翼(横列式、纵列式、共轴反桨、倾转旋翼等)构型,或者其他更特殊构型的直升机,则需要根据飞行力学模型的特征重新构造算法。

### 4.3.4 数值延拓法

数值延拓方法也称为路径跟随或全局牛顿法,该方法已经在固定翼飞机平衡计算中成熟运用,可以很好地解决不同飞行状态下的平衡计算。

假设从空间 $X^n$ 到空间 $Y^n$ 存在两个函数 $f$ 和 $g$ 以及映射 $F$ 满足

$$\begin{cases} F(x,a) = f(x) \\ F(x,b) = g(x) \end{cases} \quad (4-23)$$

那么方程

$$F(x,\lambda) = 0 \quad (4-24)$$

就定义了空间 $R^{n+1}$ 上 $\lambda$ 由 $a$ 到 $b$ 的一条解曲线。该曲线也就包含了以下两个方

程的解,即

$$\begin{cases} F(x,a)=f(x)=0 \\ F(x,b)=g(x)=0 \end{cases} \qquad (4-25)$$

如果以上两个方程中有一个容易求解,就可以从这个容易得到的解开始,通过参数 $\lambda$ 的变化把方程式(4-24)的整解曲线"延拓"出来,从而得到另一个方程的解。延拓算法如图4-5所示,一般分为预测和矫正两步:

(1) 从解曲线上当前的已知点$(x_i,\lambda_i)$来给出解曲线上下一个点的预测值$(\hat{x}_{i+1},\hat{\lambda}_{i+1})$;

(2) 将预测值校正到精确值$(x_{i+1},\lambda_{i+1})$的位置。

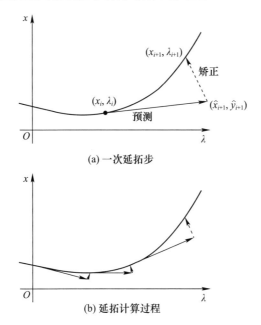

图 4-5 数值延拓算法计算过程

预测是从已知解曲线上点$(x_i,\lambda_i)$预测一个新的点$(\hat{x}_{i+1},\hat{\lambda}_{i+1})$,该点位置由预测方向和延拓步长确定。预测方向一般为解曲线的切线方向,步长的确定既要保证延拓收敛,又要提高计算效率。矫正步骤通常由一系列牛顿迭代完成,预测值$(\hat{x}_{i+1},\hat{\lambda}_{i+1})$作为迭代初值。从某个确定的初始点开始重复这种延拓步,可以得到一个点序列,也就是解曲线的走向。

以悬停状态下的旋翼飞行器状态变量为延拓初值,如选用旋翼飞行器前飞速度 $u_B$ 为延拓参数,选择 $u_B$ 增大的方向为延拓正方向进行各个状态量的数值延拓,就可以得到不同延拓曲线。

数值延拓方法有能力"搜寻"出所有可能的配平状态,且已知它们分布在一个高维曲面上。由于一些实际条件的限制,如操纵机构行程、部件结构强度和气动弹性边界限制、空气动力学中极端状况下的失速效应等,导致大多数理论上得到的配平状态在实际条件下是无法实现的。因此,可以实现的配平状态只是整个配平曲面的一个有界子集,其界限即对应于旋翼飞行器的飞行包线。

### 4.3.5　商用软件求解器

通过在 Matlab/Simulink 仿真环境下建立旋翼飞行器的非线性仿真模型,可直接利用 Simulink 中的 tirm、linmod 等优化函数来对仿真模型进行配平和线性化分析,并利用 eig 函数进行特征根求解。

Matlab 自带的 ode45 求解器,该求解器实现了一种 4 级 5 步自适应步长的显示龙格 – 库塔方法,其思路是将平衡状态认为是动力学系统的一种特殊状态,因而在满足特定边界值条件的要求下,计算这个动力系统的动态响应以获得平衡解,将代数方程组问题转化为常微分方程边界值问题,可用于旋翼飞行器运动方程的求解。

## 4.4　稳定性、操纵性分析

### 4.4.1　全机状态方程

取扰动状态变量 $\Delta x = [\Delta u_B, \Delta v_B, \Delta w_B, \Delta p_B, \Delta q_B, \Delta r_B, \Delta\theta, \Delta\phi, \Delta\psi]^T$,根据线性小扰动理论,对方程组(4 – 7)做以下变换($x_0$ 为配平状态下的向量),即

$$x = x_0 + \Delta x \tag{4 – 26}$$

经过进一步推导,可将式(4 – 7)改写为以下标准状态方程组,即

$$\Delta\dot{x} = A \cdot \Delta x + Bu \tag{4 – 27}$$

为规范写法,一般记为

$$\dot{y} = Ay + Bu \tag{4 – 28}$$

其中,

$$y = [\Delta u_B, \Delta v_B, \Delta w_B, \Delta p_B, \Delta q_B, \Delta r_B, \Delta\theta, \Delta\phi, \Delta\psi]^T$$
$$u = [\delta_B, \delta_C, \delta_S, \delta_R]^T$$

式中:$u$ 为控制向量,表示纵向、总距、横向和航向的操纵量。需要说明的是,对于倾转旋翼机,虽然在飞机模式下还包括升降舵、副翼和方向舵,但通过混合操纵模型,建立了升降舵、副翼、方向舵偏转角和总距、纵向周期变距、横向周期变距、脚蹬操作的函数关系,操纵量仍为上述 4 个,式(4 - 28)仍然适用。外吊挂飞行时状态向量还应加入吊挂物的姿态角,在式(4 - 7)中加入吊挂物姿态角变化率与机体角速度的关系式,建立对应的状态方程。双旋翼直升机虽然没有尾桨部件,但仍通过脚蹬操作来实现航向操纵,状态方程仍然适用。

这样,式(4 - 28)即为基于线性小扰动理论的直升机状态方程。在定直平飞条件下,可令初始状态 $\boldsymbol{x}_0 = [u_0, v_0, w_0, 0, 0, 0, \phi_0, \theta_0, \psi_0]$,经过进一步的推导和整理,$\boldsymbol{A}$ 可写为

$$\boldsymbol{A} = \begin{bmatrix} \boldsymbol{A}_{11} & \boldsymbol{A}_{12} & \boldsymbol{A}_{13} \\ \boldsymbol{A}_{21} & \boldsymbol{A}_{22} & \boldsymbol{0} \\ \boldsymbol{0} & \boldsymbol{A}_{32} & \boldsymbol{0} \end{bmatrix} \tag{4-29}$$

式中:

$$\boldsymbol{A}_{11} = \begin{bmatrix} \dfrac{X_u}{m_G} & \dfrac{X_v}{m_G} & \dfrac{X_w}{m_G} \\ \dfrac{Y_u}{m_G} & \dfrac{Y_v}{m_G} & \dfrac{Y_w}{m_G} \\ \dfrac{Z_u}{m_G} & \dfrac{Z_v}{m_G} & \dfrac{Z_w}{m_G} \end{bmatrix}; \quad \boldsymbol{A}_{12} = \begin{bmatrix} \dfrac{X_p}{m_G} & \dfrac{X_q}{m_G - w_0} & \dfrac{X_r}{m_G + v_0} \\ \dfrac{Y_p}{m_G + w_0} & \dfrac{Y_q}{m_G} & \dfrac{Y_r}{m_G - u_0} \\ \dfrac{Z_p}{m_G - v_0} & \dfrac{Z_q}{m_G + u_0} & \dfrac{Z_r}{m_G} \end{bmatrix};$$

$$\boldsymbol{A}_{32} = \begin{bmatrix} 0 & \cos\phi_0 & -\sin\theta_0 \\ 1 & \sin\phi_0\tan\theta_0 & \cos\phi_0\tan\theta_0 \\ 0 & \sin\phi_0\sec\theta_0 & \cos\phi_0\sec\theta_0 \end{bmatrix}; \quad \boldsymbol{A}_{13} = \begin{bmatrix} -g\cos\theta_0 & 0 & 0 \\ -g\sin\theta_0\sin\phi_0 & g\cos\theta_0\cos\phi_0 & 0 \\ -g\sin\theta_0\cos\phi_0 & -g\cos\theta_0\sin\phi_0 & 0 \end{bmatrix};$$

$$\boldsymbol{A}_{21} = \begin{bmatrix} \dfrac{I_1 L_u}{I_{xx}} + \dfrac{I_3 N_u}{I_{zz}} & \dfrac{I_1 L_v}{I_{xx}} + \dfrac{I_3 N_v}{I_{zz}} & \dfrac{I_1 L_w}{I_{xx}} + \dfrac{I_3 N_w}{I_{zz}} \\ \dfrac{M_u}{I_{yy}} & \dfrac{M_v}{I_{yy}} & \dfrac{M_w}{I_{yy}} \\ \dfrac{I_2 L_u}{I_{xx}} + \dfrac{I_1 N_u}{I_{zz}} & \dfrac{I_2 L_v}{I_{xx}} + \dfrac{I_1 N_v}{I_{zz}} & \dfrac{I_2 L_w}{I_{xx}} + \dfrac{I_1 N_w}{I_{zz}} \end{bmatrix};$$

$$A_{22} = \begin{bmatrix} \dfrac{I_1 L_p}{I_{xx}} + \dfrac{I_3 N_p}{I_{zz}} & \dfrac{I_1 L_q}{I_{xx}} + \dfrac{I_3 N_q}{I_{zz}} & \dfrac{I_1 L_r}{I_{xx}} + \dfrac{I_3 N_r}{I_{zz}} \\[3mm] \dfrac{M_p}{I_{yy}} & \dfrac{M_q}{I_{yy}} & \dfrac{M_r}{I_{yy}} \\[3mm] \dfrac{I_2 L_p}{I_{xx}} + \dfrac{I_1 N_p}{I_{zz}} & \dfrac{I_2 L_q}{I_{xx}} + \dfrac{I_1 N_q}{I_{zz}} & \dfrac{I_2 L_q}{I_{xx}} + \dfrac{I_1 N_q}{I_{zz}} \end{bmatrix}$$

控制矩阵 $B$ 可写为

$$B = \begin{bmatrix} \dfrac{X_{\delta_B}}{m_G} & \dfrac{X_{\delta_C}}{m_G} & \dfrac{X_{\delta_S}}{m_G} & \dfrac{X_{\delta_R}}{m_G} \\[3mm] \dfrac{Y_{\delta_B}}{m_G} & \dfrac{Y_{\delta_C}}{m_G} & \dfrac{Y_{\delta_S}}{m_G} & \dfrac{Y_{\delta_R}}{m_G} \\[3mm] \dfrac{Z_{\delta_B}}{m_G} & \dfrac{Z_{\delta_C}}{m_G} & \dfrac{Z_{\delta_S}}{m_G} & \dfrac{Z_{\delta_R}}{m_G} \\[3mm] I_1\dfrac{L_{\delta_B}}{I_{xx}} + I_3\dfrac{N_{\delta_B}}{I_{zz}} & I_1\dfrac{L_{\delta_C}}{I_{xx}} + I_3\dfrac{N_{\delta_C}}{I_{zz}} & I_1\dfrac{L_{\delta_S}}{I_{xx}} + I_3\dfrac{N_{\delta_S}}{I_{zz}} & I_1\dfrac{L_{\delta_R}}{I_{xx}} + I_3\dfrac{N_{\delta_R}}{I_{zz}} \\[3mm] \dfrac{M_{\delta_B}}{I_{yy}} & \dfrac{M_{\delta_C}}{I_{yy}} & \dfrac{M_{\delta_S}}{I_{yy}} & \dfrac{M_{\delta_R}}{I_{yy}} \\[3mm] I_2\dfrac{L_{\delta_B}}{I_{xx}} + I_1\dfrac{N_{\delta_B}}{I_{zz}} & I_2\dfrac{L_{\delta_C}}{I_{xx}} + I_1\dfrac{N_{\delta_C}}{I_{zz}} & I_2\dfrac{L_{\delta_S}}{I_{xx}} + I_1\dfrac{N_{\delta_S}}{I_{zz}} & I_2\dfrac{L_{\delta_R}}{I_{xx}} + I_1\dfrac{N_{\delta_R}}{I_{zz}} \\[3mm] 0 & 0 & 0 & 0 \\ 0 & 0 & 0 & 0 \\ 0 & 0 & 0 & 0 \end{bmatrix}$$

$$(4-30)$$

式中:$a_b$ 形式的变量为稳定性、操纵性导数,$a$ 为 $X$、$Y$、$Z$、$L$、$M$、$N$,$b$ 为机体轴系下的 $u$、$v$、$w$、$p$、$q$、$r$、$\delta_B$、$\delta_C$、$\delta_S$、$\delta_R$;

$$I_1 = \frac{I_{xx}I_{zz}}{I_{xx}I_{zz} - I_{xz}^2}; \quad I_2 = \frac{I_{xx}I_{xz}}{I_{xx}I_{zz} - I_{xz}^2}; \quad I_3 = \frac{I_{xz}I_{zz}}{I_{xx}I_{zz} - I_{xz}^2}$$

进一步分解状态矩阵 $A$ 与控制矩阵 $B$,可得到直升机解耦后的纵、横向状态方程为

$$\dot{y}_{lon} = A_{lon}y_{lon} + B_{lon}u_{lon} \qquad (4-31)$$

$$\dot{\boldsymbol{y}}_{\text{lat}} = \boldsymbol{A}_{\text{lat}}\boldsymbol{y}_{\text{lat}} + \boldsymbol{B}_{\text{lat}}\boldsymbol{u}_{\text{lat}} \qquad (4-32)$$

其中,

$$\boldsymbol{y}_{\text{lon}} = \left[\Delta u_{\text{B}}, \Delta w_{\text{B}}, \Delta q_{\text{B}}, \Delta\theta\right]^{\text{T}}, \quad \boldsymbol{u}_{\text{lon}} = \left[\delta_{\text{B}}, \delta_{\text{C}}\right]^{\text{T}}$$

$$\boldsymbol{y}_{\text{lat}} = \left[\Delta v_{\text{B}}, \Delta p_{\text{B}}, \Delta r_{\text{B}}, \Delta\phi, \Delta\psi\right]^{\text{T}}, \quad \boldsymbol{u}_{\text{lat}} = \left[\delta_{\text{B}}, \delta_{\text{C}}, \delta_{\text{S}}, \delta_{\text{R}}\right]^{\text{T}}$$

$$\boldsymbol{A}_{\text{lon}} = \begin{bmatrix} \dfrac{X_u}{m_{\text{G}}} & \dfrac{X_w}{m_{\text{G}}} & \dfrac{X_q}{m_{\text{G}}-w_0} & -g\cos\theta_0 \\[3mm] \dfrac{Z_u}{m_{\text{G}}} & \dfrac{Z_w}{m_{\text{G}}} & \dfrac{Z_q}{m_{\text{G}}+u_0} & -g\sin\theta_0\cos\phi_0 \\[3mm] \dfrac{M_u}{I_{yy}} & \dfrac{M_w}{I_{yy}} & \dfrac{M_q}{I_{yy}} & 0 \\[3mm] 0 & 0 & \cos\phi_0 & 0 \end{bmatrix}$$

$$\boldsymbol{A}_{\text{lat}} = \begin{bmatrix} \dfrac{Y_v}{m_{\text{G}}} & \dfrac{Y_p}{m_{\text{G}}+w_0} & \dfrac{Y_r}{m_{\text{G}}-u_0} & g\cos\theta_0\cos\phi_0 & 0 \\[3mm] \dfrac{I_1 L_v}{I_{xx}} + \dfrac{I_3 N_v}{I_{zz}} & \dfrac{I_1 L_p}{I_{xx}} + \dfrac{I_3 N_p}{I_{zz}} & \dfrac{I_1 L_r}{I_{xx}} + \dfrac{I_3 N_r}{I_{zz}} & 0 & 0 \\[3mm] \dfrac{I_2 L_v}{I_{xx}} + \dfrac{I_1 N_v}{I_{zz}} & \dfrac{I_2 L_p}{I_{xx}} + \dfrac{I_1 N_p}{I_{zz}} & \dfrac{I_2 L_q}{I_{xx}} + \dfrac{I_1 N_q}{I_{zz}} & 0 & 0 \\[3mm] 0 & 1 & \cos\phi_0\tan\theta_0 & 0 & 0 \\[3mm] 0 & 0 & \cos\phi_0\sec\theta_0 & 0 & 0 \end{bmatrix}$$

$$\boldsymbol{B}_{\text{lon}} = \begin{bmatrix} \dfrac{X_{\delta_{\text{B}}}}{m_{\text{G}}} & \dfrac{X_{\delta_{\text{C}}}}{m_{\text{G}}} \\[3mm] \dfrac{Z_{\delta_{\text{B}}}}{m_{\text{G}}} & \dfrac{Z_{\delta_{\text{C}}}}{m_{\text{G}}} \\[3mm] \dfrac{M_{\delta_{\text{B}}}}{I_{yy}} & \dfrac{M_{\delta_{\text{C}}}}{I_{yy}} \\[3mm] 0 & 0 \end{bmatrix}, \quad \boldsymbol{B}_{\text{lat}} = \begin{bmatrix} \dfrac{Y_{\delta_{\text{S}}}}{m_{\text{G}}} & \dfrac{Y_{\delta_{\text{R}}}}{m_{\text{G}}} \\[3mm] \dfrac{I_1 L_{\delta_{\text{S}}}}{I_{xx}} + \dfrac{I_3 N_{\delta_{\text{S}}}}{I_{zz}} & \dfrac{I_1 L_{\delta_{\text{R}}}}{I_{xx}} + \dfrac{I_3 N_{\delta_{\text{R}}}}{I_{zz}} \\[3mm] \dfrac{I_2 L_{\delta_{\text{S}}}}{I_{xx}} + \dfrac{I_1 N_{\delta_{\text{S}}}}{I_{zz}} & \dfrac{I_2 L_{\delta_{\text{R}}}}{I_{xx}} + \dfrac{I_1 N_{\delta_{\text{R}}}}{I_{zz}} \\[3mm] 0 & 0 \\[3mm] 0 & 0 \end{bmatrix}$$

根据状态矩阵 $\boldsymbol{A}$ 可以求解直升机的稳定根,从而进行稳定性分析。

## 4.4.2 气动导数计算

在 4.4.1 小节状态方程建立中,推导得出状态矩阵 $A$ 与控制矩阵 $B$,它们是在时域、频域进一步开展操纵性、稳定性分析的基础,计算状态矩阵 $A$ 与控制矩阵 $B$ 的前提是计算矩阵中包含的稳定性导数和操纵性导数。

稳定性和操纵性导数是气动导数的一部分,气动导数是指 6 个全机气动力/力矩对状态/控制变量的偏导数,以直升机为例,其状态/控制变量有 10 个,气动导数共计 60 个。其中对控制变量的导数称为操纵性导数,与稳定性相关的称为稳定性导数。

这些气动导数的确定有两类不同的思路。一类是通过流体力学方法来计算,因为它本质上是流体力学问题。基于理论、实验和 CFD 这 3 种不同的流体力学研究方法,气动导数的计算也有 3 种不同的基本方法。一般来说,理论和实验流体方法会采取准定常气动力假设,其数学本质上就是忽略物体的转动(角速度)对气动力的影响,因而角速度对应的气动导数都是零。另一类思路则是通过大量飞行试验数据,结合完整的飞行力学模型,直接辨识出模型中的参数(如状态/控制矩阵各元素的值),从而得到气动导数。这里主要介绍两种常用的计算气动导数的方法。

**1. 解析法**

气动导数是全机空气动力对运动参数的导数,是旋翼、尾桨、平尾、垂尾、机身等各部件气动导数的和。首先要确定各气动部件对直升机运动参数的导数,这就要求列出气动部件空气动力与全机运动参数的关系式。

而在状态/控制矩阵中都含有一些很难(甚至就是没有办法)进一步展开推导的偏导数矩阵项。该方法对于常规构型直升机,已有较为成熟的气动导数计算公式,对于新构型的旋翼飞行器,其气动导数计算可能需重新推导。

**2. 中心差分法**

将机体速度 $(u_B, v_B, w_B)$、机体角速度 $(p_B, q_B, r_B)$ 和操纵量 $(\delta_B, \delta_C, \delta_S, \delta_R)$ 分别在平衡位置处小扰动化,运用五点中心差分算法分别计算机体坐标系下合力 $(X_B, Y_B, Z_B)$、合力矩 $(L_B, M_B, N_B)$ 对这 10 个量的导数。具体计算方法如下。

令 $6 \times 1$ 阶向量

$$Y = \left[ X_B, Y_B, Z_B, L_B, M_B, N_B \right]^{\mathrm{T}} \tag{4-33}$$

同时令 $10 \times 1$ 阶向量

$$\boldsymbol{\xi} = \left[ u_B, v_B, w_B, p_B, q_B, r_B, \delta_C, \delta_S, \delta_R \right]^{\mathrm{T}} \tag{4-34}$$

则 $Y$ 可以理解为 $\xi$ 的函数,且 $\xi_0$ 为平衡位置点。这样,关于 4.4.1 小节 $a_b$ 变量形式的 $6 \times 10$ 阶稳定性、操纵性导数 $S$ 矩阵可定义为

$$S = \frac{\partial Y(\xi)}{\partial \xi} \tag{4 - 35}$$

根据五点中心差分算法,$S$ 可写为

$$S = \frac{4Y_2 - Y_1}{3} \tag{4 - 36}$$

其中,

$$Y_1 = \frac{Y\left(\xi + \frac{\Delta\xi}{2}\right) - Y\left(\xi - \frac{\Delta\xi}{2}\right)}{\Delta\xi}, Y_2 = \frac{Y\left(\xi + \frac{\Delta\xi}{4}\right) - Y\left(\xi - \frac{\Delta\xi}{4}\right)}{\frac{\Delta\xi}{2}}$$

式中:$\Delta\xi$ 为平衡位置处的小扰动化向量。

### 4.4.3　稳定性分析

　　稳定性关心的是处于配平状态下的直升机受到一小扰动后的行为,分为静稳定性和动稳定性。静稳定性取决于初始趋势,即直升机倾向远离或返回初始配平状态,主要由稳定性导数体现,如迎角稳定性导数、空速稳定性导数、滚转阻尼导数、偏航阻尼导数等。稳定性导数通常具有明确的物理意义,其定义读者可自行查看参考书。

　　动稳定性研究的是受扰后的飞行状态的动态过程,是一个非定常问题,对于受扰运动的全过程分析,要进行复杂的数学运算。它更关心长期的运动特性,主要通过稳定根和对应的运动模态体现。

　　**1. 稳定根**

　　通过解耦后的纵、横向状态方程可对纵、横向非耦合运动状态进行稳定根计算,通过纵 – 横向耦合的状态方程,可求解耦合状态下的稳定根。以直升机为代表的旋翼飞行器的运动纵 – 横向耦合比较严重,严格地说,它的运动模态应是纵 – 横向耦合的运动模态,通常为了便于说明和理解运动模态的物理特征和图像,可以按纵、横向分离的运动模态来讨论。

　　**2. 运动模态**

　　通常按是否存在共轭复根,纵向模态可分为纵向周期模态和纵向非周期模态,横向模态一般分为荷兰滚模态、滚转模态和螺旋模态,分别对应一对共轭复根、绝对值较大的实根和绝对值较小的实根。此外,直升机还存在一个横航向的

零特征根,代表直升机对航向的"随遇平衡"特点,可理解为直升机可在任何航向进行平飞而没有区别。

当共轭复根实部为负时,该模态呈周期衰减运动,为动稳定;否则为周期发散运动,动不稳定。同理,非周期模态的实数稳定根为负时,该模态呈衰减运动,当实数稳定根为零时,为中立动稳定。当实数特征根和复数特征根的实部值较小时,其不稳定性一般不会危及直升机的安全飞行,因为飞行员能及时、适当地实施操纵来抑制直升机的不稳定运动,不过这却增加了飞行员的工作负荷。现代直升机通过引入飞行控制系统来改善稳定性和消除交叉耦合,以减轻飞行员的工作负荷。

悬停时,直升机通常存在纵向周期模态,该模态经常不稳定,需要飞行员不断修正飞行姿态,也称为悬停振荡模态。随着前飞速度的增加,该模态迅速收敛,由悬停时的振荡模态演变成沉浮运动模态,这是一种长周期的运动模态。悬停时直升机横向的共轭复根与纵向悬停振荡运动模态相类似。直升机各运动模态在相关飞行品质规范中有详细说明,旋翼飞行器的运动模态可以此为参考。

**3. 主要指标**

衡量直升机运动模态的主要指标有半衰期 $t_{1/2}$、倍幅时间 $t_2$、周期 $T$、振幅 $A$、振荡频率 $\omega$ 和阻尼比 $\zeta$ 等。有关运动模态的规范要求不一,较为普遍的规范有:对于 $T \leqslant 5\text{s}$ 的周期运动,$t_{1/2} \leqslant 10\text{s}$;对于 $5\text{s} < T < 10\text{s}$ 的周期运动,至少应该稍有衰减;对于 $10\text{s} < T < 20\text{s}$ 的周期运动,$t_2 > 10\text{s}$。由此可以看出,对短周期的振荡运动要求严格,而对长周期振荡的要求可以稍微放宽,这是因为飞行员对长周期的振荡运动可以及时地实施操纵。

(1)稳定根 $\lambda_i$ 为实数。

当 $\lambda_i$ 为负数时,呈非周期收敛模态,模态半衰期 $t_{1/2}$ 为

$$t_{1/2} = -\frac{\ln 2}{\lambda_i} \tag{4-37}$$

当 $\lambda_i$ 为正数时,呈非周期发散模态,倍幅时间 $t_2$ 为

$$t_2 = \frac{\ln 2}{\lambda_i} \tag{4-38}$$

(2)稳定根 $\lambda_i$ 为复数。

特征根可以表示为 $\lambda_i = \eta + i\omega = -\zeta\omega_n + i\omega_n\sqrt{1-\zeta^2}$,半衰期 $t_{1/2}$ 和倍幅时间 $t_2$ 为

$$t_{1/2} \text{或} t_2 = \frac{\ln 2}{|\eta|} \qquad (4-39)$$

自振频率和阻尼比为

$$\begin{cases} \omega_n = \sqrt{\eta^2 + \omega^2} \\ \zeta = -\dfrac{\eta}{\omega_n} \end{cases} \qquad (4-40)$$

周期为

$$T = \frac{2\pi}{\omega} \qquad (4-41)$$

### 4.4.4　操纵性分析

操纵性是研究直升机在人为操纵后的飞行状态改变的动态过程,它实际上是确定旋翼飞行器在飞行员操纵输入下的响应,是一个非定常过程,可在时域和频域下分析。在美军标 MIL – F – 83300 为蓝本的《军用直升机飞行品质规范》(GJB 902—90)中,一般用两个术语来进一步定义操纵性:操纵功效和操纵灵敏度。操纵功效是指为了从定常配平飞行状态作机动或者为了补偿大的突风风扰动,飞行员可以利用的总的力或者力矩(指单位操纵运动所产生的力或者力矩);操纵灵敏度是指单位操纵运动所产生的飞行器加速度或者定常速度。在确定操纵的精确度时,灵敏度有重要的意义。

以美军标 ADS – 33E – PRF 为蓝本的《军用直升机飞行品质规范》(GJB 902B),操纵性以带宽、姿态敏捷性、轴间耦合等评价,内容更为完善。基于 ADS – 33E – PRF 的飞行品质分析,在后续章节中研究。

## 4.5　小　　结

本章建立了旋翼飞行器非线性飞行力学方程组,是旋翼飞行器飞行力学建模的基础,可应用于不同构型旋翼飞行器,以及带外吊挂系统和结冰状态下的飞行力学建模,讨论了该方程组的主要求解方法,并在此基础上进一步给出研究旋翼飞行器的操纵性、稳定性计算方法。

**参考文献**

[1] 普劳蒂. 直升机性能及稳定性和操纵性[M]. 高正,陈文轩,施永立,译. 北京:航空工业出版社,1999.

[2] 王适存. 直升机空气动力学[M]. 北京:航空专业教材编审组,1985.

[3] 曹义华. 直升机飞行力学[M]. 北京:北京航空航天大学出版社,2005.

[4] 约翰逊. 直升机理论[M]. 孙如林,译. 北京:航空工业出版社,1991.

[5] 曹龙. 直升机外吊挂动力学建模与飞行性能分析[D]. 北京:北京航空航天大学,2014.

# 第**5**章
## 单旋翼带尾桨直升机飞行力学建模

直升机飞行力学模型是典型的非线性模型,对直升机进行飞行力学建模计算是研究直升机稳定性、操纵性、飞行品质和飞行性能研究的基础。单旋翼带尾桨构型作为直升机的主流,其飞行力学建模是其他构型旋翼飞行器建模的基础,为此,本章花较多篇幅对算例单旋翼带尾桨直升机飞行力学建模展开论述。以 UH−60A 直升机为例,采用部件级建模思想,将直升机的主要气动部件分为旋翼部件、机身部件、尾桨部件、平尾部件和垂尾部件,分别对其进行建模研究。建模过程中,各气动部件升阻力系数及部件间的气动干扰均来自风洞试验数据。

单旋翼带尾桨直升机的气动部件及主要的气动力、力矩如图 5−1 所示。旋翼产生拉力、后向力、侧向力,主要产生反扭矩、俯仰力矩和滚转力矩,经转换至桨毂坐标系,形成旋翼 3 个方向的力和力矩。机身产生升力、阻力、侧力和俯仰、滚转、偏航 3 个方向力矩,其中滚转力矩较小,经转换至全机体轴系,形成机身 3

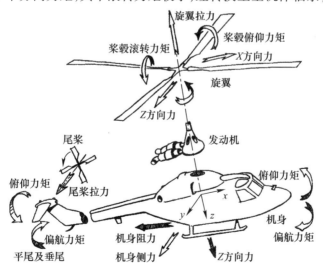

图 5−1  单旋翼直升机气动部件及主要的气动力、力矩

个方向的力和力矩。尾桨产生拉力,平衡旋翼反扭矩,并提供偏航操纵力矩,当尾桨位置高于直升机重心时,还可提供一定滚转力矩。平尾主要提供俯仰力矩,垂尾则在前飞时提供偏航力矩,为尾桨卸载。

# 5.1 旋翼气动模型

动量-叶素理论建立的积分格式的旋翼气动模型计算简单,主要用于旋翼诱导气流及旋翼性能的初步估算;而涡流理论使用线性假设,不能模拟迎角变化较大的剖面,对后行桨叶的失速和反流没有考虑。为此,本章提出一种离散格式的旋翼气动模型,充分考虑旋翼桨叶偏流效应、前行桨叶压缩性与后行桨叶失速特性及反流区的影响,在满足计算精度的同时提高计算效率。

## 5.1.1 旋翼桨盘的离散化处理

根据叶素理论的思想,将桨叶沿径向离散划分,并将旋翼桨盘离散网格化,首先,将旋翼桨叶沿径向离散划分。根据叶素理论的思想,以等环形面积作为桨叶微段的划分依据,将桨叶沿径向划分为 $N_r$ 份(共有 $N_r + 1$ 个节点),且每个桨叶微段气动力作用点位于微段翼型对称面与桨叶 1/4 弦线的交点上,如图 5-2 所示。图中,$\bar{e}$ 为挥舞铰外伸量的无量纲化,$\bar{u}_T$、$\bar{u}_R$、$\bar{u}_P$ 分别为桨叶切向、径向和垂向气流速度的无量纲化,$\gamma$ 为桨叶偏流角。

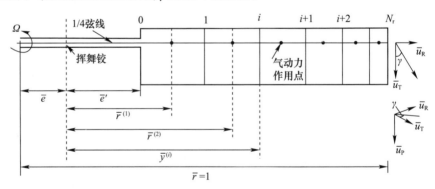

图 5-2 旋翼桨叶沿展向的离散化

第 $i$ 个节点与挥舞铰之间的无量纲距离为

$$\bar{y}^{(i)} = \left[ \frac{1-(\bar{e}+\bar{e}')^2}{N_r} \cdot i + (\bar{e}+\bar{e}')^2 \right]^{1/2} - \bar{e} \quad i \in [0, N_r] \quad (5-1)$$

微段气动力作用点与挥舞铰之间的无量纲距离以及微段长度可以分别表

示为

$$\bar{r}^{(i)} = \frac{\bar{y}^{(i-1)} + \bar{y}^{(i)}}{2} \quad i \in [1, N_r] \tag{5-2}$$

$$\Delta \bar{r}^{(i)} = \bar{y}^{(i)} - \bar{y}^{(i-1)} \quad i \in [1, N_r] \tag{5-3}$$

　　然后,将旋翼桨盘离散网格化。将桨盘沿方位角离散等分为 $N_\psi$ 个扇形区域(离散步长为 $\Delta\psi$)。当桨叶扫过桨盘时,桨叶上每个径向划分节点与桨盘扇形区域相交,把每个扇形区域划分为 $N_r$ 份。这样,整个旋翼桨盘被划分成 $N_r \times N_\psi$ 个网格区域。图 5 - 3 给出了旋翼桨叶挥舞角 $\beta = 0$ 时的桨盘网格离散划分示意图。

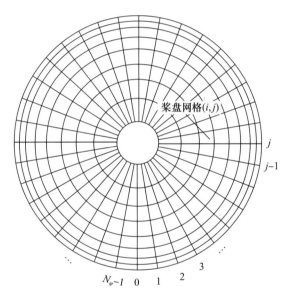

图 5 - 3　旋翼桨盘的离散处理示意图

　　以不同攻角、不同马赫数、不同展向和径向位置的旋翼桨盘网格的升阻力风洞试验数据为基础,以第 $(i,j)$ 个桨盘网格区域为研究对象,采用下式计算升、阻力系数,即

$$\begin{cases} C_1^{(i,j)} = \dfrac{f(Ma, \alpha_{\text{ref}}^{(i,j)})}{|\cos\gamma^{(i,j)}|} \\ C_d^{(i,j)} = f(Ma, \alpha^{(i,j)}) \end{cases} \tag{5-4}$$

式中: $C_1^{(i,j)}$ 与 $C_d^{(i,j)}$ 为风洞试验下得到的桨盘每个网格区域的升阻力系数; $\gamma^{(i,j)}$ 为桨叶微段当地偏流角; $Ma$ 为桨盘网格当地马赫数; $\alpha$ 为声速, $\alpha_{\text{ref}}^{(i,j)} =$

$\alpha \mid \cos \gamma^{(i,j)} \mid$。离散化的桨盘模型充分考虑了桨叶偏流效应、前行桨叶压缩性与后行桨叶失速特性以及反流影响,同时考虑叶尖损失修正,更贴近实际,尤其在大速度前飞时旋翼需用功率的计算上。在后面的飞行性能分析章节上,开展需用功率计算的进一步讨论。

## 5.1.2 桨叶微段气流环境

图5-4所示为叶素坐标系定义与桨叶微段气流环境示意图。以在第$(i,j)$个桨盘网格区域上扫过的桨叶微段为研究对象,微段气动力作用点处的当地切向气流速度$\bar{u}_{\mathrm{T}}^{(i,j)}$、当地径向气流速度$\bar{u}_{\mathrm{R}}^{(i,j)}$与当地垂向气流速度$\bar{u}_{\mathrm{P}}^{(i,j)}$分别为

$$\bar{u}_{\mathrm{T}}^{(i,j)} = \bar{e} + \bar{r}^{(i)} \cos \beta^{(j)} + \mu \sin \psi^{(j)} \qquad (5-5)$$

$$\bar{u}_{\mathrm{R}}^{(i,j)} = \mu \cos \psi^{(j)} \cos \beta^{(j)} - (\lambda_0 + \bar{v}_i^{(i,j)}) \sin \beta^{(j)} \qquad (5-6)$$

$$\bar{u}_{\mathrm{P}}^{(i,j)} = \mu \cos \psi^{(j)} \sin \beta^{(j)} + (\lambda_0 + \bar{v}_i^{(i,j)}) \cos \beta^{(j)} +$$

$$\frac{\bar{r}^{(i)} \dot{\beta}^{(j)}}{\Omega} - \frac{\bar{r}^{(i)} (q_{\mathrm{RW}} \cos \psi^{(j)} + p_{\mathrm{RW}} \sin \psi^{(j)})}{\Omega} \qquad (5-7)$$

式中:$-\bar{r}^{(i)} (q_{\mathrm{RW}} \cos \psi^{(j)} + p_{\mathrm{RW}} \sin \psi^{(j)})/\Omega$项是由旋翼俯仰和滚转在微段上产生的垂向速度;$\bar{v}_i^{(i,j)}$为当地诱导速度;$\psi^{(j)}$为微段桨叶方位角;$\beta^{(j)}$为微段桨叶挥舞角。

微段当地偏流角为

$$\gamma^{(i,j)} = \arctan \frac{\bar{u}_{\mathrm{R}}^{(i,j)}}{\bar{u}_{\mathrm{T}}^{(i,j)}} \qquad (5-8)$$

考虑桨叶偏流角,微段当地迎角为

$$\alpha^{(i,j)} = \arctan \left[ \frac{(\tan \theta^{(i,j)} - \tan \beta_*^{(i,j)}) \mid \cos \gamma^{(i,j)} \mid}{1 + \tan \theta^{(i,j)} \tan \beta_*^{(i,j)} \cos^2 \gamma^{(i,j)}} \right] \qquad (5-9)$$

式中:$\beta_*^{(i,j)}$为微段来流角,且

$$\beta_*^{(i,j)} = \arctan \left( \frac{\bar{u}_{\mathrm{P}}^{(i,j)}}{\bar{u}_{\mathrm{T}}^{(i,j)}} \right) \qquad (5-10)$$

$\theta^{(i,j)}$为微段桨距,且有

$$\theta^{(i,j)} = \theta_0 + \theta_{\mathrm{T}}^{(i)} - A_{1\mathrm{W}} \cos \psi^{(j)} - B_{1\mathrm{W}} \sin \psi^{(j)} \qquad (5-11)$$

式中:$\theta_0$为旋翼桨叶操纵总距;$\theta_{\mathrm{T}}^{(i)}$为微段负扭转角;$A_{1\mathrm{W}}$、$B_{1\mathrm{W}}$分别为旋翼风轴系下等效的横、纵向周期变距,与实际旋翼轴系下横、纵周期变距$(A_1, B_1)$的转换

关系为

$$
\begin{pmatrix} A_{1W} \\ B_{1W} \end{pmatrix} = \begin{pmatrix} \cos\beta_S & -\sin\beta_S \\ \sin\beta_S & \cos\beta_S \end{pmatrix} \begin{pmatrix} A_1 \\ B_1 \end{pmatrix} \tag{5-12}
$$

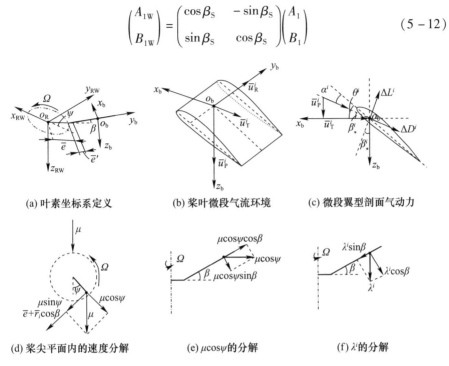

(a) 叶素坐标系定义　　　　(b) 桨叶微段气流环境　　　　(c) 微段翼型剖面气动力

(d) 桨尖平面内的速度分解　　　(e) $\mu\cos\psi$ 的分解　　　(f) $\lambda^i$ 的分解

图 5 - 4　叶素坐标系定义与桨叶微段气流环境示意图

## 5.1.3　旋翼力和力矩模型

结合图 5 - 4(c)，微段气动力(升力和阻力)可写为

$$
\Delta L^{(i,j)} = \frac{1}{2}\rho c^{(i)} C_1^{(i,j)} (\Omega R)^2 \big[ (\bar u_T^{(i,j)})^2 + (\bar u_P^{(i,j)})^2 \big] \Delta \bar r^{(i)} R \tag{5-13}
$$

$$
\Delta D^{(i,j)} = \frac{1}{2}\rho c^{(i)} C_d^{(i,j)} (\Omega R)^2 \big[ (\bar u_T^{(i,j)})^2 + (\bar u_P^{(i,j)})^2 \big] \Delta \bar r^{(i)} R \tag{5-14}
$$

式中：$c^{(i)}$ 为微段翼型平均弦长；$C_1^{(i,j)}$ 与 $C_d^{(i,j)}$ 为结合翼型风洞试验数据得到的翼型升、阻力系数。

将微段气动力转至叶素坐标系 $o_b x_b y_b z_b$ 下，有

$$
\Delta X_b^{(i,j)} = -\Delta L^i \sin\beta_*^{(i,j)} - \Delta D^{(i,j)} \cos\beta_*^{(i,j)} \tag{5-15}
$$

$$
\Delta Z_b^{(i,j)} = -\Delta L^{(i,j)} \cos\beta_*^{(i,j)} + \Delta D^{(i,j)} \sin\beta_*^{(i,j)} \tag{5-16}
$$

微段扭矩为

$$\Delta Q^{(i,j)} = -\Delta X_{\mathrm{b}}^{(i,j)}(\bar{r}^{(i)}\cos\beta + \bar{e})R \qquad (5-17)$$

微段气动力在旋翼风轴系下的形式为

$$\begin{pmatrix} \Delta X_{\mathrm{RW}}^{(i,j)} \\ \Delta Y_{\mathrm{RW}}^{(i,j)} \\ \Delta Z_{\mathrm{RW}}^{(i,j)} \end{pmatrix} = \begin{pmatrix} \Delta X_{\mathrm{b}}^{(i,j)}\sin\psi^{(i,j)} - \Delta Z_{\mathrm{b}}^{(i,j)}\cos\psi^{(i,j)}\sin\beta^{(i,j)} \\ \Delta X_{\mathrm{b}}^{(i,j)}\cos\psi^{(i,j)} + \Delta Z_{\mathrm{b}}^{(i,j)}\sin\psi^{(i,j)}\sin\beta^{(i,j)} \\ \Delta Z_{\mathrm{b}}^{(i,j)}\cos\beta^{(i,j)} \end{pmatrix} \qquad (5-18)$$

定义旋翼桨叶片数为 $N_{\mathrm{b}}$，则旋翼拉力 $T$、后向力 $H$ 和侧向力 $Y$ 及扭矩 $Q$ 的离散求和表达式分别为

$$\begin{pmatrix} T \\ H \\ Y \\ Q \end{pmatrix} = \frac{N_{\mathrm{b}}\Delta\psi}{2\pi}\sum_{i=1}^{N_{\mathrm{r}}}\sum_{j=1}^{N_{\psi}} \begin{pmatrix} -\Delta Z_{\mathrm{RW}}^{(i,j)} \\ -\Delta X_{\mathrm{RW}}^{(i,j)} \\ \Delta Y_{\mathrm{RW}}^{(i,j)} \\ \Delta Q^{(i,j)} \end{pmatrix} \qquad (5-19)$$

这样，若令

$$F_0^{(i,j)} = [(\bar{u}_{\mathrm{T}}^{(i,j)})^2 + (\bar{u}_{\mathrm{P}}^{(i,j)})^2]\Delta\bar{r}^{(i)}$$
$$F_c^{(i,j)} = (C_1^{(i,j)}\cos\beta_*^{(i,j)} - C_{\mathrm{d}}^{(i,j)}\sin\beta_*^{(i,j)})F_0^{(i,j)}$$
$$F_s^{(i,j)} = (C_1^{(i,j)}\sin\beta_*^{(i,j)} + C_{\mathrm{d}}^{(i,j)}\cos\beta_*^{(i,j)})F_0^{(i,j)}$$

则旋翼力和力矩离散化的系数表达式为

$$\begin{pmatrix} C_T \\ C_H \\ C_Y \\ C_Q \end{pmatrix} = \begin{pmatrix} \dfrac{T}{\rho(\Omega R)^2\pi R^2} \\ \dfrac{H}{\rho(\Omega R)^2\pi R^2} \\ \dfrac{Y}{\rho(\Omega R)^2\pi R^2} \\ \dfrac{Q}{\rho(\Omega R)^2\pi R^3} \end{pmatrix} = \frac{\sigma\Delta\psi}{4\pi}\sum_{i=1}^{N_{\mathrm{r}}}\sum_{j=1}^{N_{\psi}} \begin{pmatrix} F_c^{(i,j)}\cos\beta^{(j)} \\ F_s^{(i,j)}\sin\psi^{(j)} - F_c^{(i,j)}\sin\beta^{(j)}\cos\psi^{(j)} \\ -F_s^{(i,j)}\cos\psi^{(j)} - F_c^{(i,j)}\sin\beta^{(j)}\sin\psi^{(j)} \\ F_s^{(i,j)}(\bar{r}^{(i)}\cos\beta^{(j)} + \bar{e}) \end{pmatrix}$$

$$(5-20)$$

旋翼力和力矩在旋翼桨毂坐标系 $o_{\mathrm{R}}x_{\mathrm{R}}y_{\mathrm{R}}z_{\mathrm{R}}$ 下的形式可写为

$$\begin{pmatrix} X_{\mathrm{R}} \\ Y_{\mathrm{R}} \\ Z_{\mathrm{R}} \end{pmatrix} = \begin{pmatrix} \cos i_s & 0 & -\sin i_s \\ 0 & 1 & 0 \\ \sin i_s & 0 & \cos i_s \end{pmatrix} \begin{pmatrix} \cos(-\beta_{\mathrm{S}}) & \sin(-\beta_{\mathrm{S}}) & 0 \\ -\sin(-\beta_{\mathrm{S}}) & \cos(-\beta_{\mathrm{S}}) & 0 \\ 0 & 0 & 1 \end{pmatrix} \begin{pmatrix} -H \\ Y \\ -T \end{pmatrix} \qquad (5-21)$$

$$\begin{pmatrix} L_R \\ M_R \\ N_R \end{pmatrix} = \begin{pmatrix} \cos i_S & 0 & -\sin i_S \\ 0 & 1 & 0 \\ \sin i_S & 0 & \cos i_S \end{pmatrix} \begin{pmatrix} \cos(-\beta_S) & \sin(-\beta_S) & 0 \\ -\sin(-\beta_S) & \cos(-\beta_S) & 0 \\ 0 & 0 & 1 \end{pmatrix} \begin{pmatrix} L \\ M \\ Q \end{pmatrix} \quad (5-22)$$

转换至全机体轴系 $ox_B y_B z_B$ 下,有

$$\begin{pmatrix} X_{B,R} \\ Y_{B,R} \\ Z_{B,R} \end{pmatrix} = \begin{pmatrix} X_R \\ Y_R \\ Z_R \end{pmatrix} \quad (5-23)$$

$$\begin{pmatrix} L_{B,R} \\ M_{B,R} \\ N_{B,R} \end{pmatrix} = \begin{pmatrix} L_R \\ M_R \\ N_R \end{pmatrix} + \begin{pmatrix} Y_{B,R} \cdot h_{R,G} - Z_{B,R} \cdot d_{R,G} \\ -X_{B,R} \cdot h_{R,G} + Z_{B,R} \cdot l_{R,G} \\ X_{B,R} \cdot d_{R,G} - Y_{B,R} \cdot l_{R,G} \end{pmatrix} \quad (5-24)$$

### 5.1.4　旋翼挥舞运动模型

采用式(2-68)桨叶挥舞运动方程,桨叶升力绕挥舞铰的力矩 $M_T$ 可写成一阶傅里叶级数形式,即

$$M_T = M_{T0} + M_{Tc}\cos\psi + M_{Ts}\sin\psi \quad (5-25)$$

其中,

$$M_{T0} = \frac{\Delta\psi}{4\pi}\rho c\,(\Omega R)^2 R^2 \sum_{i=1}^{N_r} \sum_{j=1}^{N_\psi} F_c^{(i,j)}\,\overline{r}^{(i)}$$

$$M_{Tc} = \frac{\Delta\psi}{2\pi}\rho c\,(\Omega R)^2 R^2 \sum_{i=1}^{N_r} \sum_{j=1}^{N_\psi} F_c^{(i,j)}\,\overline{r}^{(i)}\cos\psi^{(j)}$$

$$M_{Ts} = \frac{\Delta\psi}{2\pi}\rho c\,(\Omega R)^2 R^2 \sum_{i=1}^{N_r} \sum_{j=1}^{N_\psi} F_c^{(i,j)}\,\overline{r}^{(i)}\sin\psi^{(j)}$$

## ▮ 5.2　旋翼诱导速度计算

### 5.2.1　动量理论诱导速度均匀分布模型

采用式(5-20)中关于 $C_T$ 的离散求和式与式(2-72)和式(2-13)联立,有

$$\begin{cases} f_1(\bar{v}_i, a_0, a_{1c}, b_{1s}) = I_b \Omega^2 a_0 - M_{T0} + M_S g = 0 \\ f_2(\bar{v}_i, a_0, a_{1c}, b_{1s}) = M_{Tc} + 2p_{RW}\Omega I_b = 0 \\ f_3(\bar{v}_i, a_0, a_{1c}, b_{1s}) = M_{Ts} - 2q_{RW}\Omega I_b = 0 \\ f_4(\bar{v}_i, a_0, a_{1c}, b_{1s}) = \bar{v}_i - \dfrac{C_T}{2\sqrt{(\lambda_0 + \bar{v}_i)^2 + \mu^2}} = 0 \end{cases} \qquad (5-26)$$

这样,可建立离散格式的旋翼气动模型下的动量理论诱导速度 – 挥舞系数耦合求解方程组。采用挥舞系数与诱导速度的耦合求解算法求解上述四元非线性方程组,即可快速而准确地同时得到动量理论下的旋翼桨盘诱导速度和挥舞系数。

## 5.2.2　涡流理论诱导速度非均匀分布模型

建立涡流理论诱导速度非均匀分布模型时,按照王氏涡流理论,将旋翼桨盘第 $(i,j)$ 个网格区域的诱导速度写为

$$\bar{v}_i^{(i,j)} = \bar{v}_{10}^{(i,j)} + \bar{v}_{1c}^{(i,j)} \cos\psi^{(j)} + \bar{v}_{1s}^{(i,j)} \sin\psi^{(j)} \qquad (5-27)$$

其中,

$$\begin{cases} \bar{v}_{10}^{(i,j)} = \dfrac{N_b}{4\pi \bar{V}_1} \bar{\Gamma}_0^{(i,j)} \\ \bar{v}_{1c}^{(i,j)} = \dfrac{N_b}{4\pi \bar{V}_1} \left\{ \dfrac{2\cos\alpha_1}{1+\sin\alpha_1} \left[ -\dfrac{2}{3} + \bar{r}^{(i)} + \dfrac{1}{2}(\bar{r}^{(i)})^2 \right] \bar{\Gamma}_0^{(i,j)} + \dfrac{2\sin\alpha_1}{1+\sin\alpha_1} \bar{\Gamma}_{1c}^{(i,j)} \right\} \\ \bar{v}_{1s}^{(i,j)} = \dfrac{N_b}{4\pi \bar{V}_1} \left\{ \dfrac{2\cos\alpha_1}{1+\sin\alpha_1} \bar{V}_1 [3 - 3\bar{r}^{(i)} + (\bar{r}^{(i)})^2] \bar{\Gamma}_0^{(i,j)} + \dfrac{2}{1+\sin\alpha_1} \bar{\Gamma}_{1s}^{(i,j)} \right\} \end{cases}$$
$$(5-28)$$

式中:$\alpha_1 = \arctan[(\lambda_0 + \bar{v}_i)/\mu]$;$\bar{V}_1$ 为桨盘处气流合速度,且 $\bar{V}_1 = \sqrt{\mu^2 + (\lambda_0 + \bar{v}_i)^2}$;$\bar{\Gamma}_0^{(i,j)}$、$\bar{\Gamma}_{1c}^{(i,j)}$ 和 $\bar{\Gamma}_{1s}^{(i,j)}$ 由下式确定,即

$$\bar{\Gamma}^{(i,j)} = \dfrac{1}{2}\bar{c}^{(i)} C_l^{(i,j)} \sqrt{(\bar{u}_T^{(i,j)})^2 + (\bar{u}_P^{(i,j)})^2} = \bar{\Gamma}_0^{(i,j)} + \bar{\Gamma}_{1c}^{(i,j)} \cos\psi^{(j)} + \bar{\Gamma}_{1s}^{(i,j)} \sin\psi^{(j)}$$
$$(5-29)$$

其中,

$$\overline{\Gamma}_0^{(i,j)} = \frac{\Delta \psi \, \bar{c}}{4\pi} \sum_{j=1}^{N_\psi} C_1^{(i,j)} \sqrt{\left[ \bar{u}_T^{(i,j)} \right]^2 + \left[ \bar{u}_P^{(i,j)} \right]^2}$$

$$\overline{\Gamma}_{1c}^{(i,j)} = \frac{\Delta \psi \, \bar{c}}{2\pi} \sum_{j=1}^{N_\psi} C_1^{(i,j)} \sqrt{\left[ \bar{u}_T^{(i,j)} \right]^2 + \left[ \bar{u}_P^{(i,j)} \right]^2} \cos\psi^{(i,j)}$$

$$\overline{\Gamma}_{1s}^{(i,j)} = \frac{\Delta \psi \, \bar{c}}{2\pi} \sum_{j=1}^{N_\psi} C_1^{(i,j)} \sqrt{\left[ \bar{u}_T^{(i,j)} \right]^2 + \left[ \bar{u}_P^{(i,j)} \right]^2} \sin\psi^{(i,j)}$$

## 5.3　其他部件气动模型

### 5.3.1　尾桨气动模型

尾桨是飞行员实施航向操纵的关键部件,尾桨拉力用来平衡旋翼反扭矩和产生航向操纵力矩。尾桨气动模型与旋翼相比,它只有尾桨距而没有周期变距,因此可忽略尾桨锥体的后倒与侧倒,较为简单。在直升机的发展中,出现过不同类型的尾桨构型,如涵道式尾桨、斜置尾桨、剪刀式尾桨等,下面以斜置尾桨为例,讨论尾桨的气动建模方法,对其他构型尾桨进行简要介绍。

#### 1. 斜置尾桨

斜置尾桨的布局可以提供向上的分力,扩大直升机重心纵向范围,适用于运输直升机。但斜置尾桨的缺点是会带来航向操纵和纵、横操纵的耦合现象,需要在飞控系统中采取解耦设计。以 UH - 60A 直升机为例,它的尾桨带有向上的 20°的斜倾,如图 5 - 5 所示。采用动量理论建立尾桨空气动力学模型,与旋翼相比尾桨叶相对刚性,挥舞运动很小,无周期变距,建模过程中可忽略尾桨的挥舞后倒与侧倒,忽略尾桨侧向力和后向力,仅考虑尾桨拉力和扭矩对直升机的影响。

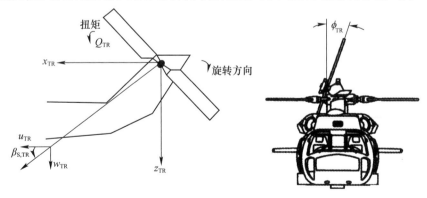

图 5 - 5　斜置尾桨示意图

设 $o_{TR}$ 为尾桨桨毂中心,在图 5 - 6 所示尾桨坐标系中, $o_{TR}x'_{B}y'_{B}z'_{B}$、$o_{TR}x_{TR}y_{TR}$ $z_{TR}$ 和 $o_{TR}x_{TR,W}y_{TR,W}z_{TR,W}$ 分别为尾桨体轴系、尾桨轴系和尾桨风轴系; $l_{TR,G}$、$d_{TR,G}$、$h_{TR,G}$ 分别为 $o_{TR}$ 相对于 $o$ 的纵向、侧向和垂向位移; $\phi_{TR}$ 为尾桨倾斜角; $\beta_{S,TR}$ 为尾桨侧滑角,且 $\beta_{S,TR} = \arctan(v_{TR}/u_{TR})$;考虑旋翼和机身的下洗与侧洗,尾桨运动速度分量 $u_{TR}$、$v_{TR}$、$w_{TR}$ 为

$$\begin{pmatrix} u_{TR} \\ v_{TR} \\ w_{TR} \end{pmatrix} = \begin{pmatrix} 1 & 0 & 0 \\ 0 & \cos\phi_{TR} & \sin\phi_{TR} \\ 0 & -\sin\phi_{TR} & \cos\phi_{TR} \end{pmatrix} \begin{pmatrix} u_{B} - q_{B} \cdot h_{TR,G} + r_{B} \cdot d_{TR,G} \\ v_{B} + p_{B} \cdot h_{TR,G} - r_{B} \cdot l_{TR,G} \\ w_{B} + q_{B} \cdot l_{TR,G} - p_{B} \cdot d_{TR,G} \end{pmatrix} + \begin{pmatrix} k_{x,TR}V_{i} \\ k_{y,TR}V_{i} \\ k_{z,TR}V_{i} \end{pmatrix} + \begin{pmatrix} 0 \\ v_{TR,F} \\ w_{TR,F} \end{pmatrix}$$

$$(5-30)$$

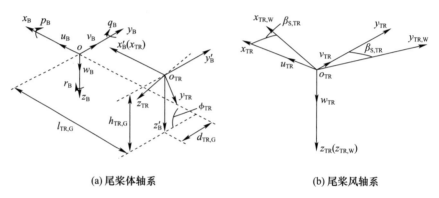

(a) 尾桨体轴系          (b) 尾桨风轴系

图 5 - 6   尾桨气动模型坐标系定义

式中: $V_{i}$ 为旋翼平均诱导速度; $k_{x,TR}$、$k_{y,TR}$、$k_{z,TR}$ 为旋翼 - 尾桨干扰系数,它们是旋翼尾迹倾斜角和挥舞后倒角的函数; $v_{TR,F}$、$w_{TR,F}$ 分别为机身对尾桨的侧洗速度和下洗速度。算例直升机的旋翼 - 尾桨干扰系数与机身对尾桨的侧洗速度和下洗速度来源于风洞试验数据。

为分析方便,在尾桨风轴系 $o_{TR}x_{TR,W}y_{TR,W}z_{TR,W}$ 下展开尾桨空气动力学的建模。结合 2.1.3 小节的相关公式,推导出尾桨拉力系数、扭矩系数和挥舞锥角,即

$$C_{T,TR} = \frac{a_{S,TR}\sigma_{TR}}{2}\left( -\frac{\lambda_{TR}}{2} + \frac{\theta_{0,TR}}{3} + \frac{\theta_{T,TR}}{4} + \frac{\theta_{0,TR}}{2}\mu_{TR}^{2} + \frac{\theta_{T,TR}}{4}\mu_{TR} \right) \quad (5-31)$$

$$C_{Q,TR} = \frac{a_{S,TR}\sigma_{TR}}{2}\left[ \left( \frac{C_{d,TR}}{4a_{S,TR}} - \frac{a_{0,TR}^{2}}{4} \right)\mu_{TR}^{2} + \frac{C_{d,TR}}{4a_{S,TR}} + \frac{\theta_{0,TR}\lambda_{TR}}{3} + \frac{\theta_{T,TR}\lambda_{TR}}{4} - \frac{\lambda_{TR}^{2}}{2} \right] \quad (5-32)$$

$$a_{0,TR} = \frac{\gamma_{TR}}{12}\left( \frac{8C_{T,TR}}{a_{S,TR}\sigma_{TR}} + \frac{\theta_{0,TR}}{6} + \frac{\theta_{T,TR}}{5} - \frac{\theta_{0,TR}}{2}\mu_{TR}^{2} \right) \quad (5-33)$$

式中：$a_{S,TR}$ 和 $C_{d,TR}$ 分别为尾桨桨叶翼型升力线斜率和阻力系数；$\sigma_{TR}$ 为尾桨实度；$\mu_{TR}$ 为尾桨前进比；尾桨入流比 $\lambda_{TR}=\lambda_{0,TR}+\bar{v}_{i,TR}$，$\lambda_{0,TR}$ 和 $\bar{v}_{i,TR}$ 分别为尾桨初始入流比和动量理论平均诱导速度；$\theta_{0,TR}$ 为尾桨桨距；$\theta_{T,TR}$ 为尾桨桨叶负扭度；$\gamma_{TR}$ 为尾桨桨叶洛克数。

这样，尾桨拉力和反扭矩在尾桨体轴系 $o_{TR}x'_By'_Bz'_B$ 下的形式为

$$\begin{pmatrix} X'_{B,TR} \\ Y'_{B,TR} \\ Z'_{B,TR} \end{pmatrix} = \begin{pmatrix} 1 & 0 & 0 \\ 0 & \cos(-\phi_{TR}) & \sin(-\phi_{TR}) \\ 0 & -\sin(-\phi_{TR}) & \cos(-\phi_{TR}) \end{pmatrix} \begin{pmatrix} 0 \\ 0 \\ -\pi\rho\Omega_{TR}^2 R_{TR}^4 C_{T,TR} \end{pmatrix} \quad (5-34)$$

$$\begin{pmatrix} L'_{B,TR} \\ M'_{B,TR} \\ N'_{B,TR} \end{pmatrix} = \begin{pmatrix} 1 & 0 & 0 \\ 0 & \cos(-\phi_{TR}) & \sin(-\phi_{TR}) \\ 0 & -\sin(-\phi_{TR}) & \cos(-\phi_{TR}) \end{pmatrix} \begin{pmatrix} 0 \\ 0 \\ \pi\rho\Omega_{TR}^2 R_{TR}^5 C_{Q,TR} \end{pmatrix} \quad (5-35)$$

转换至全机体轴系 $ox_By_Bz_B$，有

$$\begin{pmatrix} X_{B,TR} \\ Y_{B,TR} \\ Z_{B,TR} \end{pmatrix} = \begin{pmatrix} X'_{B,TR} \\ Y'_{B,TR} \\ Z'_{B,TR} \end{pmatrix} \quad (5-36)$$

$$\begin{pmatrix} L_{B,TR} \\ M_{B,TR} \\ N_{B,TR} \end{pmatrix} = \begin{pmatrix} L'_{B,TR} \\ M'_{B,TR} \\ N'_{B,TR} \end{pmatrix} + \begin{pmatrix} Y'_{B,TR} \cdot h_{TR,G} - Z'_{B,TR} \cdot d_{TR,G} \\ -X'_{B,TR} \cdot h_{TR,G} + Z'_{B,TR} \cdot l_{TR,G} \\ X'_{B,TR} \cdot d_{TR,G} - Y'_{B,TR} \cdot l_{TR,G} \end{pmatrix} \quad (5-37)$$

**2. 涵道式尾桨**

根据第 2 章介绍的动量理论，考虑涵道尾桨作用盘模型，如图 5-7 所示。设涵道尾桨上游远处来流速度为 0，设涵道风扇作用盘界面速度为 $v_1$，下游远处速度为 $v_2$，则流体质量可改写为

$$m = \rho v_1 S_1 = \rho(\alpha_w S_1)v_2 \quad (5-38)$$

在涵道的作用下，考虑涵道对气流的环括作用，$\alpha_w$ 为尾迹收缩参数，且有 $v_2 = v_1/\alpha_w$，在涵道作用下旋翼远尾迹处的诱导速度已不是桨盘处诱导速度的 2 倍。

尾桨拉力 $T$ 为由涵道风扇拉力 $T_{fan}$ 和涵道拉力 $T_{duct}$ 组成，由动量定理可得

$$T = T_{fan} + T_{duct} = mv_2 = (\rho S_1 v_1)v_2 = \frac{\rho S_1 v_1^2}{\alpha_w} \quad (5-39)$$

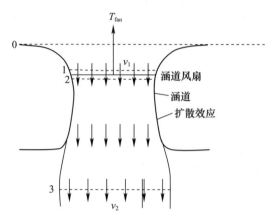

图 5 - 7　涵道尾桨的作用盘模型

或

$$v_1 = \sqrt{\frac{\alpha_{\mathrm{w}} T}{\rho S_1}} = \sqrt{\frac{T}{2\rho S_{\mathrm{eff}}}} \tag{5-40}$$

其中，$S_{\mathrm{eff}} = S_1/(2\alpha_{\mathrm{w}})$。根据伯努利方程，在 0—0 截面和 1—1 截面之间有

$$p_0 = p_1 + \frac{\rho v_1^2}{2} \tag{5-41}$$

在 2—2 截面和 3—3 截面之间，有

$$p_2 + \frac{\rho v_1^2}{2} = p_0 + \frac{\rho v_2^2}{2} \tag{5-42}$$

联立可得

$$T_{\mathrm{fan}} = (p_2 - p_1)S_1 = \frac{\rho v_2^2 S_1}{2} \tag{5-43}$$

联立式(5-39)和式(5-43)可得

$$\frac{T_{\mathrm{fan}}}{T} = \frac{\rho S_1 v_2^2}{2\rho S_1 v_1 v_2} = \frac{v_2}{2v_1} = \frac{1}{2\alpha_{\mathrm{w}}} \tag{5-44}$$

联立式(5-40)和式(5-44)，可得涵道风扇诱导功率为

$$(P_{\mathrm{i}})_{\mathrm{fan}} = T_{\mathrm{fan}} v_1 = \left(\frac{T}{2\alpha_{\mathrm{w}}}\right)\sqrt{\frac{\alpha_{\mathrm{w}} T}{\rho S_1}} = \frac{T^{3/2}}{\sqrt{4\alpha_{\mathrm{w}} \rho S_1}} \tag{5-45}$$

同样，假设上游来流速度 $V_0 = 0$，则对于孤立尾桨，$T = 2\rho S_1 v_1^2$，$v_1 = \sqrt{\frac{T}{2\rho S_1}}$，孤立尾桨$(P_{\mathrm{i}})_{\mathrm{TR}}$诱导功率为

$$(P_i)_{TR} = Tv_1 = T\sqrt{\frac{T}{2\rho S_1}} = \frac{T^{3/2}}{\sqrt{2\rho S_1}} \tag{5-46}$$

则有

$$\frac{(P_i)_{fan}}{(P_i)_{TR}} = \frac{1}{\sqrt{2\alpha_w}} \tag{5-47}$$

在来流速度为 0 的情况下,有效功率为 0,诱导功率即为涵道风扇的功率。分析式(5-47)发现,对于孤立旋翼情况,由于尾迹收缩性,应用动量定理可得 $v_2 = 2v_1$,此时 $\alpha_w = 0.5$, $S_{eff} = S_1$。由于涵道的环括作用,涵道尾桨的尾迹收缩性减弱,桨盘下方远尾迹速度不再是桨盘处诱导速度的 2 倍, $\alpha_w$ 通常在 0.5 ~ 1.0 之间,在产生相同拉力的情况下,涵道尾桨所需功率较孤立尾桨要低。如果不考虑尾迹的收缩性,即 $\alpha_w = 1.0$,在产生相同拉力的情况下,涵道尾桨相比孤立尾桨只需消耗 $1/\sqrt{2}$ 的功率(减少约 30%),或使用一半的桨盘面积产生与孤立尾桨同样的拉力。

涵道尾桨改变了尾桨下游的滑流状态,增大了滑流面积,减小了滑流速度和滑流动能损失,从而较多地将桨盘后的动能转化为压力能,涵道的入口前缘形成较大的负压区,产生了附加拉力。在实际中,由于涵道尺寸、结构重量、阻力等问题,涵道尾桨的效率不可能如此之高。涵道尾桨多用于起飞总重为 6t 以下的直升机,这是因为直升机越大,旋翼的反扭转力矩也就越大,为平衡这一扭转力矩,必须加大尾桨的直径,而涵道尾桨因为内嵌在机身尾部,尺寸不可能无限增大,随着尾桨直径进一步加大,其结果是涵道尾桨的离地距离就显得过低。同时,从飞行力学角度分析,起飞总重越大,悬停时的旋翼滚转矩也就越大。当直升机起飞总重超过 6t 以后,只有提高尾桨的安装位置,才能平衡旋翼的滚转力矩,对涵道尾桨来说,提高尾桨安装位置会受到垂尾的限制。

### 3. 剪刀式尾桨

常规尾桨和旋翼都是等叶间角布置的,对于一定的桨叶片数。这对应着一个固定的通过频率。无论是气动载荷还是振动载荷的产生和传递都受其控制,表现出在通过频率上合成增强,出现极大的峰值。研究表明,合理调节桨叶的叶间角度,可以有效地调整谐波噪声特征。避免噪声在单一频率上叠加,从而降低噪声水平,降低可探测性。

剪刀式尾桨通过调整桨叶的间距角,可以调制出多个通过频率。每个通过频率,都以自己的频率向外辐射声波噪声。这样谐波噪声的能量就分散在一个相对较宽的频谱上,不会出现常规等间距角布置的噪声能量在单一的通过频率上集聚的现象,因此相对于常规布置的尾桨噪声水平有很大改善,多用于武装直升机。

剪刀式尾桨的涡－桨干扰问题比常规尾桨要严重得多,涡－桨干扰可在第2章介绍的自由尾迹方法的基础上深入分析。但目前无论是试验方法还是理论方法,对剪刀式尾桨流场中复杂的涡－桨干扰现象研究仍不够深入,不同研究结果甚至存在一些分歧。在某些剪刀角布置下,上桨叶的桨尖涡甚至会直接与下桨叶发生碰撞导致拉力损失,在高桨距角下会导致桨叶发生局部失速或气流混乱,给气动性能带来不利影响。

## 5.3.2 机身气动模型

由于机身形状的不规则性,导致不能用准确的表达式计算机身气动力和气动力矩,目前还没有较为有效的理论性方法建立机身模型。风洞试验显示,机身气动力和气动力矩是机身迎角与机身侧滑角的函数。$l_{F,G}$、$d_{F,G}$、$h_{F,G}$ 分别为机身重心 $o_F$ 相对于 $o$ 的纵向、侧向和垂向位移;$V_\infty$ 为直升机来流速度;$\alpha_{FUS}$ 和 $\beta_{FUS}$ 分别为机身迎角和机身侧滑角,定义为

$$\alpha_{FUS} = \arctan\left(\frac{w_F}{u_F}\right) \tag{5-48}$$

$$\beta_{FUS} = \arctan\left(\frac{v_F}{\sqrt{u_F^2 + w_F^2}}\right) \tag{5-49}$$

其中,机身运动速度分量 $u_F$、$v_F$、$w_F$ 为

$$\begin{pmatrix} u_F \\ v_F \\ w_F \end{pmatrix} = \begin{pmatrix} u_B - q_B \cdot h_{F,G} - r_B \cdot d_{F,G} \\ v_B + p_B \cdot h_{F,G} + r_B \cdot l_{F,G} \\ w_B - q_B \cdot l_{F,G} + p_B \cdot d_{F,G} \end{pmatrix} + \begin{pmatrix} k_{x,F} V_i \\ k_{y,F} V_i \\ k_{z,F} V_i \end{pmatrix} \tag{5-50}$$

式中:$k_{x,F}$、$k_{y,F}$、$k_{z,F}$ 为旋翼－机身干扰系数,它们是旋翼尾迹倾斜角和挥舞后倒角的函数。算例直升机的旋翼－机身干扰系数来源于风洞试验数据。

$D_{FUS}$、$Y_{FUS}$、$L_{FUS}$、$R_{FUS}$、$M_{FUS}$、$N_{FUS}$ 分别为机身气动阻力、侧力、升力、滚转力矩、俯仰力矩和偏航力矩。这样,机身气动力和力矩在机身体轴系 $o'x_B'y_B'z_B'$ 下的形式为

$$\begin{pmatrix} X_{B,FUS}' \\ Y_{B,FUS}' \\ Z_{B,FUS}' \end{pmatrix} = \begin{pmatrix} \cos\alpha_{FUS}\cos\beta_{FUS} & -\cos\alpha_{FUS}\sin\beta_{FUS} & -\sin\alpha_{FUS} \\ \sin\beta_{FUS} & \cos\beta_{FUS} & 0 \\ \sin\alpha_{FUS}\cos\beta_{FUS} & -\sin\alpha_{FUS}\sin\beta_{FUS} & \cos\alpha_{FUS} \end{pmatrix} \begin{pmatrix} -D_{FUS} \\ -Y_{FUS} \\ -L_{FUS} \end{pmatrix}$$

$$\tag{5-51}$$

$$\begin{pmatrix} L'_{B,FUS} \\ M'_{B,FUS} \\ N'_{B,FUS} \end{pmatrix} = \begin{pmatrix} \cos\alpha_{FUS}\cos\beta_{FUS} & -\cos\alpha_{FUS}\sin\beta_{FUS} & -\sin\alpha_{FUS} \\ \sin\beta_{FUS} & \cos\beta_{FUS} & 0 \\ \sin\alpha_{FUS}\cos\beta_{FUS} & -\sin\alpha_{FUS}\sin\beta_{FUS} & \cos\alpha_{FUS} \end{pmatrix} \begin{pmatrix} R_{FUS} \\ M_{FUS} \\ N_{FUS} \end{pmatrix} \quad (5-52)$$

同样,应转换至全机体轴系 $ox_{B}y_{B}z_{B}$。

### 5.3.3　平尾气动模型

　　水平尾面主要受升力和阻力的作用。图 5-8 所示为建立的平尾模型坐标系。其中,$o_{HT}$ 为平尾压力中心;$l_{HT,G}$、$d_{HT,G}$、$h_{HT,G}$ 分别为 $o_{HT}$ 相对于 $o$ 的纵向、侧向和垂向位移;$o_{HT}x_{HT}y_{HT}z_{HT}$ 和 $o_{HT}x_{HT,W}y_{HT,W}z_{HT,W}$ 分别为平尾体轴系和平尾风轴系;$u_{HT}$、$v_{HT}$、$w_{HT}$ 为平尾的运动速度;$i_{HT}$ 为平尾安装角;$\alpha_{HT}$ 和 $\beta_{S,HT}$ 分别为平尾迎角和侧滑角,且有

$$\alpha_{HT} = i_{HT} + \arctan\left(\frac{w_{HT}}{u_{HT}}\right) \quad (5-53)$$

$$\beta_{S,HT} = \arctan\left(\frac{v_{HT}}{\sqrt{u_{HT}^2 + w_{HT}^2}}\right) \quad (5-54)$$

式中:平尾运动速度分量 $u_{HT}$、$v_{HT}$、$w_{HT}$ 为

$$\begin{pmatrix} u_{HT} \\ v_{HT} \\ w_{HT} \end{pmatrix} = \begin{pmatrix} u_B - q_B \cdot h_{HT,G} + r_B \cdot d_{HT,G} \\ v_B + p_B \cdot h_{HT,G} - r_B \cdot l_{HT,G} \\ w_B + q_B \cdot l_{HT,G} - p_B \cdot d_{HT,G} \end{pmatrix} + \begin{pmatrix} k_{x,HT}V_i \\ k_{y,HT}V_i \\ k_{z,HT}V_i \end{pmatrix} + \begin{pmatrix} 0 \\ 0 \\ w_{HT,F} \end{pmatrix} \quad (5-55)$$

式中:$k_{x,HT}$、$k_{y,HT}$、$k_{z,HT}$ 为旋翼 – 平尾干扰系数,它们是旋翼尾迹倾斜角和挥舞后倒角的函数;$w_{HT,F}$ 为机身对平尾的下洗速度。旋翼 – 平尾干扰系数与机身对平尾的下洗速度来源于风洞试验数据。

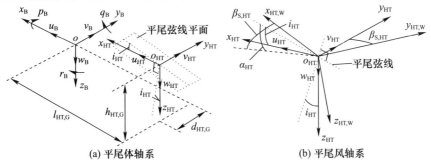

(a) 平尾体轴系　　　　　　　　　(b) 平尾风轴系

图 5-8　平尾气动模型坐标系定义

在平尾风轴系 $o_{HT}x_{HT,w}y_{HT,w}z_{HT,w}$ 下分析来流在平尾上产生的升力和阻力,有

$$L_{HT} = \frac{1}{2}\rho(u_{HT}^2 + v_{HT}^2 + w_{HT}^2)S_{HT}C_{L,HT} \tag{5-56}$$

$$D_{HT} = \frac{1}{2}\rho(u_{HT}^2 + v_{HT}^2 + w_{HT}^2)S_{HT}C_{D,HT} \tag{5-57}$$

式中:$S_{HT}$ 为平尾有效面积;$C_{L,HT}$ 和 $C_{D,HT}$ 分别为平尾升、阻力系数,它们与 $\alpha_{HT}$ 和 $\beta_{S,HT}$ 有关,一般可通过风洞试验数据得到。

平尾升、阻力转换至平尾体轴系 $o_{HT}x_{HT}y_{HT}z_{HT}$,有

$$\begin{pmatrix} X_{B,HT} \\ Y_{B,HT} \\ Z_{B,HT} \end{pmatrix} = \begin{pmatrix} \cos(\alpha_{HT}-i_{HT}) & 0 & -\sin(\alpha_{HT}-i_{HT}) \\ 0 & 1 & 0 \\ \sin(\alpha_{HT}-i_{HT}) & 0 & \cos(\alpha_{HT}-i_{HT}) \end{pmatrix} \cdot$$
$$\begin{pmatrix} \cos(-\beta_{HT}) & \sin(-\beta_{HT}) & 0 \\ -\sin(-\beta_{HT}) & \cos(-\beta_{HT}) & 0 \\ 0 & 0 & 1 \end{pmatrix}\begin{pmatrix} -D_{HT} \\ 0 \\ -L_{HT} \end{pmatrix} \tag{5-58}$$

平尾升、阻力对全机产生的力矩为

$$\begin{pmatrix} L_{B,HT} \\ M_{B,HT} \\ N_{B,HT} \end{pmatrix} = \begin{pmatrix} Y_{B,HT} \cdot h_{HT,G} - Z_{B,HT} \cdot d_{HT,G} \\ -X_{B,HT} \cdot h_{HT,G} + Z_{B,HT} \cdot l_{HT,G} \\ -Y_{B,HT} \cdot l_{HT,G} + X_{B,HT} \cdot d_{HT,G} \end{pmatrix} \tag{5-59}$$

### 5.3.4 垂尾气动模型

建立垂尾模型坐标系。设 $o_{VT}$ 为垂尾压力中心;$l_{VT,G}$、$d_{VT,G}$、$h_{VT,G}$ 分别为 $o_{VT}$ 相对于 $o$ 的纵向、侧向和垂向位移;$o_{VT}x'_By'_Bz'_B$、$o_{VT}x_{VT}y_{VT}z_{VT}$ 和 $o_{VT}x_{VT,w}y_{VT,w}z_{VT,w}$ 分别为垂尾体轴系、垂尾过渡坐标系和垂尾风轴系;$i_{VT}$ 为垂尾安装角;$\alpha_{VT}$ 和 $\beta_{S,VT}$ 分别为垂尾迎角和侧滑角,且有

$$\alpha_{VT} = i_{VT} + \arctan\left(\frac{w_{VT}}{u_{VT}}\right) \tag{5-60}$$

$$\beta_{S,HT} = \arctan\left(\frac{v_{VT}}{\sqrt{u_{VT}^2 + w_{VT}^2}}\right) \tag{5-61}$$

式中:垂尾运动速度分量 $u_{VT}$、$v_{VT}$、$w_{VT}$ 为

$$\begin{pmatrix} u_{\mathrm{VT}} \\ v_{\mathrm{VT}} \\ w_{\mathrm{VT}} \end{pmatrix} = \begin{pmatrix} 1 & 0 & 0 \\ 0 & \dfrac{\cos\pi}{2} & \dfrac{\sin\pi}{2} \\ 0 & \dfrac{-\sin\pi}{2} & \dfrac{\cos\pi}{2} \end{pmatrix} \begin{pmatrix} u_{\mathrm{B}} - q_{\mathrm{B}} \cdot h_{\mathrm{VT,G}} + r_{\mathrm{B}} \cdot d_{\mathrm{VT,G}} \\ v_{\mathrm{B}} + p_{\mathrm{B}} \cdot h_{\mathrm{VT,G}} - r_{\mathrm{B}} \cdot l_{\mathrm{VT,G}} \\ w_{\mathrm{B}} + q_{\mathrm{B}} \cdot l_{\mathrm{VT,G}} - p_{\mathrm{B}} \cdot d_{\mathrm{VT,G}} \end{pmatrix} +$$

$$\begin{pmatrix} k_{x,\mathrm{VT}} V_{\mathrm{i}} \\ k_{y,\mathrm{VT}} V_{\mathrm{i}} \\ k_{z,\mathrm{VT}} V_{\mathrm{i}} \end{pmatrix} + \begin{pmatrix} 0 \\ v_{\mathrm{VT,F}} \\ 0 \end{pmatrix} \tag{5-62}$$

式中：$k_{x,\mathrm{VT}}$、$k_{y,\mathrm{VT}}$、$k_{z,\mathrm{VT}}$ 为旋翼 – 垂尾干扰系数，它们是旋翼尾迹倾斜角和挥舞后倒角的函数；$v_{\mathrm{VT,F}}$ 为机身对垂尾的侧洗速度。旋翼 – 垂尾干扰系数与机身对垂尾的侧洗速度来源于风洞试验数据。

在垂尾风轴系 $o_{\mathrm{VT}} x_{\mathrm{VT,w}} y_{\mathrm{VT,w}} z_{\mathrm{VT,w}}$ 下分析来流在垂尾上产生的升力和阻力，有

$$L_{\mathrm{VT}} = \frac{1}{2}\rho(u_{\mathrm{VT}}^2 + v_{\mathrm{VT}}^2 + w_{\mathrm{VT}}^2) S_{\mathrm{VT}} C_{\mathrm{L,VT}} \tag{5-63}$$

$$D_{\mathrm{VT}} = \frac{1}{2}\rho(u_{\mathrm{VT}}^2 + v_{\mathrm{VT}}^2 + w_{\mathrm{VT}}^2) S_{\mathrm{VT}} C_{\mathrm{D,VT}} \tag{5-64}$$

式中：$S_{\mathrm{VT}}$ 为垂尾有效面积；$C_{\mathrm{L,VT}}$ 和 $C_{\mathrm{D,VT}}$ 分别为垂尾升、阻力系数，它们与 $\alpha_{\mathrm{VT}}$ 和 $\beta_{\mathrm{S,VT}}$ 有关。将垂尾升、阻力转换至垂尾体轴系，有

$$\begin{pmatrix} X_{\mathrm{B,VT}} \\ Y_{\mathrm{B,VT}} \\ Z_{\mathrm{B,VT}} \end{pmatrix} = \begin{pmatrix} 1 & 0 & 0 \\ 0 & \cos\left(\dfrac{-\pi}{2}\right) & \sin\left(\dfrac{-\pi}{2}\right) \\ 0 & -\sin\left(\dfrac{-\pi}{2}\right) & \cos\left(\dfrac{-\pi}{2}\right) \end{pmatrix} \begin{pmatrix} \cos(\alpha_{\mathrm{HT}} - i_{\mathrm{HT}}) & 0 & -\sin(\alpha_{\mathrm{HT}} - i_{\mathrm{HT}}) \\ 0 & 1 & 0 \\ \sin(\alpha_{\mathrm{HT}} - i_{\mathrm{HT}}) & 0 & \cos(\alpha_{\mathrm{HT}} - i_{\mathrm{HT}}) \end{pmatrix} \cdot$$

$$\begin{pmatrix} \cos(-\beta_{\mathrm{HT}}) & \sin(-\beta_{\mathrm{HT}}) & 0 \\ -\sin(-\beta_{\mathrm{HT}}) & \cos(-\beta_{\mathrm{HT}}) & 0 \\ 0 & 0 & 1 \end{pmatrix} \begin{pmatrix} -D_{\mathrm{HT}} \\ 0 \\ -L_{\mathrm{HT}} \end{pmatrix} \tag{5-65}$$

垂尾升、阻力对全机产生的力矩为

$$\begin{pmatrix} L_{\mathrm{B,VT}} \\ M_{\mathrm{B,VT}} \\ N_{\mathrm{B,VT}} \end{pmatrix} = \begin{pmatrix} Y_{\mathrm{B,VT}} \cdot h_{\mathrm{VT,G}} - Z_{\mathrm{B,VT}} \cdot d_{\mathrm{VT,G}} \\ -X_{\mathrm{B,VT}} \cdot h_{\mathrm{VT,G}} + Z_{\mathrm{B,VT}} \cdot l_{\mathrm{VT,G}} \\ -Y_{\mathrm{B,VT}} \cdot l_{\mathrm{VT,G}} + X_{\mathrm{B,VT}} \cdot d_{\mathrm{VT,G}} \end{pmatrix} \tag{5-66}$$

# ◼ 5.4 全机模型及操纵模型

## 5.4.1 全机模型

至此已经求出了作用在直升机上各个部件的力和力矩,作用在直升机上的全机载荷即为这些分量之和。于是有

$$
\begin{pmatrix} X_B \\ Y_B \\ Z_B \end{pmatrix} = \begin{pmatrix} X_{B,R} \\ Y_{B,R} \\ Z_{B,R} \end{pmatrix} + \begin{pmatrix} X_{B,TR} \\ Y_{B,TR} \\ Z_{B,TR} \end{pmatrix} + \begin{pmatrix} X_{B,FUS} \\ Y_{B,FUS} \\ Z_{B,FUS} \end{pmatrix} + \begin{pmatrix} X_{B,HT} \\ Y_{B,HT} \\ Z_{B,HT} \end{pmatrix} + \begin{pmatrix} X_{B,VT} \\ Y_{B,VT} \\ Z_{B,VT} \end{pmatrix} \qquad (5-67)
$$

$$
\begin{pmatrix} L_B \\ M_B \\ N_B \end{pmatrix} = \begin{pmatrix} L_{B,R} \\ M_{B,R} \\ N_{B,R} \end{pmatrix} + \begin{pmatrix} L_{B,TR} \\ M_{B,TR} \\ N_{B,TR} \end{pmatrix} + \begin{pmatrix} L_{B,FUS} \\ M_{B,FUS} \\ N_{B,FUS} \end{pmatrix} + \begin{pmatrix} L_{B,HT} \\ M_{B,HT} \\ N_{B,HT} \end{pmatrix} + \begin{pmatrix} L_{B,VT} \\ M_{B,VT} \\ N_{B,VT} \end{pmatrix} \qquad (5-68)
$$

式中:$X_B$、$Y_B$、$Z_B$、$L_B$、$M_B$、$N_B$ 分为直升机的 3 个合力和 3 个合力矩。3 个合力平衡方程和 3 个合力矩平衡方程即为直升机机体平衡方程。

进一步考虑直升机全机质量 $m_G$ 和姿态角,可以写出直升机六自由度平衡方程组,即

$$
\begin{pmatrix} X_B \\ Y_B \\ Z_B \end{pmatrix} + \begin{pmatrix} 1 & 0 & 0 \\ 0 & \cos\phi & \sin\phi \\ 0 & -\sin\phi & \cos\phi \end{pmatrix} \begin{pmatrix} \cos\theta & 0 & -\sin\theta \\ 0 & 1 & 0 \\ \sin\theta & 0 & \cos\theta \end{pmatrix} \begin{pmatrix} 0 \\ 0 \\ m_G g \end{pmatrix} = \mathbf{0} \qquad (5-69)
$$

$$
\begin{pmatrix} L_B \\ M_B \\ N_B \end{pmatrix} = \mathbf{0} \qquad (5-70)
$$

## 5.4.2 单旋翼带尾桨直升机操纵模型

单旋翼带尾桨直升机采用周期变距杆和总距杆,通过自动倾斜器来改变纵、横周期变距和旋翼总距,通过脚蹬操纵尾桨距,操纵直升机保持一定的飞行状态。各操纵杆、脚蹬之间相互影响,以此来达到协调操纵的目的。由于存在操纵耦合,所用算例直升机采用了特有的机械混合器对各个操纵通道进行解耦或减耦。通过机械混合器,调节来自飞行员和飞行控制系统的操纵量在纵向、总距、横向和航向操纵通道之间相互影响,混合器工作原理如图 5 - 9 所示。

图 5 - 9 中,$\delta_B$、$\delta_C$、$\delta_S$、$\delta_R$ 分别为纵向、总距、横向和航向操纵量,$\theta_0$、$\theta_{0,TR}$ 分别为旋翼桨叶总距和尾桨距,$B_1$、$A_1$ 分别为纵、横向周期变距。$\theta_{DC}$、$B_{1,DB}$、$A_{1,DS}$、$\theta_{TR,DR}$ 为总距、纵向、横向和航向 4 个通道相应的操纵线性比,$B_{1,DR}$、$B_{1,DC}$、$A_{1,DC}$、

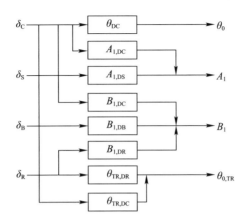

图 5-9　UH-60A 直升机操纵系统混合器工作原理

$\theta_{\mathrm{TR,DC}}$ 代表通道之间的操纵耦合。可见,操纵总距杆的同时会对纵、横向周期变距和脚蹬操纵带来耦合影响;航向操纵通道改变尾桨距的同时会对纵向周期变距带来影响;操纵横向周期变距的同时,会对纵向周期变距带来影响。

在旋翼轴系下表达为解析形式,即

$$\begin{cases} \theta_0 = \theta_{0\mathrm{T}} + \theta_{\mathrm{DC}}\delta_{\mathrm{C}} \\ B_1 = B_{10} + B_{1,\mathrm{DB}}\delta_{\mathrm{B}} + B_{1,\mathrm{DR}}\delta_{\mathrm{R}} + B_{1,\mathrm{DC}}\delta_{\mathrm{C}} \\ A_1 = A_{10} + A_{1,\mathrm{DS}}\delta_{\mathrm{S}} + A_{1,\mathrm{DC}}\delta_{\mathrm{C}} \\ \theta_{0,\mathrm{TR}} = \theta_{0\mathrm{T,TR}} + \theta_{\mathrm{TR,DR}}\delta_{\mathrm{R}} + \theta_{\mathrm{TR,DC}}\delta_{\mathrm{C}} \end{cases} \quad (5-71)$$

式中:$\theta_{0\mathrm{T}}$、$\theta_{0\mathrm{T,TR}}$ 分别为旋翼和尾桨桨叶根部总距;$B_{10}$、$A_{10}$ 分别为纵、横向周期变距预置角。

# 5.5　算例直升机配平及分析

直升机的平衡计算是飞行力学研究和直升机设计的一个基本环节,也是稳定性和操纵性计算的基础。直升机在飞行中的平衡是由飞行员通过操纵机构使作用在直升机上的力及绕质心的力矩之和为零,从而保证直升机为定常飞行状态,配平关心的是,提供多大的控制使直升机处于平衡状态。直升机可能正在爬升、转弯或处于大迎角、大侧滑角下,但如果在给定控制下,速度和角速度的分量保持不变,那么直升机就处于平衡状态。严格来说,爬升与俯冲飞行不能被视为配平状态,因为空气密度的变化会导致对控制进行持续修正。

## 5.5.1　配平结果及分析

美军从 20 世纪 80 年代中期开始,对 UH-60A 进行了一系列的飞行试验,试飞过程中,UH-60A 直升机上配有各种测试仪器,为理论研究和飞行仿真积累了丰富的试飞数据。

### 1. 定直平飞

分别基于积分格式的旋翼动量理论气动模型、离散格式的旋翼动量理论和涡流理论气动模型建立 3 种单旋翼带尾桨直升机飞行力学模型,对算例直升机进行了配平计算,并将配平结果同试飞数据和国外模型计算结果进行了对比,如图 5-10 所示,国外模型为西科斯基公司开发的 SIKORSKY GEN HEL 直升机模型。

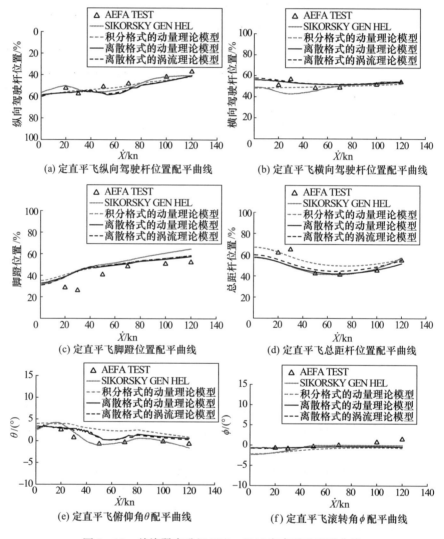

图 5-10    单旋翼直升机(UH-60A)定直平飞配平曲线

如图 5 - 10 所示,单旋翼带尾桨直升机飞行力学建模方法与试飞数据和参考模型计算数据相比吻合较好,有较好的计算精度。且离散格式下的旋翼气动模型在俯仰角和总距的配平计算上,其计算精度明显优于积分格式的旋翼动量理论模型。

**2. 稳定协调转弯**

稳定协调转弯飞行动力学模型采用积分格式的旋翼动量理论气动模型,对 UH - 60A 在协调转弯速率 $V = 100\text{kn}$ 下进行稳定协调转弯飞行的配平计算,并将计算结果与 AMES GEN HEL 模型、SIKORSKY GEN HEL 模型和试飞数据进行对比,验证模型用于稳定协调转弯飞行配平计算的能力,如图 5 - 11 所示。

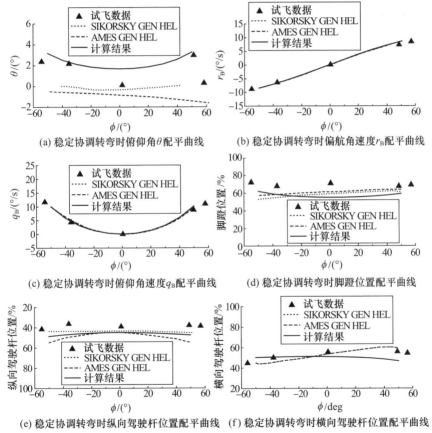

(a) 稳定协调转弯时俯仰角 θ 配平曲线　(b) 稳定协调转弯时偏航角速度 $r_B$ 配平曲线

(c) 稳定协调转弯时俯仰角速度 $q_B$ 配平曲线　(d) 稳定协调转弯时脚蹬位置配平曲线

(e) 稳定协调转弯时纵向驾驶杆位置配平曲线　(f) 稳定协调转弯时横向驾驶杆位置配平曲线

图 5 - 11　单旋翼直升机(UH - 60A)稳定协调转弯配平曲线($V = 100\text{kn}$)

计算结果与参考模型及试飞数据相比,吻合度较高,表明直升机稳定协调转弯飞行动力学模型合理,且精确度和置信度较高。进一步分析可见,当流转角大于零时,直升机顺时针方向转弯;流转角小于零时,直升机逆时针方向转弯。随着流转角的增大,直升机偏航角速度和俯仰角速度增大,表明直升机协调转弯速率增大,从而使直升机过载增大、旋翼扭矩增加、总距杆百分比增加。

### 5.5.2 诱导速度分布

采用离散格式的旋翼涡流理论气动模型,计算得到诱导速度非均匀分布,诱导速度为桨尖速度的无量纲化。如图 5-12 所示,$\mu$ 为前进比,算例直升机为右旋。

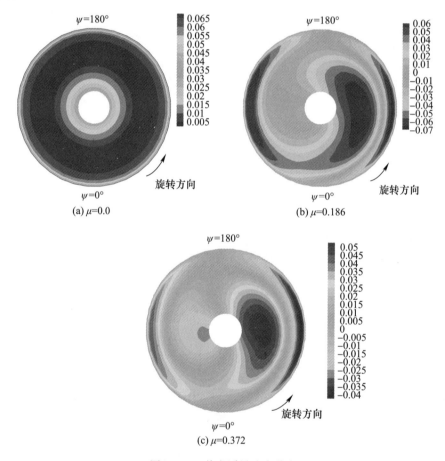

图 5-12 桨盘诱导速度分布

在悬停状态下,诱导速度随桨叶方位角几乎没有变化,诱导速度峰值集中在桨盘大部分区域。前飞状态下,后行桨叶的诱导速度峰值靠近尖部,前行桨叶的诱导速度峰值则向中部接近,诱导速度与旋翼拉力密不可分,这样的诱导速度分布可以平衡前飞气流不对称引发的滚转效应。随着前飞速度增大,前行桨叶高诱导速度区域继续向桨叶中部延伸,对于后行桨叶而言,诱导速度峰值更加向桨尖部集中。同时,桨盘前部的上洗和桨盘后部的下洗现象得到了很好的捕捉。

悬停状态下,旋翼的需用功率和拉力系数最大,诱导速度峰值最高,除去桨尖和桨根部分,诱导速度值在桨盘大部分区域内均较高。随着前飞速度的增大,桨盘载荷逐渐减小,诱导速度峰值随之逐渐减小。

### 5.5.3　迎角分布

采用离散格式的旋翼涡流理论气动模型,计算桨盘迎角分布。在前飞状态下,由于桨盘气流的不对称性,为平衡旋翼滚转力矩,前行桨叶要在小迎角下工作,而后行桨叶要在大迎角下工作。直升机飞行速度的增加反而使后行桨叶相对于气流的速度减小,与飞机机翼在低速飞行时气流分离相反,直升机旋翼在高速飞行时发生气流分离乃至失速。一般来说,失速迎角在12°左右。

图5-13给出了中速度和大速度前飞下的桨盘迎角分布。随着前飞速度增大,桨叶剖面迎角变化更为剧烈,气流分离区变大。从图5-13(b)中可以看出,桨叶剖面迎角在反流区边界发生突变,反流区边界因切向速度较小而产生较大的入流角,因此迎角很大,反流区外的桨叶剖面迎角变化较小。

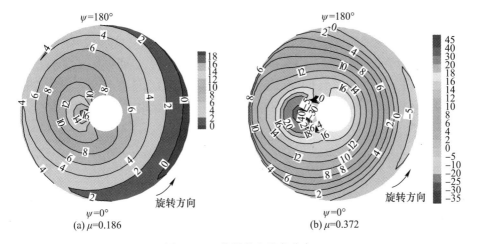

图5-13　旋翼桨盘迎角分布

在前进比$\mu = 0.372$时,后行桨叶反流区内来流引起的桨叶切向速度大于旋翼旋转产生的切向速度分量,相对气流由桨叶后缘吹向前缘,如图5-14所示,切向速度(已无量纲化)小于0的区域即为反流区。而在前进比$\mu = 0.186$的情况下,后行桨叶桨根处切向速度已经很小,但仍为正值。

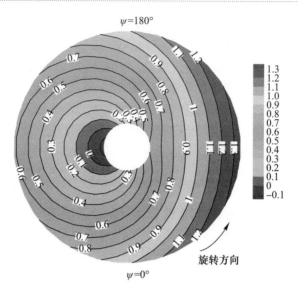

图 5 - 14　旋翼桨盘切向速度分布图($\mu = 0.372$)

## 5.5.4　升阻比

随着前飞速度增大,升阻比降低,主要是因为随着前飞速度增大至一定范围后,阻力增大较升力更快,导致升阻比降低。在270°方位角的桨根附近,由于直升机飞行速度的增加,使后行桨叶相对于气流的速度减小,该区域升阻比最小,且随着反流区的出现,桨叶微段在反流区内升阻比为负,说明该区域减小了整个旋翼的拉力。在图5 - 15(b)中,前行桨叶桨尖马赫数已达0.88,由于空气压缩性影响,旋翼产生的拉力有限,而阻力迅速增大,导致升阻比进一步降低。

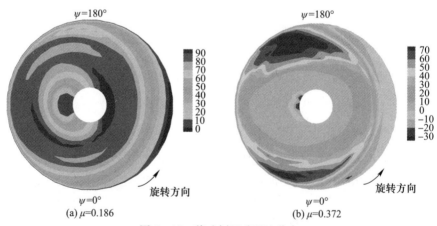

图 5 - 15　桨叶剖面升阻比分布

## 5.6　小　　结

　　单旋翼带尾桨直升机是最为常见和应用最广泛的构型,其飞行力学建模思想和旋翼气动模型对于其他构型旋翼飞行器同样适用。本章提出了一种离散格式的旋翼气动模型,考虑了旋翼桨叶偏流效应、前行桨叶压缩性、后行桨叶失速特性及反流区,可细致地描述旋翼的气动特性。尾桨是单旋翼直升机的特点之一,对此讨论了不同构型尾桨的气动性能和使用特点。在平飞和简单机动的状态下完成了平衡计算并进行验证,该模型精度较高,可体现分析桨盘气动特性的分布情况。为验证建模精度,书中旋翼下洗干扰采用了风洞试验数据,读者可与第 3 章嵌入自由尾迹/面元法的飞行力学模型对照,进一步加深理解。

### 参考文献

［1］王适存. 直升机空气动力学［M］. 北京:航空专业教材编审组,1985.

［2］曹义华. 直升机飞行力学［M］. 北京:北京航空航天大学出版社,2005.

［3］Howlett J J. UH – 60A Black hawk engineering simulation program:volume I – mathematical model［R］. NASA CR166309,1981.

［4］Ballin M G. Validation of a real – time engineering simulation of the UH – 60A Helicopter ［R］. NASA TM88359,1987.

［5］Cao Yihua. Principles of helicopter flight dynamics［M］. Oxford shire:Coxmoor Publishing Company,2009.

# 第6章

# 纵列式直升机飞行力学建模

　　双旋翼直升机与传统的单旋翼带尾桨直升机相比,两副旋翼相逆旋转,产生的反扭矩互相抵消,不需要起平衡作用的尾桨,而尾桨需要消耗10%左右的发动机功率,却不提供或只提供少量升力(斜置尾桨),因此双旋翼直升机可更有效地利用发动机功率。双旋翼直升机按旋翼排列方式又分为共轴式直升机、纵列式直升机和横列式直升机。纵列式双旋翼直升机有两个纵向布置、转向相反的主旋翼(图6-1),该布局允许设计长而平直的机身,易于获得乘客和货物的空间,外挂点的设计不易受机体结构的影响,这就使纵列式直升机具有较大的载重和较宽的纵向重心范围,可以称为理想的战场运输直升机。因此,该构型主要用于重型运输直升机,用于吊运、内载重型货物,典型型号有美国的波音CH-47系列运输直升机。

　　纵列式直升机的气动力部件主要包括旋翼和机身,由于没有尾桨、平尾等气动部件,纵列式直升机利用两副旋翼的差动拉力来实现直升机的俯仰操纵,利用两副旋翼反向的横向周期变距实现航向操纵,利用两副旋翼一致的横向周期变距实现直升机的滚转操纵。前后旋翼存在重叠区域,为尽量避免旋翼相互影响,后旋翼通常稍高于前旋翼。该型直升机的操纵方式虽与单旋翼带尾桨直升机相同,但操纵原理大为不同,驾驶杆、总距杆及脚蹬均同时对两副旋翼进行操纵。

　　了解并准确地预估重叠双旋翼的气动干扰,对双旋翼直升机飞行力学建模、提高旋翼性能、减少直升机振动水平、改善旋翼噪声特性、设计新型高性能双旋翼直升机来讲都是必不可少的。本章在单旋翼气动模型基础上,考虑双旋翼气动干扰问题,建立纵列式双旋翼气动模型。采用部件级建模思想,将纵列式直升机的主要气动部件分为前旋翼、后旋翼和机身,分别对其进行建模研究,为验证模型精度,各气动部件升、阻力系数及部件间的气动干扰均来自风洞试验数据,旋翼挥舞模型、力和力矩模型、诱导速度模型等在前面部分已详细推导,这里不再赘述。

图 6 - 1　纵列式双旋翼直升机

# 6.1　双旋翼气动模型

对于多升力旋翼构型而言,旋翼间的气动干扰及其对性能的影响十分重要。对于纵列式直升机,双旋翼间存在一定的重叠,后旋翼很容易处在前旋翼的尾迹中,两旋翼尾迹相互干扰,其流场和气动干扰特性相对于单旋翼而言会发生较大的变化,这使得纵列式双旋翼空气动力学问题与单旋翼相比更加复杂和困难,目前,人们对这种干扰问题的了解还很有限,也没有较完善的估算方法。

## 6.1.1　重叠旋翼气动干扰分析

如果两副旋翼的轴间距 $d$ 小于两副旋翼的半径之和,那么两副旋翼形成一种重叠构型,如图 6 - 2 所示,旋翼的重叠量可用 $o_v$ 表示,即

$$o_v = 1 - \frac{d}{(R_1 + R_2)} \tag{6-1}$$

当两副旋翼的旋翼轴重合时,重叠量达到最大,即为共轴式直升机旋翼。为降低旋翼间气动干扰,纵列式直升机两副旋翼稍有高度差,可假设流过所讨论的两副旋翼的桨盘的气流速度是相同的。在重叠区内考虑一个桨盘单元($\pi \mathrm{d} r^2 / 4$),它的位置可由与两副旋翼轴线的距离 $r_1$、$r_2$ 来确定。悬停时来流速度为 0,重叠区

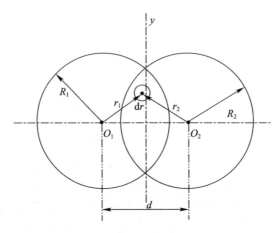

图 6-2 重叠旋翼示意

平均诱导速度为 $v_{ov}$,由动量理论,产生的拉力为

$$dT = \pi\rho 2 v_{ov}^2 \frac{dr^2}{4} \qquad (6-2)$$

由于第 1 副旋翼的作用而引起的单元拉力是所有桨叶(数量为 $N_b$)在一个宽度为 $dr$、半径为 $r_1$ 的圆环上所产生的拉力的一部分,即 $(\pi dr^2/4)/2\pi r_1 dr$。根据叶素理论并只考虑对应于 $\pi dr^2/4$ 面积的部分,来表示在整个圆环上该单元拉力时,可得到以下公式,即

$$dT_1 = \frac{1}{16}\rho (\Omega r_1)^2 C_{1,1} N_b c \frac{dr^2}{r_1} \qquad (6-3)$$

类似地,第 2 副旋翼的 $\pi dr^2/4$ 单元所产生的拉力为

$$dT_2 = \frac{1}{16}\rho (\Omega r_2)^2 C_{1,2} N_b c \frac{dr^2}{r_2} \qquad (6-4)$$

式中:$c$ 为桨叶弦长,$C_{1,1}$、$C_{1,2}$ 为对应的桨叶升力系数,它可根据距离桨盘中心的无量纲位置$(x=r/R)$的桨距角 $\theta$、升力线斜率 $a_S$、局部诱导速度 $v_{ov}$ 及桨尖速度 $\Omega R$ 来表示。用叶素理论表示的单元拉力 $dT_1$ 和 $dT_2$ 之和应等于动量理论确定的 $dT$,即

$$dT = dT_1 + dT_2 \qquad (6-5)$$

将式(6-3)、式(6-4)代入式(6-5)中,可得到重叠区的诱导速度表达式。对于线性扭转桨叶(扭转角为 $\theta_T$),有

$$v_{ov} = \Omega r \left[ \left( \frac{-a_S\sigma}{8} + \sqrt{\left(\frac{a_S\sigma}{8}\right)^2 + \left(\frac{a_S\sigma\theta_0}{8}\right)(x_1+x_2) + \theta_T(x_1^2+x_2^2)} \right) \right] \qquad (6-6)$$

对于平直桨叶,有

$$v_{ov} = \Omega r \left( \frac{-a_S \sigma}{8} + \sqrt{\left( \frac{a_S \sigma}{8} \right)^2 + \left( \frac{a_S \sigma \theta_0}{8} \right) (x_1 + x_2)} \right) \quad (6-7)$$

在重叠区内,$x_1 + x_2$ 沿 $O_1 - O_2$ 轴线保持不变,而 $x_1^2 + x_2^2$ 在与 $y$ 轴的交点处达到最小,且越靠近旋翼中心越大。结合公式分析可得,无扭转平直桨叶在重叠区内其诱导速度沿 $O_1 - O_2$ 轴线不变。对于线性负扭转桨叶,下洗速度沿 $O_1 - O_2$ 轴线与 $y$ 轴的交点处最大,越靠近旋翼中心越小。

在 $y$ 轴方向,$x_1 + x_2$ 和 $x_1^2 + x_2^2$ 随着离开 $O_1 - O_2$ 轴线的距离增大而增大,这表明平直桨叶下洗速度沿 $y$ 轴随着离开 $y$ 轴与 $O_1 - O_2$ 轴线交点的距离增大而增大;对于线性负扭转桨叶由于扭转角 $\theta_T$ 总小于总距角 $\theta_0$,$x_1$、$x_2$ 均小于1,故诱导速度沿着 $y$ 轴分布特征与平直桨叶相同。

这种悬停状态下重叠旋翼的诱导速度预测方法与试验结果吻合较好,可用于工程设计。重叠区外诱导速度仍符合孤立旋翼的分布特征。前飞时重叠旋翼的气动干扰更为复杂,国外学者给出了多种形式双旋翼的涡系相互作用的流动及尾迹畸变的情形,十分有意义,可以说是迄今为止最深入系统的工作,但计算的尾迹与试飞试验结果比较还有很大的差异,当一个旋翼的尾迹与另一个旋翼接触时,须引入人为处理。

## 6.1.2  诱导功率分析

设重叠区桨盘面积为 $S_{ov}$,孤立桨盘面积为 $S$,则 $m' = S_{ov}/S$,悬停状态下由动量理论可得纵列式直升机的诱导功率由三部分组成,即

$$P_1 = \frac{(1 - m') T_1^{2/3}}{\sqrt{2\rho S}}, \quad P_2 = \frac{(1 - m') T_2^{2/3}}{\sqrt{2\rho S}}, \quad P_3 = \frac{m' (T_1 + T_2)^{2/3}}{\sqrt{2\rho S}} \quad (6-8)$$

式中:$P_1$、$P_2$ 分别为两副旋翼的诱导功率(不含重叠区域);$P_3$ 为重叠区旋翼诱导功率,则总诱导功率 $(P_i)_t = P_1 + P_2 + P_3$,如果两副旋翼为孤立状态,则 $m' = 0$,则总诱导功率为 $P_i = P_1 + P_2$,则两种情况下的诱导功率关系如下:

$$\frac{(P_i)_t}{P_i} = \frac{(1 - m') T_1^{2/3} + (1 - m') T_1^{2/3} + m' (T_1 + T_2)^{2/3}}{T_1^{2/3} + T_2^{2/3}} = \kappa_{ov} \quad (6-9)$$

此处,$\kappa_{ov}$ 为功率系数,若 $T_1 = T_2$,则

$$\kappa_{ov} = 1 + (\sqrt{2} - 1) m' = 1 + 0.414 m' \quad (6-10)$$

式中,$m'$ 的含义不够直观,有学者提出了另一种的 $\kappa_{ov}$ 估算方法,即

$$\kappa_{ov} \approx \sqrt{2} - \frac{2}{\sqrt{2}} \left( \frac{d}{(R_1 + R_2)} \right)^2 + \left( 1 - \frac{2}{\sqrt{2}} \right) \left( \frac{d}{(R_1 + R_2)} \right)^2 \quad (6-11)$$

可以预见,影响 $\kappa_{ov}$ 的主要参数除双旋翼的几何位置外,还应包括前、后旋翼的相对高度。利用重叠旋翼虽然能得到结构紧凑的机身,减小全机结构总量,但由于旋翼重叠的影响,诱导功率增大,在一定程度上抵消了重量上的优势。以算例纵列式直升机 CH-47B 为例,旋翼重叠区约占 0.35, $\kappa_{ov}$ 约为 1.13。

### 6.1.3　纵列式旋翼气动建模

以前旋翼为右旋、后旋翼为左旋为例,如图 6-3 所示,建立纵列式双旋翼气动模型坐标系。图中,$o$ 为直升机重心;$o_{RF}$ 和 $o_{RR}$ 分别为前、后旋翼桨毂中心;$o_{RF}x_{RF}y_{RF}z_{RF}$、$o_{RF}x_{SF}y_{SF}z_{SF}$ 和 $o_{RF}x_{RWF}y_{RWF}z_{RWF}$ 分别为前旋翼桨毂坐标系、前旋翼轴系和前旋翼风轴系;$o_{RR}x_{RR}y_{RR}z_{RR}$、$o_{RR}x_{SR}y_{SR}z_{SR}$ 和 $o_{RR}x_{RWR}y_{RWR}z_{RWR}$ 分别为后旋翼桨毂坐标系、后旋翼轴系和后旋翼风轴系;$l_{RF,G}$、$d_{RF,G}$、$h_{RF,G}$ 分别为 $o_{RF}$ 相对于 $o$ 的纵向、侧向和垂向位移;$l_{RR,G}$、$d_{RR,G}$、$h_{RR,G}$ 分别为 $o_{RR}$ 相对于 $o$ 的纵向、侧向和垂向位移;$i_{SF}$ 和 $i_{SR}$ 分别为前、后旋翼轴前倾角;$\beta_{SF}=\arctan(v_{SF}/u_{SF})$、$\beta_{SR}=\arctan(v_{SR}/u_{SR})$ 分别为前、后旋翼侧滑角。

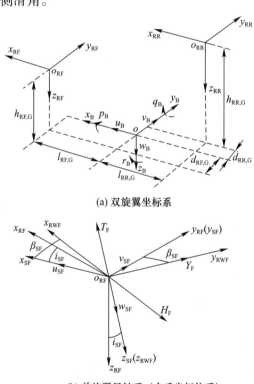

(a) 双旋翼坐标系

(b) 前旋翼风轴系（右手坐标体系）

图 6-3　双旋翼气动模型坐标系定义

前旋翼轴系 $o_{RF}x_{SF}y_{SF}z_{SF}$ 下的旋翼运动速度分量 $u_{SF}$、$v_{SF}$、$w_{SF}$ 为

$$\begin{pmatrix} u_{SF} \\ v_{SF} \\ w_{SF} \end{pmatrix} = \begin{pmatrix} \cos(-i_{SF}) & 0 & -\sin(-i_{SF}) \\ 0 & 1 & 0 \\ \sin(-i_{SF}) & 0 & \cos(-i_{SF}) \end{pmatrix} \begin{pmatrix} u_B - q_B \cdot h_{RF,G} + r_B \cdot d_{RF,G} \\ v_B + p_B \cdot h_{RF,G} + r_B \cdot l_{RF,G} \\ w_B - q_B \cdot l_{RF,G} - p_B \cdot d_{RF,G} \end{pmatrix} \quad (6-12)$$

后旋翼轴系 $o_{RR}x_{SR}y_{SR}z_{SR}$ 下的旋翼运动速度分量 $u_{SR}$、$v_{SR}$、$w_{SR}$ 为

$$\begin{pmatrix} u_{SR} \\ v_{SR} \\ w_{SR} \end{pmatrix} = \begin{pmatrix} \cos(-i_{SR}) & 0 & -\sin(-i_{SR}) \\ 0 & 1 & 0 \\ \sin(-i_{SR}) & 0 & \cos(-i_{SR}) \end{pmatrix} \begin{pmatrix} u_B - q_B \cdot h_{RR,G} - r_B \cdot d_{RR,G} \\ v_B + p_B \cdot h_{RR,G} - r_B \cdot l_{RR,G} \\ w_B + q_B \cdot l_{RR,G} + p_B \cdot d_{RR,G} \end{pmatrix} \quad (6-13)$$

机体角速度 $p_B$、$q_B$、$r_B$ 到前旋翼风轴系 $o_{RF}x_{RWF}y_{RWF}z_{RWF}$ 下的转换为

$$\begin{pmatrix} p_{RWF} \\ q_{RWF} \\ r_{RWF} \end{pmatrix} = \begin{pmatrix} \cos\beta_{SF} & \sin\beta_{SF} & 0 \\ -\sin\beta_{SF} & \cos\beta_{SF} & 0 \\ 0 & 0 & 1 \end{pmatrix} \begin{pmatrix} \cos(-i_{SF}) & 0 & -\sin(-i_{SF}) \\ 0 & 1 & 0 \\ \sin(-i_{SF}) & 0 & \cos(-i_{SF}) \end{pmatrix} \begin{pmatrix} p_B \\ q_B \\ r_B \end{pmatrix} (6-14)$$

机体角速度 $p_B$、$q_B$、$r_B$ 到后旋翼风轴系 $o_{RR}x_{RWR}y_{RWR}z_{RWR}$ 下的转换为

$$\begin{pmatrix} p_{RWR} \\ q_{RWR} \\ r_{RWR} \end{pmatrix} = \begin{pmatrix} \cos\beta_{SR} & \sin\beta_{SR} & 0 \\ -\sin\beta_{SR} & \cos\beta_{SR} & 0 \\ 0 & 0 & 1 \end{pmatrix} \begin{pmatrix} \cos(-i_{SR}) & 0 & -\sin(-i_{SR}) \\ 0 & 1 & 0 \\ \sin(-i_{SR}) & 0 & \cos(-i_{SR}) \end{pmatrix} \begin{pmatrix} -p_B \\ q_B \\ -r_B \end{pmatrix}$$

$$(6-15)$$

分别将前、后旋翼相关变量代入积分格式的旋翼气动模型,即可得到双旋翼气动模型。双旋翼间的气动干扰由于在前飞条件下尚未有精确的数值模拟手段,采用以下诱导速度迭代式解决,即

$$\begin{cases} \bar{v}_{i,F} = \dfrac{C_{T,F}}{2\sqrt{(\lambda_{0,F}+\bar{v}_{i,F})^2+\mu_F^2}} + f_{RF}\dfrac{C_{T,R}}{2\sqrt{(\lambda_{0,R}+\bar{v}_{i,R})^2+\mu_R^2}} \\ \bar{v}_{i,R} = \dfrac{C_{T,R}}{2\sqrt{(\lambda_{0,R}+\bar{v}_{i,R})^2+\mu_R^2}} + f_{FR}\dfrac{C_{T,F}}{2\sqrt{(\lambda_{0,F}+\bar{v}_{i,F})^2+\mu_F^2}} \end{cases} \quad (6-16)$$

式中:$f_{RF}$ 为后旋翼对前旋翼的诱导速度干扰因子;$f_{FR}$ 为前旋翼对后旋翼的诱导速度干扰因子。算例直升机干扰因子 $f_{RF}$ 和 $f_{FR}$ 采用以下经验公式。

对于前飞或悬停,有

$$f_{FR} = (0.356 + 0.321R_{IF} - 0.368R_{IF}^2 + 0.392R_{IF}^3)(1 - |\sin(\beta_{SF})|) +$$

$$(0.356 + 0.0131R_{\mathrm{IF}} - 0.0764R_{\mathrm{IF}}^2 - 0.0085R_{\mathrm{IF}}^3) \left| \sin(\beta_{\mathrm{SF}}) \right| \quad (6-17)$$

$$f_{\mathrm{RF}} = (0.356 - 0.151R_{\mathrm{IR}} - 0.314R_{\mathrm{IR}}^2 + 0.164R_{\mathrm{IR}}^3)(1 - \left| \sin(\beta_{\mathrm{SR}}) \right|) +$$

$$(0.356 + 0.0131R_{\mathrm{IR}} - 0.0764R_{\mathrm{IR}}^2 - 0.0085R_{\mathrm{IR}}^3) \left| \sin(\beta_{\mathrm{SR}}) \right| \quad (6-18)$$

对于后飞,有

$$f_{\mathrm{RF}} = (0.356 + 0.321R_{\mathrm{IR}} - 0.368R_{\mathrm{IR}}^2 + 0.392R_{\mathrm{IR}}^3)(1 - \left| \sin(\beta_{\mathrm{SR}}) \right|) +$$

$$(0.356 + 0.0131R_{\mathrm{IR}} - 0.0764R_{\mathrm{IR}}^2 - 0.0085R_{\mathrm{IR}}^3) \left| \sin(\beta_{\mathrm{SR}}) \right| \quad (6-19)$$

$$f_{\mathrm{FR}} = (0.356 - 0.151R_{\mathrm{IF}} - 0.314R_{\mathrm{IF}}^2 + 0.164R_{\mathrm{IF}}^3)(1 - \left| \sin(\beta_{\mathrm{SF}}) \right|) +$$

$$(0.356 + 0.0131R_{\mathrm{IF}} - 0.0764R_{\mathrm{IF}}^2 - 0.0085R_{\mathrm{IF}}^3) \left| \sin(\beta_{\mathrm{SF}}) \right| \quad (6-20)$$

其中,$R_{\mathrm{IF}} = \arctan\left| \dfrac{\mu_{\mathrm{F}}}{\lambda_{\mathrm{F}}} \right|$;$R_{\mathrm{IR}} = \arctan\left| \dfrac{\mu_{\mathrm{R}}}{\lambda_{\mathrm{R}}} \right|$。

以前旋翼为例,则旋翼力和力矩在旋翼桨毂坐标系 $o_{\mathrm{RF}}x_{\mathrm{RF}}y_{\mathrm{RF}}z_{\mathrm{RF}}$ 下的形式可写为

$$\begin{pmatrix} X_{\mathrm{RF}} \\ Y_{\mathrm{RF}} \\ Z_{\mathrm{RF}} \end{pmatrix} = \begin{pmatrix} \cos i_{\mathrm{SF}} & 0 & -\sin i_{\mathrm{SF}} \\ 0 & 1 & 0 \\ \sin i_{\mathrm{SF}} & 0 & \cos i_{\mathrm{SF}} \end{pmatrix} \begin{pmatrix} \cos(-\beta_{\mathrm{SF}}) & \sin(-\beta_{\mathrm{SF}}) & 0 \\ -\sin(-\beta_{\mathrm{SF}}) & \cos(-\beta_{\mathrm{SF}}) & 0 \\ 0 & 0 & 1 \end{pmatrix} \begin{pmatrix} -H \\ Y \\ -T \end{pmatrix} \quad (6-21)$$

$$\begin{pmatrix} L_{\mathrm{RF}} \\ M_{\mathrm{RF}} \\ N_{\mathrm{RF}} \end{pmatrix} = \begin{pmatrix} \cos i_{\mathrm{SF}} & 0 & -\sin i_{\mathrm{SF}} \\ 0 & 1 & 0 \\ \sin i_{\mathrm{SF}} & 0 & \cos i_{\mathrm{SF}} \end{pmatrix} \begin{pmatrix} \cos(-\beta_{\mathrm{SF}}) & \sin(-\beta_{\mathrm{SF}}) & 0 \\ -\sin(-\beta_{\mathrm{SF}}) & \cos(-\beta_{\mathrm{SF}}) & 0 \\ 0 & 0 & 1 \end{pmatrix} \begin{pmatrix} L \\ M \\ Q \end{pmatrix} \quad (6-22)$$

进一步,应转换至全机体轴系 $ox_{\mathrm{B}}y_{\mathrm{B}}z_{\mathrm{B}}$,即

$$\begin{pmatrix} X_{\mathrm{B,RF}} \\ Y_{\mathrm{B,RF}} \\ Z_{\mathrm{B,RF}} \end{pmatrix} = \begin{pmatrix} X_{\mathrm{RF}} \\ Y_{\mathrm{RF}} \\ Z_{\mathrm{RF}} \end{pmatrix} \quad (6-23)$$

$$\begin{pmatrix} L_{\mathrm{B,RF}} \\ M_{\mathrm{B,RF}} \\ N_{\mathrm{B,RF}} \end{pmatrix} = \begin{pmatrix} L_{\mathrm{RF}} \\ M_{\mathrm{RF}} \\ N_{\mathrm{RF}} \end{pmatrix} + \begin{pmatrix} Y_{\mathrm{B,RF}} \cdot h_{\mathrm{RF,G}} - Z_{\mathrm{B,RF}} \cdot d_{\mathrm{RF,G}} \\ -X_{\mathrm{B,RF}} \cdot h_{\mathrm{RF,G}} + Z_{\mathrm{B,RF}} \cdot l_{\mathrm{RF,G}} \\ X_{\mathrm{B,RF}} \cdot d_{\mathrm{RF,G}} - Y_{\mathrm{B,RF}} \cdot l_{\mathrm{RF,G}} \end{pmatrix} \quad (6-24)$$

后旋翼推导过程和前旋翼相同,只是某几项表达式不同。

## ▌6.2 机身气动模型

纵列式直升机机身在后旋翼塔座处安装有类似尾面的机身结构,可起到部

分垂尾的作用,通常在纵列式直升机机身建模时,将其作为机身的一部分包括进去。由于机身风洞试验不可能在全机身迎角、机身侧滑角范围内进行,多数情况只取几个来流方位吹风。因此,建立全来流方位下的机身模型,需对试验数据进行插值处理和等效处理。对试验条件范围内的来流,运用插值算法读取数据,计算机身气动力和气动力矩;对试验条件范围外的来流,采用对称等效,将机身来流等效为试验来流方位,利用插值算法读取数据,采用下式计算,即

$$\begin{cases} D_{\text{FUS}} = -D'_{\text{FUS}};\ Y_{\text{FUS}} = -Y'_{\text{FUS}};\ L_{\text{FUS}} = -L'_{\text{FUS}} \\ R_{\text{FUS}} = -R'_{\text{FUS}};\ M_{\text{FUS}} = -M'_{\text{FUS}};\ N_{\text{FUS}} = -N'_{\text{FUS}} \end{cases} \quad (6-25)$$

式中:$D'_{\text{FUS}}$、$Y'_{\text{FUS}}$、$L'_{\text{FUS}}$、$R'_{\text{FUS}}$、$M'_{\text{FUS}}$、$N'_{\text{FUS}}$分别为来流逆向等效后的机身气动阻力、侧力、升力、滚转力矩、俯仰力矩和偏航力矩。计算发现,此种等效能得到与参考数据吻合较好的配平结果。

## 6.3　全机模型及操纵模型

### 6.3.1　全机模型

结合纵列式直升机的结构特点,分别组合上述直升机气动部件模型,写出直升机定直平飞、侧滑、侧飞、爬升及下滑飞行状态下的 3 个合力、3 个合力矩表达式形式,即

$$\begin{pmatrix} X_{\text{B}} \\ Y_{\text{B}} \\ Z_{\text{B}} \end{pmatrix} = \begin{pmatrix} X_{\text{B,RF}} \\ Y_{\text{B,RF}} \\ Z_{\text{B,RF}} \end{pmatrix} + \begin{pmatrix} X_{\text{B,RR}} \\ Y_{\text{B,RR}} \\ Z_{\text{B,RR}} \end{pmatrix} + \begin{pmatrix} X_{\text{B,FUS}} \\ Y_{\text{B,FUS}} \\ Z_{\text{B,FUS}} \end{pmatrix} \quad (6-26)$$

$$\begin{pmatrix} L_{\text{B}} \\ M_{\text{B}} \\ N_{\text{B}} \end{pmatrix} = \begin{pmatrix} L_{\text{B,RF}} \\ M_{\text{B,RF}} \\ N_{\text{B,RF}} \end{pmatrix} + \begin{pmatrix} L_{\text{B,RR}} \\ M_{\text{B,RR}} \\ N_{\text{B,RR}} \end{pmatrix} + \begin{pmatrix} L_{\text{B,FUS}} \\ M_{\text{B,FUS}} \\ N_{\text{B,FUS}} \end{pmatrix} \quad (6-27)$$

除了上述各部件的气动载荷外,加入作用在直升机上的重力载荷,可得到纵列式直升机六自由度平衡方程组。

### 6.3.2　纵列式直升机操纵模型

纵列式直升机的操纵同样分为总距、纵向、横向周期变距和航向 4 种操纵方式。由于纵列式双旋翼直升机没有尾桨部件,通过两副旋翼的配合实现直升机的操纵,操纵原理较为复杂,与单旋翼带尾桨直升机大不相同。

### 1. 总距操纵

纵列式直升机的垂向运动同样通过操纵总距杆来实现,不同的是纵列式直升机的总距操纵是同时作用于前、后旋翼的,使前、后旋翼的总距同时增大或减小,实现纵列式直升机的垂直运动。

### 2. 纵向操纵

纵列式直升机除了可像单旋翼带尾桨直升机那样通过桨盘平面同时向前或向后倾倒,产生沿纵向的力的分量,实现纵列式直升机沿纵向的前、后运动外,由于没有平尾提供俯仰操纵力矩,驾驶杆的纵向移动还引入了总距差动操纵,前、后旋翼的升力和保持不变,通过前、后旋翼的差动升力,达到提高俯仰操纵力矩的能力。为了在一定的速度范围内保持纵列式直升机具有相对水平的机身姿态以及减小旋翼轴上的应力,可通过前、后旋翼的附加同向纵向周期变距进行补偿控制。

### 3. 横向操纵

横向操纵与单旋翼带尾桨直升机基本一致,都是通过横向周期变距,引起桨盘平面横向侧倒,产生横向的分力,使直升机能够横向运动。不同之处在于纵列式直升机可同时操纵作用于前、后两副旋翼的横向周期变距,使两副旋翼的桨盘平面同时向一边倾倒,产生横向的滚转运动。

### 4. 航向操纵

航向操纵是纵列式直升机的特殊之处,单旋翼直升机通过脚蹬使尾桨桨距发生变化,增大或减小尾桨拉力,由尾桨拉力产生的航向操纵力矩与旋翼反扭矩间的平衡关系,实现直升机航向操纵。纵列式直升机不需要起平衡作用的尾桨,要实现航向运动,同样通过脚蹬操作,但使其前、后两副旋翼产生反向的横向周期变距,桨盘平面分别向左、右方向倾倒,产生绕机体垂向轴的偏航力矩,引起直升机的航向运动。

因此,对于算例机 CH – 47B 纵列式直升机,总距受纵向周期变距影响;横向周期变距受航向操纵影响;纵向周期变距一般根据前飞速度不同而引入固定值,如图 6 – 4 所示,不同型号的纵列式直升机有所不同。

旋翼轴系下的算例纵列式直升机操纵模型如下。

对于前旋翼,有

$$\begin{cases} \theta_{0,F} = \theta_{0T,F} + \theta_{DC,F}\delta_C + \theta_{DB,F}\delta_B \\ A_{1,F} = A_{10,F} + A_{1DS,F}\delta_S + A_{1DR,F}\delta_R \end{cases} \qquad (6-28)$$

式中:$\delta_B$、$\delta_C$、$\delta_S$、$\delta_R$ 分别为纵向、总距、横向和航向操纵量;$\theta_{0,F}$ 分别为旋翼总距;$A_{1,F}$ 为横向周期变距;$\theta_{0T,F}$ 为旋翼根部总距;$A_{10,F}$ 为横向周期变距预置角;$\theta_{DC,F}$、$\theta_{DB,F}$、$A_{1DS,F}$、$A_{1DR,F}$ 为相应操纵线性比。

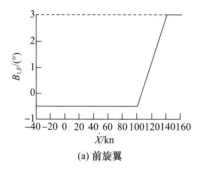
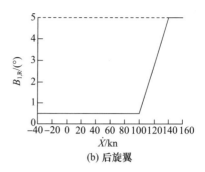

(a) 前旋翼　　　　　　　　　　　(b) 后旋翼

图 6 - 4　纵列式直升机纵向周期变距的取值

对于后旋翼,有

$$\begin{cases} \theta_{0,B} = \theta_{0T,B} + \theta_{DC,B}\delta_C + \theta_{DB,B}\delta_B \\ A_{1,B} = A_{10,B} + A_{1DS,B}\delta_S + A_{1DR,B}\delta_R \end{cases} \tag{6-29}$$

后旋翼操纵模型参数可参考前旋翼。

由于旋翼气动模型在旋翼风轴系建立,因此,需对横、纵向周期变距变换至相对应的风轴系下。在建立的双旋翼坐标系下,它们之间的转换关系如下。

对于前旋翼,有

$$\begin{pmatrix} A_{1,FW} \\ B_{1,FW} \end{pmatrix} = \begin{pmatrix} \cos\beta_{SF} & -\sin\beta_{SF} \\ \sin\beta_{SF} & \cos\beta_{SF} \end{pmatrix} \begin{pmatrix} A_{1,F} \\ B_{1,F} \end{pmatrix} \tag{6-30}$$

对于后旋翼,有

$$\begin{pmatrix} A_{1,RW} \\ B_{1,RW} \end{pmatrix} = \begin{pmatrix} \cos\beta_{SR} & \sin\beta_{SR} \\ -\sin\beta_{SR} & \cos\beta_{SR} \end{pmatrix} \begin{pmatrix} A_{1,R} \\ B_{1,R} \end{pmatrix} \tag{6-31}$$

## ■ 6.4　纵列式直升机平衡特性计算与验证

基于积分格式的旋翼气动模型,结合双旋翼气动干扰模型,建立双旋翼气动模型,同时组合机身气动模型,建立纵列式直升机飞行力学模型,以 CH - 47B 为算例,研究纵列式直升机在定直平飞、侧滑、侧飞、爬升及下滑飞行的平衡特性,并将配平计算结果与试飞数据和国外模型参考数据进行对比。

### 6.4.1　定直平飞

定直平飞的配平计算是直升机飞行力学研究的第一任务,也是后续相关研究工作的前提。图 6 - 5 给出了算例纵列式直升机飞行力学模型在定直平飞状态下(包括前飞和后飞),与试飞数据和参考模型计算数据的对比。

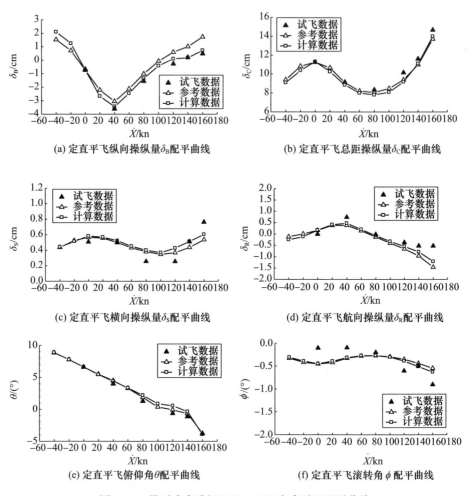

(a) 定直平飞纵向操纵量$\delta_B$配平曲线

(b) 定直平飞总距操纵量$\delta_C$配平曲线

(c) 定直平飞横向操纵量$\delta_S$配平曲线

(d) 定直平飞航向操纵量$\delta_R$配平曲线

(e) 定直平飞俯仰角$\theta$配平曲线

(f) 定直平飞滚转角$\phi$配平曲线

图6-5 纵列式直升机(CH-47B)定直平飞配平曲线

可见,模型计算结果与试飞数据和参考模型计算数据相比,除了某些速度点有误差外,整个配平曲线具有较好的计算精度。在与参考数据进行误差分析时发现,纵向操纵量的最大误差$\Delta\delta_B = 1.00\text{cm}$,发生在平飞速度$\dot{X} = 160\text{kn}$处;总距操纵量的最大误差$\Delta\delta_C = 0.46\text{cm}$,发生在平飞速度$\dot{X} = -20\text{kn}$处;横向操纵量的最大误差$\Delta\delta_S = 0.08\text{cm}$,发生在$\dot{X} = 140\text{kn}$处;航向操纵量的最大误差$\Delta\delta_R = 0.25\text{cm}$,发生在$\dot{X} = 160\text{kn}$处;俯仰姿态角的最大误差$\Delta\theta = 0.66°$,发生在$\dot{X} = 120\text{kn}$处;滚转角的最大误差$\Delta\phi = 0.08°$,发生在$\dot{X} = 160\text{kn}$处。由此可见,与参考数据相比,基于旋翼动量理论与叶素理论所建立的纵列式直升机飞行力学模型的定直平飞平衡计算结果,对操纵杆配平误差量能控制在 1.00cm 以内;对姿态角配平误差量能控制在 1° 以内。

## 6.4.2　侧滑

　　按第 4 章中关于直升机侧滑飞行的设定,对 CH – 47B 在有效前飞速度 $V_{eq}$ = 75kn 的条件下进行配平计算,并将计算结果与参考模型展开对比,如图 6 – 6 所示。计算数据与参考数据吻合较好,能够较好地满足纵列式直升机侧滑飞行的平衡计算。由进一步分析可知,与无侧滑的定直平飞相比,纵列式直升机飞行员在进行侧滑飞行时,需完成上提总距,右侧滑时增加横向操纵杆位移,同时略微

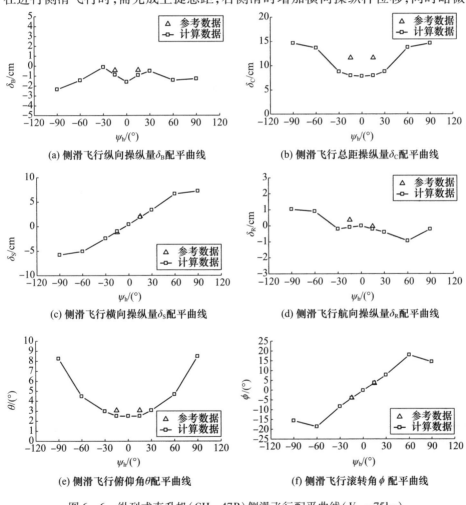

(a) 侧滑飞行纵向操纵量 $\delta_B$ 配平曲线　　　(b) 侧滑飞行总距操纵量 $\delta_C$ 配平曲线

(c) 侧滑飞行横向操纵量 $\delta_S$ 配平曲线　　　(d) 侧滑飞行航向操纵量 $\delta_R$ 配平曲线

(e) 侧滑飞行俯仰角 $\theta$ 配平曲线　　　(f) 侧滑飞行滚转角 $\phi$ 配平曲线

图 6 – 6　纵列式直升机(CH – 47B)侧滑飞行配平曲线($V_{eq}$ = 75kn)

减小航向操纵,纵向操纵杆位移变化不应太大;为保持直升机的平衡,机身俯仰姿态角随侧滑角的增加而逐步增大,且右侧滑时机身向右倾斜,左侧滑时机身向左倾斜。

## 6.4.3 侧飞

按直升机侧飞的设定,对 CH-47B 进行配平计算,如图 6-7 所示。与悬停飞行状态相比,侧飞时,纵列式直升机纵、航向操纵位移几乎保持不变;总距略微下降;右(左)侧飞时,横向操纵位移增大(减小);为保持直升机的平衡,右侧飞时,机身向右倾斜;左侧飞时,机身向左倾斜;整个飞行中,机身俯仰姿态角几乎保持悬停时的角度不变。

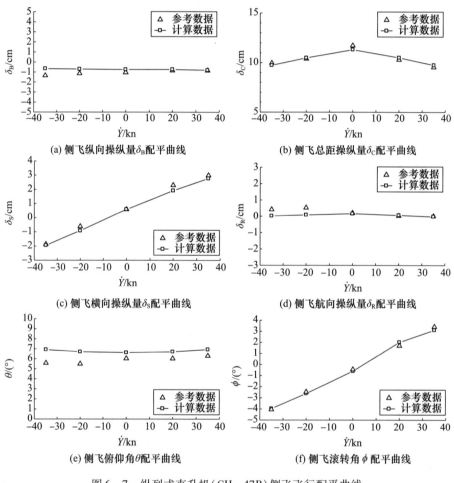

图 6-7 纵列式直升机(CH-47B)侧飞飞行配平曲线

## 6.4.4　爬升与下滑

　　按照关于直升机爬升与下滑的设定,在垂直下降率 $|w_1|=2.54\mathrm{m/s}$ 的条件下对 CH-47B 进行配平计算,并将计算结果与参考模型及定直平飞计算结果展开对比,如图 6-8 和图 6-9 所示。与定直平飞的配平位置相比,后向爬升飞行时,纵向操纵位移和滚转姿态角减小,航向操纵位移和俯仰姿态角增大;前向爬升飞行时,纵、航向操纵位移以及俯仰、滚转姿态角变化与后向爬升飞行相反;整个速度范围内爬升飞行时的总距和航向操纵位移增大。通过对比,直升机下滑飞行时各操纵位移和姿态角变化与爬升飞行刚好相反。

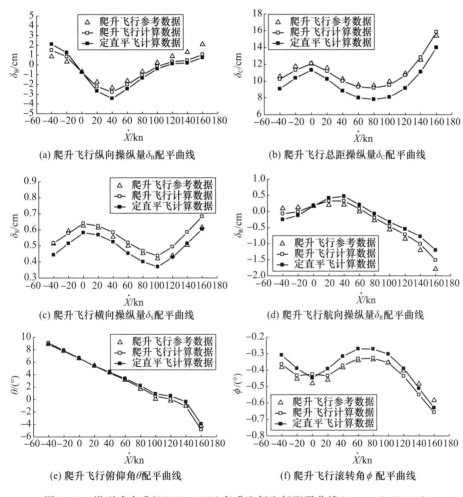

(a) 爬升飞行纵向操纵量 $\delta_B$ 配平曲线　　　　(b) 爬升飞行总距操纵量 $\delta_C$ 配平曲线

(c) 爬升飞行横向操纵量 $\delta_S$ 配平曲线　　　　(d) 爬升飞行航向操纵量 $\delta_R$ 配平曲线

(e) 爬升飞行俯仰角 $\theta$ 配平曲线　　　　　　　(f) 爬升飞行滚转角 $\phi$ 配平曲线

图 6-8　纵列式直升机(CH-47B)爬升飞行飞行配平曲线($w_1=-2.54\mathrm{m/s}$)

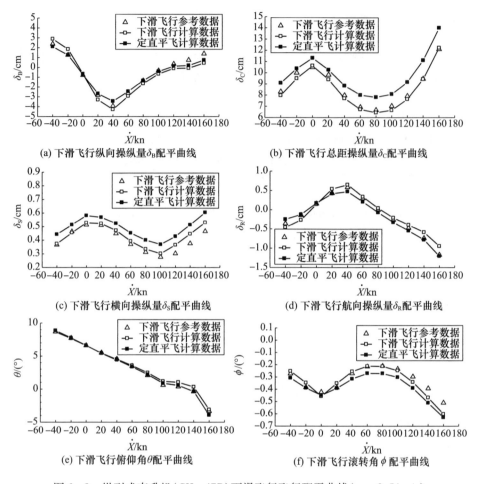

图 6 - 9　纵列式直升机(CH - 47B)下滑飞行飞行配平曲线($w_1 = 2.54\text{m/s}$)

综合多种飞行状态,本章模型能够较好地完成纵列式算例直升机的平衡特性计算,且计算精度与参考模型相当。

# ▋6.5　稳定性分析

## 6.5.1　稳定性导数

采用第 4 章的稳定性分析模型,计算纵列式直升机 $6 \times 10$ 阶稳定性、操纵性导数矩阵 $S$,图 6 - 10 给出了算例直升机 CH - 47B 求解解耦状态矩阵和控制矩阵时所需的稳定性导数计算结果与参考模型数据和试飞数据的对比。通过与试飞数据的对比,稳定性分析模型可满足工程设计要求,在某些速度点的稳定性、操纵性导数计算上,计算精度要优于参考模型,可以此为基础进一步开展飞行品质研究。

### 1. 纵向静稳定性

纵列式双旋翼直升机的稳定性问题突出表现在纵向,主要是由两副旋翼之间的气动干扰引起的,即前旋翼下洗流对后旋翼拉力的改变总是带来对静稳定性不利的影响。前飞时迎角静不稳定是最严重的问题,直升机受到扰动后,构造迎角发生改变,例如受扰后直升机抬头,如能出现新的附加低头力矩,使之自动趋于恢复原来的迎角,则称直升机按迎角是静稳定的;反之如果出现的附加力矩是抬头力矩,使机身进一步抬头,则称其按迎角是静不稳定的。

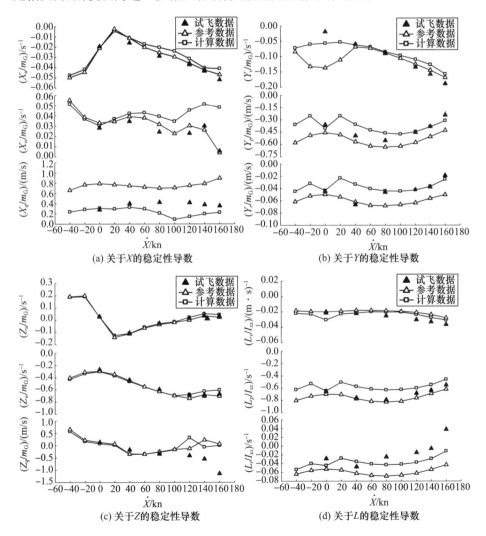

(a) 关于 $X$ 的稳定性导数　　(b) 关于 $Y$ 的稳定性导数

(c) 关于 $Z$ 的稳定性导数　　(d) 关于 $L$ 的稳定性导数

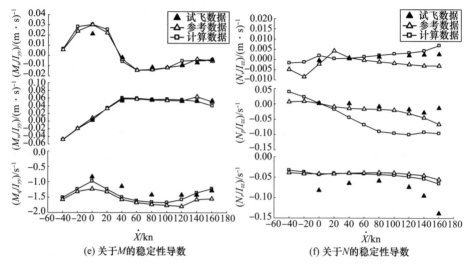

(e) 关于 $M$ 的稳定性导数　　　　　　(f) 关于 $N$ 的稳定性导数

图 6 – 10　纵列式算例直升机(CH – 47B)稳定性导数计算结果

当纵列式直升机迎角发生增量变化时,引起前旋翼左、右两边升力增加不等,即前行桨叶一方升力增加较多而后行桨叶一方较少,从而桨叶的周期挥舞加强,叶尖平面更加后倒,产生附加的抬头力矩,同时前旋翼拉力增加,引起对后旋翼的下洗流增加,由于下洗干扰的存在,减小了后旋翼迎角的改变,从而导致后旋翼升力增量小于前旋翼增量,直升机抬头力矩进一步增大。

对于单旋翼带尾桨直升机(以 UH – 60A 为例,下同),由于在尾部安装全动平尾,前飞时可产生向下的气动力,改善了迎角的静不稳定。可根据直升机俯仰力矩关于机体垂向速度的导数 $M_w/I_{yy}$ 来衡量速度静稳定性。在前飞速度不变的情况下,考虑迎角及俯仰力矩的符号,$M_w/I_{yy} < 0$ 时为迎角静稳定,$M_w/I_{yy} > 0$ 时为迎角静不稳定。对于纵列式算例直升机来说,如图 6 – 10(e)所示,只有在后飞条件下是迎角静稳定的,当改为前飞时,纵列式直升机迎角静不稳定。

其次讨论速度静稳定性问题。直升机在平衡状态受扰动后,速度发生改变,若能出现新的附加力矩,使之自动趋于恢复原来的速度,则称直升机按速度是静稳定的;否则称其按速度静不稳定。由于直升机的速度静稳定力矩主要来自旋翼,对单旋翼带尾桨直升机,当飞行速度增加时,一方面,桨叶阻力增大使旋翼后向力增加;另一方面,桨叶周向来流左、右不对称性增加,引起周期挥舞增大而使桨尖平面后倒。两方面的因素都使直升机抬头产生正的俯仰力矩,从而减小飞行速度。据此,可根据直升机俯仰力矩关于机体纵向速度的导数 $M_u/I_{yy}$ 来衡量速度静稳定性。考虑速度及俯仰力矩的正负,$M_u/I_{yy} > 0$ 时为速度静稳定,$M_u/I_{yy} < 0$ 时为速度静不稳定。

对于纵列式直升机,飞行速度增加导致前旋翼来流改变,桨尖平面后倒导致升力减小,同时前旋翼对后旋翼的下洗干扰减小,后旋翼迎角增加,气动合力增大,从而产生低头力矩,使直升机速度进一步增大,导致速度静不稳定,如图 6 - 10(e)所示,对于纵列式算例直升机来说,在悬停及小速度前飞条件下是速度静稳定的;当前飞速度 $\dot{X} \geqslant 40\mathrm{kn}$ 时,纵列式直升机开始出现速度静不稳定。

可见,由于前、后双旋翼间气动干扰,纵列式直升机在前飞时存在严重的迎角静不稳定和速度静不稳定,其中速度静稳定性在悬停、小速度情况下稍好,此时后旋翼未浸入前旋翼的下洗流影响中,随着飞行速度的增加,前旋翼对后旋翼的气动干扰效果增强,静稳定性迅速恶化。这是纵列式直升机与单旋翼直升机的显著区别之一,是非常不利的气动特性。

**2. 航向静稳定性**

当直升机前飞时,如果受扰后机头左偏,出现右侧滑,对于单旋翼带尾桨直升机,相对尾桨有轴向来流从尾桨下游吹来,增大了尾桨的构造迎角,尾桨向左拉力增大,从而绕直升机重心使机头右偏的力矩也增大,有减小右侧滑的趋势。同理,当直升机受扰后机头右偏,出现左侧滑,则尾桨向左拉力减小,绕重心使机头右偏的力矩也减小,有消除左侧滑的趋势。因此,单旋翼直升机按侧滑角是航向静稳定的。

纵列式直升机机身后旋翼塔座设计成尾面形状,面积较大,安装位置较高,可提供一定航向恢复力矩,改善航向静稳定性。可根据直升机偏航力矩关于机体侧滑角速度的导数 $N_r/I_{zz}$ 来衡量速度静稳定性。考虑侧滑角以及偏航力矩的正负(右侧滑、绕垂直轴左偏为正),$N_r/I_{zz} < 0$ 时为航向静稳定,$N_r/I_{zz} > 0$ 时为航向静不稳定。如图 6 - 10(f)所示,纵列式算例直升机在前飞的情况下有较好的航向静稳定性,在悬停状态下,不存在航向静稳定问题,可以认为此时直升机是中立静稳定的。

**3. 横向静稳定性**

直升机在受到干扰后,横向平衡受到破坏,直升机发生侧倾,这时并不直接产生滚转力矩,而是出现侧滑(侧移)。例如,当直升机向右侧倾时,旋翼气动合力随后也向右侧倾,使直升机出现右侧滑。若在侧滑时,能出现新的左滚力矩,使之有自动恢复原来的横向平衡状态的趋势,则称直升机是横向静稳定的;反之,横向静不稳定。

对单旋翼带尾桨直升机,当直升机向右侧倾时,导致单纯向右移动,旋翼由于速度变化而出现顺风侧向挥舞,旋翼合力随之倾斜,同时产生恢复力矩(左滚力矩),对于尾桨来说,向右移动,相对气流使尾桨向左的拉力增大,从而绕直升机重心的左滚力矩增大。

同理,纵列式直升机依靠前、后两副旋翼同时产生恢复滚转力矩,保证横向静稳定性。可根据直升机滚转力矩关于机体侧向速度的导数 $L_v/I_{xx}$(上反效应)来衡量横向静稳定性,如图 6 – 10(d)所示,纵列式算例直升机在悬停和前飞的情况下均有较好的横向静稳定性。

**5. 阻尼导数**

$M_q/I_{yy}$、$L_p/I_{xx}$ 和 $N_r/I_{zz}$ 稳定性导数分别表征直升机的俯仰、滚转和偏航阻尼。可见,纵列式算例直升机在悬停和前飞的情况下均有俯仰、滚转和偏航运动负阻尼,是静稳定的。

综上,与单旋翼带尾桨直升机比较,纵列式直升机存在严重的迎角静不稳定和速度静不稳定,在横向可由两副旋翼同时产生恢复滚转力矩,抗侧风能力较强。

## 6.5.2 稳定根

基于稳定性、操纵性导数求解状态矩阵 $A$,进而求解直升机的稳定根,表 6 – 1 与表 6 – 2 分别为纵列式算例直升机 CH – 47B 纵、横向稳定根计算结果与参考数据和试飞数据的对比。

根据表 6 – 1,悬停时,纵列式算例直升机纵向特征根反映了两个非周期运动和一个周期运动。对于周期模态,悬停时该模态发散,称为悬停振荡模态,随着前飞速度增加,周期模态收敛,但半幅周期越来越长,演变为长周期的沉浮运动模态。对于非周期模态,体现为绝对值一大一小的两个实根,悬停时均为负值,稳定。前飞时,绝对值小的纵向非周期模态(纵向速度和俯仰模态)发散,观察其绝对值变化趋势,该模态倍幅时间随前飞速度的增大而减小,表明模态越来越不稳定;绝对值较大的纵向非周期模态(垂荡 – 俯仰模态)收敛。

表 6 – 1　纵列式算例直升机(CH – 47B)纵向稳定根

| 比较项 | $\dot{X}$ =0kn | $\dot{X}$ =40kn | $\dot{X}$ =80kn | $\dot{X}$ =120kn |
|---|---|---|---|---|
| 计算数据 | 0.0967 ±0.465j<br>– 1.0763, – 0.3055 | – 0.0813 ±0.2844j<br>– 2.1271,0.4335 | – 0.0782 ±0.2352j<br>– 2.6672,0.6316 | – 0.0312 ±0.0463j<br>– 2.7433,0.9369 |
| 参考数据 | 0.078 ±0.459j<br>– 1.404, – 0.2977 | – 0.091 ±0.286j<br>– 2.23,0.388 | – 0.093 ±0.242j<br>– 2.77,0.555 | – 0.053 ±0.173j<br>– 3.14,0.666 |
| 试飞数据 | 0.094 ±0.440j<br>– 1.040, – 0.272 | – 0.064 ±0.268j<br>– 1.900,0.427 | – 0.067 ±0.209j<br>– 2.550,0.645 | – 0.043 ±0.142j<br>– 2.88,0.803 |

纵列式算例直升机横向运动特征根中有两个实根,一个大负实根表示一个大阻尼的"滚转"模态,一个小负实根代表一个小阻尼的"螺旋"模态,而另外一

对复根表示周期性振荡的"荷兰滚"模态。由于纵列式直升机具有较大的滚转阻尼,滚转模态较为稳定,随前飞速度增大,后旋翼安装座产生的侧向力增加而由旋翼主要产生的滚转力矩保持不变,造成螺旋模态稳定性减弱。"荷兰滚"运动在速度范围内一致呈发散状态。

表 6 - 2　纵列式算例直升机(CH - 47B)横向稳定根

| 比较项 | $\dot{X}=0$kn | $\dot{X}=40$kn | $\dot{X}=80$kn | $\dot{X}=120$kn |
|---|---|---|---|---|
| 计算数据 | 0.1064 ± 0.5087j<br>- 0.9806, - 0.0499<br>0.0 | 0.2791 ± 0.5644j<br>- 0.6942, - 0.0278<br>0.0 | 0.3283 ± 0.6004j<br>- 0.7286, - 0.0256<br>0.0 | 0.1914 ± 0.8888j<br>- 1.1065, - 0.0292<br>0.0 |
| 参考数据 | 0.064 ± 0.459j<br>- 0.987, - 0.042<br>0.0 | 0.065 ± 0.440j<br>- 1.02, - 0.035<br>0.0 | 0.077 ± 0.386j<br>- 1.11, - 0.039<br>0.0 | 0.127 ± 0.350j<br>- 1.18, - 0.046<br>0.0 |
| 试飞数据 | 0.123 ± 0.469j<br>- 0.942, - 0.082<br>0.0 | 0.089 ± 0.469j<br>- 1.030, - 0.062<br>0.0 | 0.096 ± 0.515j<br>- 1.110, - 0.049<br>0.0 | 0.131 ± 0.600j<br>- 1.13, - 0.053<br>0.0 |

## 6.6　小　　结

纵列式直升机飞行力学建模及相关研究在国内开展较少,与单旋翼直升机相比,区别主要在于 3 点。

(1)减少了尾桨、平尾等气动部件,其飞行力学建模关键在于两副存在一定重叠的旋翼之间的气动干扰,这种干扰比旋翼对其他部件的下洗干扰更为复杂,目前主要依赖经验或风洞试验数据。

(2)操纵系统原理与单旋翼直升机大为不同,操纵杆系同时对两副旋翼进行操纵,纵向操纵会对总距产生耦合影响,横向周期变距受航向操纵影响,纵向周期变距则随前飞速度按固定值设置,操纵系统的设置使其轴间耦合影响远远小于单旋翼带尾桨直升机。

(3)前飞时存在严重迎角静不稳定和速度静不稳定,航向和横向静稳定性较高,具有一定抗侧风能力。

**参考文献**

[1] Ostroff A J,Downing D R,Rood W J. A technique using a nonlinear helicopter model for determining trims and derivatives[R]. NASA TN D 8159,1976.

[2] Davis J M. Stability and control analysis[R]. No. 114 - AD - 603,1966.

[3] Weber J M, Liu T Y, Chung W. A mathematical simulation model of a CH – 47B helicopter [R]. NASA Technical Memorandum 84351, 1984.

[4] Cao Yihua, Li Guozhi, Yang Qian. Studies of trims, stability, controllability, and some flying qualities of a tandem rotor helicopter[J]. Proceedings of the Institution of Mechanical Engineers, Part G: Journal of Aerospace Engineering, 2009, 223, G2: 171 – 177.

# 第 **7** 章
# 倾转旋翼机及外吊挂飞行力学建模

　　倾转旋翼机是一种独特的旋翼飞行器,它的飞行性能介于直升机、固定翼飞机之间。倾转旋翼机能以直升机模式垂直起降并进入前飞,当前飞速度达到一定值时,旋翼开始倾转,并进入过渡飞行模式;当旋翼转过 90°时,旋翼作为螺旋桨,倾转旋翼机以固定翼螺旋桨飞机的模式前飞,可实现高速巡航、远程飞行,大幅拓展了直升机飞行包线。倾转旋翼机同时具有直升机和固定翼飞机的优点,是未来旋翼飞行器技术发展的必然趋势之一。

　　外吊挂飞行如图 7 - 1 所示,是实现物资、装备等快速运输的重要手段,在军事和民用范畴内都有很高的应用价值。与舱内运输相比,外吊挂运输适用于地形复杂、装卸不便和紧急吊装的场合和时机,可以实现大体积、不规则物资的空

图 7 - 1　倾转旋翼机外吊挂飞行

中快速投送,而不需要考虑货舱容积与货物外形之间的匹配问题,大大提高了运输效率。在传统直升机基础上,倾转旋翼机外吊挂飞行速度大幅增加,提高了外吊挂运输的效率。

本章首先对倾转旋翼机本体飞行力学建模展开研究,除旋翼、机身、平尾、垂尾等直升机气动部件外,倾转旋翼机还包括机翼、副翼、升降舵和方向舵等固定翼飞机气动部件,其操纵系统模型为兼具直升机和固定翼飞机操纵特点的混合操纵模型。其次,分别考虑刚性吊索和柔性吊索,建立带外吊挂系统的倾转旋翼机飞行力学模型。最后,选用 XV-15 倾转旋翼机作为样机,计入旋翼下洗流对机翼、平尾和垂尾的气动影响,讨论了外吊挂载荷对平衡特性的影响及其原因。

# ■ 7.1　倾转旋翼气动模型

倾转旋翼机的左、右旋翼对称分布在机翼两侧翼尖处,旋转方向相反。以 XV-15 为代表的第一代倾转旋翼机和以 V-22 为代表的第二代倾转旋翼机,均由发动机短舱带动发动机和旋翼一并倾转,悬停着陆时发动机尾流向下喷射,人员无法从侧面上、下飞机。为此,以 V-280 为代表的第三代倾转旋翼机采用机翼两端的发动机不随旋翼一起倾转的设计方案,发动机尾流一直向后喷射,避免发动机尾流对人员产生影响,人员可从机身侧面快速进出机身。

与纵列式直升机的双旋翼不同,倾转旋翼机两副旋翼距离较远,不存在重叠问题,且为横向布置,而旋翼尾迹随前飞速度增加向机身后方运动,因此旋翼间的气动干扰并不严重,可简单考虑,但旋翼对机翼有严重的下洗干扰。在前两章单旋翼、双旋翼气动模型的基础上,采用其诱导速度模型、挥舞模型、力与力矩模型,建立倾转旋翼机的旋翼气动模型。设 $o$ 为倾转旋翼机重心;$o_{RL}$ 和 $o_{RR}$ 分别为左、右旋翼桨毂中心;$o_{RL}x_{RL}y_{RL}z_{RL}$、$o_{RL}x_{SL}y_{SL}z_{SL}$ 和 $o_{RL}x_{RWL}y_{RWL}z_{RWL}$ 分别为左旋翼桨毂坐标系、左旋翼轴系和左旋翼风轴系;$o_{RR}x_{RR}y_{RR}z_{RR}$、$o_{RR}x_{SR}y_{SR}z_{SR}$ 和 $o_{RR}x_{RWR}y_{RWR}z_{RWR}$ 分别为右旋翼桨毂坐标系、右旋翼轴系和右旋翼风轴系;$l_{RL,G}$、$d_{RL,G}$、$h_{RL,G}$ 分别为 $o_{RL}$ 相对于 $o$ 的纵向、侧向和垂向位移;$l_{RR,G}$、$d_{RR,G}$、$h_{RR,G}$ 分别为 $o_{RR}$ 相对于 $o$ 的纵向、侧向和垂向位移;$i_N$ 为发动机短舱倾斜角,$i_N = 0°$ 时为直升机飞行模式,$i_N = 90°$ 时为固定翼飞机飞行模式;$\phi_{ML}$ 和 $\phi_{MR}$ 为左、右旋翼横向倾斜角,该角度不是所有倾转旋翼机都存在;$\beta_{SL} = \arctan(v_{SL}/u_{SL})$、$\beta_{SR} = \arctan(v_{SR}/u_{SR})$ 分别为左、右旋翼侧滑角。

右旋翼轴系 $o_{RR}x_{SR}y_{SR}z_{SR}$ 下的旋翼运动速度分量 $u_{SR}$、$v_{SR}$、$w_{SR}$ 为

$$\begin{pmatrix} u_{\mathrm{SR}} \\ v_{\mathrm{SR}} \\ w_{\mathrm{SR}} \end{pmatrix} = \begin{pmatrix} \cos(-i_{\mathrm{N}}) & 0 & -\sin(-i_{\mathrm{N}}) \\ 0 & 1 & 0 \\ \sin(-i_{\mathrm{N}}) & 0 & \cos(-i_{\mathrm{N}}) \end{pmatrix} \begin{pmatrix} 1 & 0 & 0 \\ 0 & -\cos\phi_{\mathrm{MR}} & \sin\phi_{\mathrm{MR}} \\ 0 & \sin\phi_{\mathrm{MR}} & \cos\phi_{\mathrm{MR}} \end{pmatrix} \cdot$$

$$\begin{pmatrix} u_{\mathrm{B}} - q_{\mathrm{B}} \cdot h_{\mathrm{RR,G}} - r_{\mathrm{B}} \cdot d_{\mathrm{RR,G}} \\ v_{\mathrm{B}} + p_{\mathrm{B}} \cdot h_{\mathrm{RR,G}} + r_{\mathrm{B}} \cdot l_{\mathrm{RR,G}} \\ w_{\mathrm{B}} - q_{\mathrm{B}} \cdot l_{\mathrm{RR,G}} + p_{\mathrm{B}} \cdot d_{\mathrm{RR,G}} \end{pmatrix} \tag{7-1}$$

其中,

$$\begin{cases} l_{\mathrm{RR,G}} = \dfrac{x_{\mathrm{G}} - x_{\mathrm{RR}}}{12} + l_{\mathrm{m}}\sin i_{\mathrm{N}}\cos\phi_{\mathrm{MR}} \\[2mm] d_{\mathrm{RR,G}} = \dfrac{y_{\mathrm{G}} - y_{\mathrm{RR}}}{12} + l_{\mathrm{m}}\sin\phi_{\mathrm{MR}} \\[2mm] h_{\mathrm{RR,G}} = \dfrac{z_{\mathrm{G}} - z_{\mathrm{RR}}}{12} + l_{\mathrm{m}}\cos i_{\mathrm{N}}\cos\phi_{\mathrm{MR}} \end{cases}$$

上式包含了短舱角和旋翼横向倾斜角对纵向、侧向和垂向位移的影响,其余气动部件相对于 $o$ 的位移计算时,不用考虑此影响。$(x_{\mathrm{G}}, y_{\mathrm{G}}, z_{\mathrm{G}})$ 和 $(x_{\mathrm{RR}}, y_{\mathrm{RR}}, z_{\mathrm{RR}})$ 分别为倾转旋翼机重心和右旋翼桨毂中心坐标;$l_{\mathrm{m}}$ 为旋翼轴长度。

左旋翼轴系 $o_{\mathrm{RL}}x_{\mathrm{SL}}y_{\mathrm{SL}}z_{\mathrm{SL}}$ 下的旋翼运动速度分量 $u_{\mathrm{SL}}$、$v_{\mathrm{SL}}$、$w_{\mathrm{SL}}$ 为

$$\begin{pmatrix} u_{\mathrm{SL}} \\ v_{\mathrm{SL}} \\ w_{\mathrm{SL}} \end{pmatrix} = \begin{pmatrix} \cos(-i_{\mathrm{N}}) & 0 & -\sin(-i_{\mathrm{N}}) \\ 0 & 1 & 0 \\ \sin(-i_{\mathrm{N}}) & 0 & \cos(-i_{\mathrm{N}}) \end{pmatrix} \begin{pmatrix} 1 & 0 & 0 \\ 0 & \cos\phi_{\mathrm{ML}} & \sin\phi_{\mathrm{ML}} \\ 0 & -\sin\phi_{\mathrm{ML}} & \cos\phi_{\mathrm{ML}} \end{pmatrix} \cdot$$

$$\begin{pmatrix} u_{\mathrm{B}} - q_{\mathrm{B}} \cdot h_{\mathrm{RL,G}} + r_{\mathrm{B}} \cdot d_{\mathrm{RL,G}} \\ v_{\mathrm{B}} + p_{\mathrm{B}} \cdot h_{\mathrm{RL,G}} + r_{\mathrm{B}} \cdot l_{\mathrm{RL,G}} \\ w_{\mathrm{B}} - q_{\mathrm{B}} \cdot l_{\mathrm{RL,G}} - p_{\mathrm{B}} \cdot d_{\mathrm{RL,G}} \end{pmatrix} \tag{7-2}$$

$l_{\mathrm{RL,G}}$、$d_{\mathrm{RL,G}}$、$h_{\mathrm{RL,G}}$ 表达式与右旋翼类似。

机体角速度 $p_{\mathrm{B}}$、$q_{\mathrm{B}}$、$r_{\mathrm{B}}$ 到右旋翼风轴系 $o_{\mathrm{RR}}x_{\mathrm{RWR}}y_{\mathrm{RWR}}z_{\mathrm{RWR}}$ 下的转换为

$$\begin{pmatrix} p_{\mathrm{RWR}} \\ q_{\mathrm{RWR}} \\ r_{\mathrm{RWR}} \end{pmatrix} = \begin{pmatrix} \cos\beta_{\mathrm{SR}} & \sin\beta_{\mathrm{SR}} & 0 \\ -\sin\beta_{\mathrm{SR}} & \cos\beta_{\mathrm{SR}} & 0 \\ 0 & 0 & 1 \end{pmatrix} \begin{pmatrix} \cos(-i_{\mathrm{N}}) & 0 & -\sin(-i_{\mathrm{N}}) \\ 0 & 1 & 0 \\ \sin(-i_{\mathrm{N}}) & 0 & \cos(-i_{\mathrm{N}}) \end{pmatrix} \cdot$$

$$\begin{pmatrix} 1 & 0 & 0 \\ 0 & -\cos\phi_{\mathrm{MR}} & \sin\phi_{\mathrm{MR}} \\ 0 & \sin\phi_{\mathrm{MR}} & \cos\phi_{\mathrm{MR}} \end{pmatrix} \begin{pmatrix} -p_{\mathrm{B}} \\ q_{\mathrm{B}} \\ -r_{\mathrm{B}} \end{pmatrix} \tag{7-3}$$

机体角速度 $p_B$、$q_B$、$r_B$ 到左旋翼风轴系 $o_{RL}x_{RWL}y_{RWL}z_{RWL}$ 下的转换为

$$
\begin{pmatrix} p_{RWL} \\ q_{RWL} \\ r_{RWL} \end{pmatrix} = \begin{pmatrix} \cos\beta_{SL} & \sin\beta_{SL} & 0 \\ -\sin\beta_{SL} & \cos\beta_{SL} & 0 \\ 0 & 0 & 1 \end{pmatrix} \begin{pmatrix} \cos(-i_N) & 0 & -\sin(-i_N) \\ 0 & 1 & 0 \\ \sin(-i_N) & 0 & \cos(-i_N) \end{pmatrix} \cdot
$$

$$
\begin{pmatrix} 1 & 0 & 0 \\ 0 & \cos\phi_{ML} & \sin\varphi\phi_{ML} \\ 0 & -\sin\phi_{ML} & \cos\phi_{ML} \end{pmatrix} \begin{pmatrix} p_B \\ q_B \\ r_B \end{pmatrix} \tag{7-4}
$$

分别将左、右旋翼相关变量代入积分格式的旋翼气动模型,即可得到双旋翼气动模型。双旋翼间的气动干扰采用以下诱导速度迭代式解决,即

$$
\begin{cases} \bar{v}_{i,L} = \dfrac{C_{T,L}}{2\sqrt{(\lambda_{0,L} + \bar{v}_{i,L})^2 + \mu_L^2}} + f_{RL}\dfrac{C_{T,R}(\Omega R)}{2\chi^2\mu_R} \\[4mm] \bar{v}_{i,R} = \dfrac{C_{T,R}}{2\sqrt{(\lambda_{0,R} + \bar{v}_{i,R})^2 + \mu_R^2}} + f_{LR}\dfrac{C_{T,L}(\Omega R)}{2\chi^2\mu_L} \end{cases} \tag{7-5}
$$

式中: $\chi$ 为叶尖损失系数; $f_{RL}$ 为右旋翼对左旋翼的诱导速度干扰因子; $f_{LR}$ 为左旋翼对右旋翼的诱导速度干扰因子。

以右旋翼为例,采用积分格式的旋翼气动模型,基于第 2 章相关内容,计算旋翼拉力、后向力、侧向力及旋翼力矩系数,考虑挥舞运动,按旋翼挥舞方程,只取一阶谐波量。计算中,升力线斜率在此处表示为

$$
a_s = \frac{a_0 + \mu_R(a_1 - a_2\mu_R)}{\sqrt{1 - (0.75Ma_{TIP})^2\sin i_N}} \tag{7-6}
$$

式中: $Ma_{TIP} = \dfrac{\sqrt{V_{eq}^2 + \Omega R^2 + 2V_{eq}\Omega R\cos i_N}}{a}$ 为旋翼桨尖马赫数; $a$ 为声速; $a_0$、$a_1$、$a_2$ 为升力系数随前进比变化的函数。

右旋翼力和力矩在旋翼桨毂坐标系 $o_{RR}x_{RR}y_{RR}z_{RR}$ 下的形式可写为

$$
\begin{pmatrix} X_{RR} \\ Y_{RR} \\ Z_{RR} \end{pmatrix} = \begin{pmatrix} 1 & 0 & 0 \\ 0 & \cos\phi_{MR} & -\sin\phi_{MR} \\ 0 & \sin\phi_{MR} & \cos\phi_{MR} \end{pmatrix} \begin{pmatrix} \cos(-i_N) & 0 & \sin(-i_N) \\ 0 & 1 & 0 \\ -\sin(-i_N) & 0 & \cos(-i_N) \end{pmatrix} \begin{pmatrix} -H_R \\ Y_R \\ -T_R \end{pmatrix} \tag{7-7}
$$

$$
\begin{pmatrix} L_{RR} \\ M_{RR} \\ N_{RR} \end{pmatrix} = \begin{pmatrix} 1 & 0 & 0 \\ 0 & \cos\phi_{MR} & -\sin\phi_{MR} \\ 0 & \sin\phi_{MR} & \cos\phi_{MR} \end{pmatrix} \begin{pmatrix} \cos(-i_N) & 0 & \sin(-i_N) \\ 0 & 1 & 0 \\ -\sin(-i_N) & 0 & \cos(-i_N) \end{pmatrix} \begin{pmatrix} L_R \\ M_R \\ Q_R \end{pmatrix} \tag{7-8}
$$

右旋翼力和力矩在全机体轴系 $ox_By_Bz_B$ 下的形式可写为

$$\begin{pmatrix} X_{B,RR} \\ Y_{B,RR} \\ Z_{B,RR} \end{pmatrix} = \begin{pmatrix} X_{RR} \\ Y_{RR} \\ Z_{RR} \end{pmatrix} \qquad (7-9)$$

$$\begin{pmatrix} L_{B,RR} \\ M_{B,RR} \\ N_{B,RR} \end{pmatrix} = \begin{pmatrix} L_{RR} \\ M_{RR} \\ N_{RR} \end{pmatrix} + \begin{pmatrix} Y_{B,RR} \cdot h_{RR,G} + Z_{B,RR} \cdot d_{RR,G} \\ -X_{B,RR} \cdot h_{RR,G} - Z_{B,RR} \cdot l_{RR,G} \\ -X_{B,RR} \cdot d_{RR,G} + Y_{B,RR} \cdot l_{RR,G} \end{pmatrix} \qquad (7-10)$$

左旋翼推导过程和右旋翼相同,只是某几项表达式不同。

## 7.2　机翼气动模型

　　机翼的气动模型被看作倾转旋翼机所有气动组件中最复杂的部件,其复杂度主要源于旋翼下洗流对机翼的气动影响。由于机翼处于旋翼的尾流中,旋翼的下洗流冲击机翼表面,很容易产生较大的向下的气动载荷,当倾转旋翼机空中悬停和小速度前飞时尤为严重。以 XV-15 为例,当算例倾转旋翼机的短舱倾角小于 30°时,可将机翼划分为两部分研究(图 7-2):一部分是受旋翼尾迹干扰的滑流区,另一部分是不受旋翼气动干扰的自由流区。机翼的滑流区面积受短舱角和飞行速度影响较大,随着短舱角和飞行速度的增大,旋翼尾流逐渐向后倾斜,影响区域逐渐靠后,当前飞速度达到一定值时,旋翼的尾流不再直接影响到

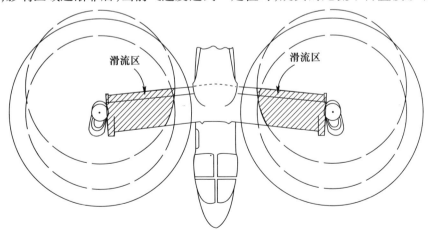

图 7-2　机翼滑流区和自由流分布示意

机翼,滑流区的面积为零。当算例倾转旋翼机以大于30°的短舱倾角高速前飞时,机翼几乎全部处于自由流区。通过对风洞试验数据进行插值处理,可以获得滑流区和自由流区气动力和力矩的系数。机翼气动建模的主要任务便是计算两个区域分别覆盖的机翼面积。

### 7.2.1　机翼滑流区面积计算

旋翼下洗流在相应侧机翼上冲击产生的诱导速度为

$$v_{i,R/W} = (k_0 + k_1\mu_i + k_2\mu_i^2 + k_3\lambda_i + k_4\lambda_i^2)\,\bar{v}_{i,i} \tag{7-11}$$

式中:$k_0 \sim k_4$ 为常系数,由带功率的旋翼试验求得,下标 $i$ 表左、右旋翼,取 L 或 R。该诱导速度在机翼体轴下速度分量为

$$u_{i,R/W}^B = v_{i,R/W}\sin i_N \tag{7-12}$$

$$w_{i,R/W}^B = -v_{i,R/W}\cos i_N \tag{7-13}$$

空中悬停或小速度前飞时,旋翼尾迹在机翼处的收缩半径为

$$R_{kw,i} = R(0.78 + 0.22e^{-(0.3 + 2l_m\sqrt{C_{RF,i}}/R + 60\sqrt{C_{RF,i}})}) \tag{7-14}$$

$$C_{RF,i} = \frac{\sqrt{T_i^2 + Y_i^2 + H_i^2}}{\rho\pi\Omega^2 R^4} \tag{7-15}$$

式中:$C_{RF,i}$ 为旋翼合力系数;$T_i$、$Y_i$、$H_i$ 分别为左、右旋翼的拉力、侧向力和后向力。基于上述各参数,在滑流区的机翼面积 $S_{kw,i}$,可由简化公式得到

$$S_{kw,i} = R_{kw,i}c_i\left[\sin(1.386i_N) + \cos(3.114i_N)\right]\frac{u_{max} - u_B - u_{i,R/W}^B}{u_{max}} \tag{7-16}$$

式中:$c_i$ 为机翼弦长;$u_{max}$ 为样例机受旋翼滑流影响下的最大飞行速度,约为30m/s。

### 7.2.2　机翼滑流区力和力矩计算

对于机翼滑流区,根据速度合成原理,此处的气流速度由远处的来流速度和旋翼在该处产生的诱导速度合成,具体表达式为

$$\begin{pmatrix} u_{kw,i} \\ v_{kw,i} \\ w_{kw,i} \end{pmatrix} = -\begin{pmatrix} u_B \\ v_B \\ w_B \end{pmatrix} + v_{i,R/W,i}\begin{pmatrix} -\sin i_N \\ 0 \\ \cos i_N \end{pmatrix} \tag{7-17}$$

结合由风洞试验数据插值得到的滑流区机翼升力系数 $C_{Lkw,i}$ 和阻力系数

$C_{\mathrm{Dkw},i}$ 即可求得风轴系中滑流区两侧机翼所受的气动升力 $L_{\mathrm{kw},i}$ 和气动阻力 $D_{\mathrm{kw},i}$，该气动力与滑流区机翼迎角 $\alpha_{\mathrm{kw},i}$、侧滑角 $\beta_{\mathrm{kw},i}$、机翼的襟翼/副翼状态 $F_X$ 和马赫数有关，即

$$\begin{cases} L_{\mathrm{kw},i} = q_{\mathrm{kw},i} S_{\mathrm{fw},i} C_{\mathrm{Lkw},i}(\beta_{\mathrm{kw},i}, \alpha_{\mathrm{kw},i}, F_X, Ma) \\ D_{\mathrm{kw},i} = q_{\mathrm{kw},i} S_{\mathrm{fw},i} C_{\mathrm{Dkw},i}(\beta_{\mathrm{kw},i}, \alpha_{\mathrm{kw},i}, F_X, Ma) \end{cases} \tag{7-18}$$

考虑滑流区机翼迎角和侧滑角，将滑流区升阻力转换至体轴系，可推导出机翼滑流区气动升力、侧力、阻力、滚转力矩、俯仰力矩和偏航力矩 $L_{\mathrm{kw},i}$、$Y_{\mathrm{kw},i}$、$D_{\mathrm{kw},i}$、$R_{\mathrm{kw},i}$、$M_{\mathrm{kw},i}$、$N_{\mathrm{kw},i}$。

## 7.2.3　机翼自由流区力和力矩计算

自由流区气流速度即滑流区去掉旋翼诱导速度部分，即

$$\begin{pmatrix} u_{\mathrm{fw}} \\ v_{\mathrm{fw}} \\ w_{\mathrm{fw}} \end{pmatrix} = - \begin{pmatrix} u_{\mathrm{B}} \\ v_{\mathrm{B}} \\ w_{\mathrm{B}} \end{pmatrix} \tag{7-19}$$

已经求得滑流区的机翼面积，自由流区的机翼面积，即

$$S_{\mathrm{fw}} = S_{\mathrm{w}} - S_{\mathrm{kw,L}} - S_{\mathrm{kw,R}} \tag{7-20}$$

相应地，可以推导出自由流区机翼的气动力和力矩为

$$\begin{cases} L_{\mathrm{fw}} = q_{\mathrm{fw}} S_{\mathrm{fw}} C_{\mathrm{L,fw}} - q_{\mathrm{fw}} S_{\mathrm{w}} C_{L_{\delta_a}} |\delta_a| \\ Y_{\mathrm{fw}} = q_{\mathrm{fw}} S_{\mathrm{w}} \left[ C_{Y_\beta} \beta_f + \frac{b_{\mathrm{w}}}{2 u_{\mathrm{B}}} (C_{Y_p} p_{\mathrm{W}} + C_{Y_r} r_{\mathrm{W}}) \right] \\ D_{\mathrm{fw}} = q_{\mathrm{fw}} S_{\mathrm{fw}} C_{\mathrm{D,fw}} \\ R_{\mathrm{fw}} = q_{\mathrm{fw}} S_{\mathrm{w}} b_{\mathrm{w}} \left[ C_{R_\beta} \beta_{\mathrm{FUS}} + \frac{b_{\mathrm{w}}}{2 u_{\mathrm{B}}} (C_{R_p} p_{\mathrm{W}} + C_{R_r} r_{\mathrm{W}}) \right] + S_{\mathrm{w}} b_{\mathrm{w}} \left[ \left( \frac{q_{\mathrm{kw,R}} + q_{\mathrm{kw,L}}}{2} \right) (C_{R_{\delta_a}} \delta_a) \right] \\ M_{\mathrm{fw}} = q_{\mathrm{fw}} S_{\mathrm{w}} c_{\mathrm{w}} C_{M_w} \\ N_{\mathrm{fw}} = q_{\mathrm{fw}} S_{\mathrm{w}} b_{\mathrm{w}} \left[ C_{n_\beta} \beta_{\mathrm{FUS}} + \frac{b_{\mathrm{w}}}{2 u_{\mathrm{B}}} (C_{n_p} p_{\mathrm{W}} + C_{n_r} r_{\mathrm{W}}) \right] + S_{\mathrm{w}} b_{\mathrm{w}} \left[ \left( \frac{q_{\mathrm{kw,R}} + q_{\mathrm{kw,L}}}{2} \right) (C_{N_{\delta_a}} \delta_a) \right] \end{cases} \tag{7-21}$$

式中：$L_{\mathrm{fw}}$、$Y_{\mathrm{fw}}$、$D_{\mathrm{fw}}$、$R_{\mathrm{fw}}$、$M_{\mathrm{fw}}$、$N_{\mathrm{fw}}$ 分别为机翼自由流区升力、侧力、阻力、滚转力矩、俯仰力矩和偏航力矩；$C_{L_{\delta_a}}$ 与机翼襟翼/副翼状态有关；$\delta_a$ 为副翼偏角；$b_{\mathrm{w}}$ 为机翼展长；$C_{Y_\beta}$ 等为横航向稳定性导数；$C_{R_{\delta_a}}$ 和 $C_{N_{\delta_a}}$ 为襟副翼差动偏转滚转力矩和偏航

力矩增量斜率系数；$\beta_{FUS}$ 为机身侧滑角；$q_{fw} = \dfrac{1}{2}\rho(u_{fw}^2 + v_{fw}^2 + w_{fw}^2)$ 为机翼自由流处动压；$p_W$、$q_W$、$r_W$ 为机翼风轴系下的机体姿态角速度。式中算例倾转旋翼机的系数可通过插值的方法求得，其中升阻力系数风洞试验数据如图 7 - 3 所示。

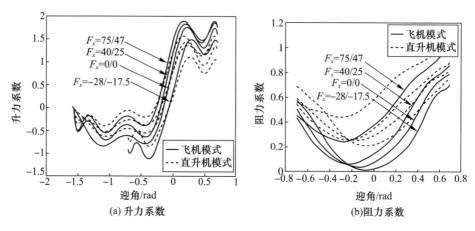

图 7 - 3　机翼升阻力系数

最后将左、右机翼滑流区气动力和力矩（$L_{kw,i}$，$Y_{kw,i}$，$D_{kw,i}$，$R_{kw,i}$，$M_{kw,i}$，$N_{kw,i}$）与机翼自由流区气动力和力矩（$L_{fw}$，$Y_{fw}$，$D_{fw}$，$R_{fw}$，$M_{fw}$，$N_{fw}$）通过坐标转换，分别由风轴系转换到体轴系下，求和即可得到机翼气动力和力矩。

## ◪ 7.3　机身和尾翼气动模型

机身和尾翼空气动力学模型建模方法与单旋翼带尾桨直升机类似，不再赘述。在机身气动力建模中，由于旋翼安装在机翼的两端，旋翼尾迹远离机身，因此旋翼对机身的气动干扰较小，在计算机身的气动力和力矩时可以忽略该影响。机身的气动力和力矩系数主要是关于机身迎角和侧滑角的函数。由于机身气动力和力矩计算的复杂性，相应系数的数值基本通过风洞试验获得。

倾转旋翼机的旋翼尾迹同样会影响平尾、垂尾的气动环境，将该因素考虑在内，在平尾处的诱导速度为

$$v_{i,R/H} = \left(h_0 + h_1 i_N + (h_2 + h_3 i_N)\right)\left(\dfrac{u_B - 168.89 - h_4 i_N}{168.89}\right)\bar{v}_{i,i} \qquad (7 - 22)$$

式中：$h_0 \sim h_4$ 为常系数；$i$ 表示左或右旋翼，该诱导速度在平尾体轴系速度分量为

$$u_{\mathrm{i,R/H}}^{\mathrm{B}} = v_{\mathrm{i,R/H}}\sin i_{\mathrm{N}} \tag{7-23}$$

$$w_{\mathrm{i,R/H}}^{\mathrm{B}} = -v_{\mathrm{i,R/H}}\cos i_{\mathrm{N}} \tag{7-24}$$

由于 XV – 15 倾转旋翼机采用 H 型尾翼为左、右对称的,旋翼对垂尾的气动干扰可与平尾取一致,在求得速度分量、迎角及侧滑角后,可按第 5 章机身和尾翼空气动力学模型进一步计算机身和尾翼的气动力和力矩。

# 7.4 外吊挂空气动力学模型

## 7.4.1 刚性吊挂模型

刚性模型假设吊挂绳索为一不计质量的刚性杆,连接直升机等旋翼飞行器与吊挂载荷。设倾转旋翼机为一刚体,吊挂假设为质点,没有转动自由度,因而不考虑其上作用的力矩,气动力也只考虑相对来流方向上的准静态阻力。考虑到实际外吊挂飞行时绳索应总是处于受拉状态而不会卸载,假设绳索是绝对刚性的,不可伸长,忽略绳索质量。质点模型较为简单,但可通过该基础模型来反映倾转旋翼机吊挂飞行对飞行特性的影响。吊挂物在机体轴系中的坐标为

$$\boldsymbol{r}_{\mathrm{L}} = \boldsymbol{r}_{\mathrm{l}} + \boldsymbol{r}_{\mathrm{h}} \tag{7-25}$$

式中

$$\boldsymbol{r}_{\mathrm{h}} = \begin{pmatrix} l_{\mathrm{L,G}} \\ d_{\mathrm{L,G}} \\ h_{\mathrm{L,G}} \end{pmatrix}, \qquad \boldsymbol{r}_{\mathrm{l}} = \begin{pmatrix} l\sin\theta_{\mathrm{SL}}\cos\phi_{\mathrm{SL}} \\ l\sin\theta_{\mathrm{SL}}\sin\phi_{\mathrm{SL}} \\ l\cos\phi_{\mathrm{SL}} \end{pmatrix}$$

式中:$\boldsymbol{r}_{\mathrm{l}}$ 为吊挂物相对于机身挂点在机体坐标系中的位置;$\boldsymbol{r}_{\mathrm{h}}$ 为机身吊挂点相对于 o 的位移;$l$ 为吊索长度;$\theta_{\mathrm{SL}}$、$\phi_{\mathrm{SL}}$ 分别为吊挂物的后摆角和侧摆角(图 7 – 4)。

对吊挂物的位移进行求导,则有吊挂物的绝对速度和加速度,即

$$\boldsymbol{V}_{\mathrm{SL}} = \boldsymbol{V} + \dot{\boldsymbol{r}}_{\mathrm{L}} + \boldsymbol{\omega} \times \boldsymbol{r}_{\mathrm{L}} \tag{7-26}$$

$$\boldsymbol{a}_{\mathrm{L}} = \boldsymbol{a} + \ddot{\boldsymbol{r}}_{\mathrm{L}} + \dot{\boldsymbol{\omega}} \times \boldsymbol{r}_{\mathrm{L}} + 2\boldsymbol{\omega} \times \dot{\boldsymbol{r}}_{\mathrm{L}} + \boldsymbol{\omega} \times (\boldsymbol{\omega} \times \boldsymbol{r}_{\mathrm{L}}) \tag{7-27}$$

随着倾转旋翼机的姿态变化,倾转旋翼机上的吊挂点也会随着转动,所以倾转旋翼机上的吊挂点的坐标不会变化,$\boldsymbol{r}_{\mathrm{h}}$ 为一个常量,即 $\dot{\boldsymbol{r}}_{\mathrm{h}} = 0$。所以,$\dot{\boldsymbol{r}}_{\mathrm{L}} = \dot{\boldsymbol{r}}_{\mathrm{l}}, \ddot{\boldsymbol{r}}_{\mathrm{L}} = \ddot{\boldsymbol{r}}_{\mathrm{l}}$,根据牛顿第二定律可推导出吊挂物的平衡方程,即

$$m_{\mathrm{L}}\boldsymbol{a}_{\mathrm{L}} = \boldsymbol{F}_{\mathrm{L}} + \boldsymbol{D}_{\mathrm{L}} + m_{\mathrm{L}}\boldsymbol{g} \tag{7-28}$$

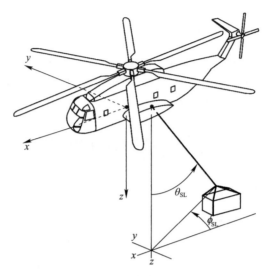

图 7 - 4  吊挂姿态角定义

式中：$m_L$ 为吊挂物质量；$F_L$ 为吊索对吊挂物产生的作用力；$g$ 为矢量形式重力加速度，吊挂的气动载荷只考虑相对来流方向上的阻力，表达式为 $D_L = \dfrac{1}{2}\rho(u_L^2 + v_L^2 + w_L^2)S_L C_{D,L}$，$S_L$ 为吊挂物迎风面积。式(7 - 28)展开之后十分繁琐，由于吊挂物的基准状态位于倾转旋翼机纵向对称面内，本章所讨论的基准运动为定常飞行，倾转旋翼机加速度及角加速度均为 0，若吊挂物后摆角速度 $\dot{\theta}_{SL}$、侧摆角速度 $\dot{\phi}_{SL}$ 不为 0，则吊挂物绕定轴做摆振运动，吊挂点将对倾转旋翼机本体产生低频周期变化力和周期变化力矩，这与定常飞行的假设不符，故后摆角 $\theta_{SL}$、侧摆角 $\phi_{SL}$ 一阶、二阶导数均为 0，$\ddot{r}_L$ 和 $a_L$ 为 0。吊挂物对机身的作用力则与 $F_L$ 两者为相互作用力，将该力转换到机体坐标系中，则有

$$
\begin{pmatrix} X_{B,L} \\ Y_{B,L} \\ Z_{B,L} \end{pmatrix} = \begin{pmatrix} \cos\theta_{SL} & 0 & -\sin\theta_{SL} \\ 0 & 1 & 0 \\ \sin\theta_{SL} & 0 & \cos\theta_{SL} \end{pmatrix} \begin{pmatrix} \cos(-\phi_{SL}) & \sin(-\phi_{SL}) & 0 \\ -\sin(-\phi_{SL}) & \cos(-\phi_{SL}) & 0 \\ 0 & 0 & 1 \end{pmatrix} \begin{pmatrix} D_L \\ 0 \\ m_L g \end{pmatrix}
$$

$$(7 - 29)$$

作用力矩为 $\boldsymbol{M}_L = \boldsymbol{r}_L \times \boldsymbol{F}_L$，由于吊索对倾转旋翼机的拉力方向和吊索的方向重合，所以有 $\boldsymbol{r}_l \times \boldsymbol{F}_L = 0$，故

$$\begin{pmatrix} L_{\mathrm{B,L}} \\ M_{\mathrm{B,L}} \\ N_{\mathrm{B,L}} \end{pmatrix} = \begin{pmatrix} 0 & -h_{\mathrm{L,G}} & d_{\mathrm{L,G}} \\ h_{\mathrm{SL,G}} & 0 & l_{\mathrm{L,G}} \\ d_{\mathrm{SL,G}} & -l_{\mathrm{L,G}} & 0 \end{pmatrix} \begin{pmatrix} X_{\mathrm{B,L}} \\ Y_{\mathrm{B,L}} \\ Z_{\mathrm{B,L}} \end{pmatrix} \qquad (7-30)$$

## 7.4.2　柔性吊挂模型

刚性模型中吊索非弹性不可伸长,不能处理偏航运动,柔性模型吊索在考虑倾转旋翼机、吊挂载荷的气动力时,可将绳索的伸长和阻尼一并计入,与实际情况更为吻合。对于类似机器人、航天器等自由度较多的系统动力学问题,Kane动力学方程作为建立动力学系统运动微分方程的一般方法得到了广泛应用,它可以简明地推导出多自由度系统的动力学方程,避免了动力学函数求导的繁琐步骤。下面简要讨论利用 Kane 方法建立柔性吊挂模型。

设倾转旋翼机为刚体,质心为 $o$,挂钩位于点 $P_0$;绳索模拟为 $n-1$ 个由弹簧 - 阻尼链接的质点 $P_1,\cdots,P_{n-1}(n \geqslant 2)$,考虑其重力,不考虑气动力,如图 7 - 5 所示。绳索等分为 $n$ 段,$P_0P_1$ 段为刚性杆,剩下 $n-1$ 段均为弹簧 - 阻尼,吊挂载荷为质点 $P_n$,考虑其重力和气动力。点 $E$ 为地面上一固定参考点。

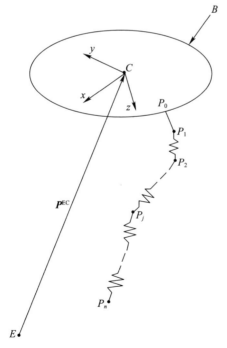

图 7 - 5　柔性绳索 - 吊挂示意图

设 $\boldsymbol{b}_1$、$\boldsymbol{b}_2$、$\boldsymbol{b}_3$ 为倾转旋翼机体轴系 3 个方向的单位正交向量,分别指向 $x$ 轴正方向、$y$ 轴正方向和 $z$ 轴正方向,$\boldsymbol{b}_3 = \boldsymbol{b}_1 \times \boldsymbol{b}_2$。吊挂点 $P_0$ 空间位置,由空间向量 $\boldsymbol{P}^{CP_0}$ 确定,有

$$p_i = \boldsymbol{P}^{CP_0} \cdot \boldsymbol{b}_i \quad i = 1,2,3 \tag{7-31}$$

倾转旋翼机本体受到的气动力和气动力矩,可等效为质心处受到一合力 $\boldsymbol{R}$ 和一合力矩 $\boldsymbol{T}$。倾转旋翼机在挂钩点 $P_0$ 处受到的绳索产生的弹性力为 $\boldsymbol{F}^{P_0}$。

**1. 广义坐标和广义速率**

设系统 $S$ 位于参考系 $A$ 中,包含 $v$ 个质点即 $P_1, \cdots, P_v$。$\boldsymbol{a}_x$、$\boldsymbol{a}_y$、$\boldsymbol{a}_z$ 为固定于参考系 $A$ 中、相互垂直的单位向量,满足 $\boldsymbol{a}_z = \boldsymbol{a}_x \times \boldsymbol{a}_y$。

$$\begin{cases} x_i = \boldsymbol{p}_i \cdot \boldsymbol{a}_x \\ y_i = \boldsymbol{p}_i \cdot \boldsymbol{a}_y \\ z_i = \boldsymbol{p}_i \cdot \boldsymbol{a}_z \end{cases} \tag{7-32}$$

式中:$\boldsymbol{p}_i$ 为从参考系 $A$ 中一固定点 $O$ 指向质点 $P_i$ 的位置向量;$x_i$、$y_i$、$z_i$ 为参考系 $A$ 中 $P_i$ 的笛卡儿坐标。由于物理接触而使系统 $S$ 的运动受到了约束,这种约束称为完整约束,对应方程称为完整约束方程,有以下形式,即

$$f(x_1, y_1, z_1, \cdots, x_v, y_v, z_v, t) = 0 \tag{7-33}$$

如果系统 $S$ 受到 $M$ 个完整约束方程的约束,那么其自由度只有

$$n = 3v - M \tag{7-34}$$

笛卡儿坐标 $(x_i, y_i, z_i)$ 是相互独立的。此时,可以把笛卡儿坐标 $(x_i, y_i, z_i)$ $(i = 1, \cdots, v)$ 写成时间 $t$ 和 $n$ 个时间的函数 $q_1(t), \cdots, q_n(t)$ 的表达式,在定义域内满足所有的完整约束方程。变量 $q_1, \cdots, q_n$ 被称为参考系 $A$ 中系统 $S$ 的广义坐标。

为了方便地给出系统 $S$ 中刚体的角速度和质点的速度,引入广义速率,定义

$$u_r = \sum_{s=1}^{n} Y_{rs} \dot{q}_s + Z_r \quad r = 1, \cdots, n \tag{7-35}$$

式中:$Y_{rs}$、$Z_r$ 均为 $q_1, \cdots, q_n$ 和时间 $t$ 的函数。这些函数必须满足:能由方程式 (7-35) 唯一地求解出 $\dot{q}_1, \cdots, \dot{q}_n$。方程式 (7-35) 称为参考系 $A$ 中系统 $S$ 的几何微分方程,$u_1, \cdots, u_n$ 称为参考系 $A$ 中系统 $S$ 的广义速率。

倾转旋翼机-吊挂物可视为一个耦合系统,倾转旋翼机本体为六自由度,吊挂绳索有 $3(n-1)$ 个自由度,吊挂载荷为三自由度,系统总共需要 $3n+6$ 个广义

坐标和 $3n+6$ 个广义速率。选取广义速率时,应以偏速度和偏角速度的形式简单为原则。若选取 $3n+6$ 个变量为广义速率,偏速度和偏角速度只可能为 $\boldsymbol{b}_1$ 或 $\boldsymbol{b}_2$ 或 $\boldsymbol{b}_3$ 或 0,形式最简,有

$$\begin{cases} u_i = \boldsymbol{\omega} \cdot \boldsymbol{b}_i \\ u_{3+i} = \boldsymbol{V} \cdot \boldsymbol{b}_i \\ u_{3+3j+i} = \boldsymbol{v}^{P_j} \cdot \boldsymbol{b}_i \end{cases} \tag{7-36}$$

式中:$i = 1,2,3; j = 1,\cdots,n; \boldsymbol{\omega}$ 为倾转旋翼机角速度;$\boldsymbol{V}$ 为倾转旋翼机质心速度;$\boldsymbol{v}^{P_j}$ 为点 $P_j$ 的速度。

选取广义坐标时,只需其能完全定义系统的状态,同时方便给出其与广义速率的关系。这里选取 $3n+6$ 个变量为广义坐标,有

$$\begin{cases} q_{3j-3+i} = \boldsymbol{P}^{P_0 P_j} \cdot \boldsymbol{b}_i \\ q_{3n+i} = \boldsymbol{P}^{EC} \cdot \boldsymbol{b}_i \\ q_{3n+3+i} = \boldsymbol{\theta} \cdot \boldsymbol{b}_i \end{cases} \tag{7-37}$$

式中:$\boldsymbol{P}^{P_0 P_j}$ 为从 $\boldsymbol{P}_0$ 指向 $\boldsymbol{P}_j$ 的空间向量;$\boldsymbol{P}^{EC}$ 为从 $E$ 指向 $C$ 的空间向量;$\boldsymbol{\theta}$ 为体轴系下倾转旋翼机欧拉角向量 $(\phi,\theta,\psi)$。

**2. 广义坐标和广义速率的关系**

由式(7-36)直接得到倾转旋翼机的角速度、速度和点 $P_j$ 的速度,即

$$\begin{cases} \boldsymbol{\omega} = \sum_{i=1}^{3} u_i \cdot \boldsymbol{b}_i \\ \boldsymbol{V} = \sum_{i=1}^{3} u_{3+i} \cdot \boldsymbol{b}_i \\ \boldsymbol{v}^{P_j} = \sum_{i=1}^{3} u_{3+3j+i} \cdot \boldsymbol{b}_i \end{cases} \tag{7-38}$$

式(7-38)展开,得到

$$\boldsymbol{v}^{P_j} = \boldsymbol{v}^C + \boldsymbol{\omega}^B \times \left[ \boldsymbol{P}^{CP_0} + \sum_{i=1}^{3} q_{3j-3+i} \cdot \boldsymbol{b}_i \right] + \sum_{i=1}^{3} \dot{q}_{3j-3+i} \cdot \boldsymbol{b}_i \tag{7-39}$$

写成标量形式,即

$$z_{i,j} = p_i + q_{3j-3+i} \quad i = 1,2,3; j = 1,\cdots,n \tag{7-40}$$

$$\begin{cases} \dot{q}_{3j-2} = u_{4+3j} - \left[ u_4 + u_2 z_{3,j} - u_3 z_{2,j} \right] \\ \dot{q}_{3j-1} = u_{5+3j} - \left[ u_5 + u_3 z_{1,j} - u_1 z_{3,j} \right] \quad j = 1,\cdots,n \\ \dot{q}_{3j} = u_{6+3j} - \left[ u_6 + u_1 z_{2,j} - u_2 z_{1,j} \right] \end{cases} \tag{7-41}$$

空间向量 $P^{EC}$ 的时间导数,即为质心 $C$ 的速度,有

$$\begin{cases} \dot{q}_{3n+1} = u_4 - (u_2 q_{3n+3} - u_3 q_{3n+2}) \\ \dot{q}_{3n+2} = u_5 - (u_3 q_{3n+1} - u_1 q_{3n+3}) \\ \dot{q}_{3n+3} = u_6 - (u_1 q_{3n+2} - u_2 q_{3n+1}) \end{cases} \tag{7-42}$$

由倾转旋翼机欧拉角与其角速度的关系可得

$$\begin{pmatrix} \dot{q}_{3n+4} \\ \dot{q}_{3n+5} \\ \dot{q}_{3n+6} \end{pmatrix} = \boldsymbol{H}^{-1} \cdot \begin{pmatrix} u_1 \\ u_2 \\ u_3 \end{pmatrix} \tag{7-43}$$

$$\boldsymbol{H} = \begin{pmatrix} 1 & 0 & -\sin q_{3n+5} \\ 0 & \cos q_{3n+4} & \sin q_{3n+4} \cos q_{3n+5} \\ 0 & -\sin q_{3n+4} & \cos q_{3n+4} \cos q_{3n+5} \end{pmatrix} \tag{7-44}$$

**3. 广义主动力和广义惯性力**

若倾转旋翼机 – 吊挂物耦合系统广义坐标为 $q_1, \cdots, q_n$,广义速度为 $u_1, \cdots, u_n$,那么倾转旋翼机的角速度 $\omega$ 以及吊挂物的速度 $v$ 有唯一的表达式,即

$$\boldsymbol{\omega} = \sum_{r=1}^{n} \boldsymbol{\omega}_r u_r + \boldsymbol{\omega}_t \tag{7-45}$$

$$v = \sum_{r=1}^{n} \boldsymbol{v}_r u_r + v_t \tag{7-46}$$

式中:$\boldsymbol{\omega}_r$、$\boldsymbol{v}_r (r=1, \cdots, n)$ 以及 $\boldsymbol{\omega}_t$、$v_t$ 均为 $q_1, \cdots, q_n$ 和时间 $t$ 的函数。向量 $\boldsymbol{\omega}_r$ 称为倾转旋翼机的第 $r$ 个偏角速度,向量 $\boldsymbol{v}_r$ 称为吊挂物的第 $r$ 个偏速度。

广义惯性力定义为

$$F_r^* = \sum_{i=1}^{v} v_r^{P_i} \cdot R_i^* \quad r=1, \cdots, n \tag{7-47}$$

式中:$v$ 为系统 $S$ 包含的质点数;$P_i$ 为系统 $S$ 内一质点;$v_r^{P_i}$ 为参考系 $A$ 中 $P_i$ 的第 $r$ 个偏速度;$R_i^*$ 为参考系 $A$ 中 $P_i$ 的惯性力,定义为

$$R_i^* = -m_i a_i \quad i=1, \cdots, v \tag{7-48}$$

式中:$m_i$ 为质点 $P_i$ 的质量;$a_i$ 为参考系 $A$ 中质点 $P_i$ 的加速度。

由式(7-38)可计算出倾转旋翼机的加速度、角加速度和点 $P_j$ 的加速度,进

而得到倾转旋翼机的偏角速度、质心和点 $P_j$ 的偏速度以及对应的广义主动力和广义惯性力。

倾转旋翼机的角加速度为

$$\dot{\boldsymbol{\omega}} = \dot{u}_1\boldsymbol{b}_1 + \dot{u}_2\boldsymbol{b}_2 + \dot{u}_3\boldsymbol{b}_3 \tag{7-49}$$

倾转旋翼机和点 $P_j$ 的加速度为

$$\boldsymbol{a} = (u_2u_6 - u_3u_5 + \dot{u}_4)\boldsymbol{b}_1 + (u_3u_4 - u_1u_6 + \dot{u}_5)\boldsymbol{b}_2 + (u_1u_5 - u_2u_4 + \dot{u}_6)\boldsymbol{b}_3 \tag{7-50}$$

$$\boldsymbol{a}^{P_j} = (u_2u_{6+3j} - u_3u_{5+3j} + \dot{u}_{4+3j})\boldsymbol{b}_1 + (u_3u_{4+3j} - u_1u_{6+3j} + \dot{u}_{5+3j})\boldsymbol{b}_2 +$$
$$(u_1u_{5+3j} - u_2u_{4+3j} + \dot{u}_{6+3j})\boldsymbol{b}_3 \tag{7-51}$$

系统 $S$ 在参考系 $A$ 中，其广义坐标为 $q_1,\cdots,q_n$，广义速率为 $u_1,\cdots,u_n$，那么广义主动力定义为

$$F_r = \sum_{i=1}^{v} v_r^{P_i} \cdot R_i \quad r = 1,\cdots,n \tag{7-52}$$

式中：$v$ 为系统 $S$ 包含的质点数；$P_i$ 为系统 $S$ 内一质点；$v_r^{P_i}$ 为参考系 $A$ 中 $P_i$ 的第 $r$ 个偏速度；$R_i$ 为作用于 $P_i$ 上的合力，包括所有的接触力和非接触力。某些力对 $R_i$ 有贡献，但对广义主动力却没有贡献，这也是引入广义主动力的主要动机。例如，质点位于刚体的光滑表面上，那么接触力对 $F_r$ 的贡献为零；$B$ 为一刚体，那么刚体 $B$ 内所有质点间的所有接触和非接触力对 $F_r$ 的贡献为零等。

按上述定义可分别列出广义惯性力和广义主动力的表达式，从系统受力情况分析，吊挂系统广义主动力由多种内力、外力贡献产生，包括重力贡献引起的广义主动力 $F_i^g$、弹簧贡献引起的广义主动力 $F_i^s$、阻尼器贡献引起的广义力 $F_i^c$、气动力贡献引起的广义主动力 $F_i^a$ 和由 $F^{P_0}$ 贡献引起的广义主动力 $F_i^{P_0}$。其中，倾转旋翼机本体合力 $\boldsymbol{F}$ 和合力矩 $\boldsymbol{M}$ 计入了气动力贡献引起的广义主动力 $F_i^a$。

### 4. 系统的 Kane 动力学方程

倾转旋翼机 - 柔性绳索 - 吊挂系统的 Kane 动力学方程为

$$F_i^* + F_i^g + F_i^s + F_i^c + F_i^a + F_i^{P_0} = 0 \quad i = 1,\cdots,3n+6 \tag{7-53}$$

此时，系统引入了 $3n+6$ 个广义速率 $u_1,\cdots,u_{3n+6}$，$3n+6$ 个广义坐标 $q_1,\cdots,q_{3n+6}$。对应地，得到了方程式（7-41）、式（7-42）、式（7-43）、式（7-53），共 $6n+12$ 个方程，方程个数等于未知数个数，系统方程完整可求解。其中各广义速率和广义坐标自然解耦，即不存在 $\dot{u}_i \cdot \dot{q}_j$、$\dot{u}_i \cdot \dot{u}_j$ 与 $\dot{q}_i \cdot \dot{q}_j$ 项，大大降低了计算和仿真的难度。

# ■ 7.5 全机模型及操纵模型

## 7.5.1 全机模型

组合上述倾转旋翼机气动部件模型,倾转旋翼机带外吊挂系统的运动方程是由 3 个合力、3 个合力矩平衡构成的一组强耦合非线性的六自由度方程,其 3 个合力、3 个合力矩表达式形式为

$$\begin{pmatrix} X_B \\ Y_B \\ Z_B \end{pmatrix} = \begin{pmatrix} X_{B,RL} \\ Y_{B,RL} \\ Z_{B,RL} \end{pmatrix} + \begin{pmatrix} X_{B,RR} \\ Y_{B,RR} \\ Z_{B,RR} \end{pmatrix} + \begin{pmatrix} X_{B,FUS} \\ Y_{B,FUS} \\ Z_{B,FUS} \end{pmatrix} + \begin{pmatrix} X_{B,W} \\ Y_{B,W} \\ Z_{B,W} \end{pmatrix} + \begin{pmatrix} X_{B,H} \\ Y_{B,H} \\ Z_{B,H} \end{pmatrix} + \begin{pmatrix} X_{B,VL} \\ Y_{B,VL} \\ Z_{B,VL} \end{pmatrix} + \begin{pmatrix} X_{B,VR} \\ Y_{B,VR} \\ Z_{B,VR} \end{pmatrix} + \begin{pmatrix} X_{B,L} \\ Y_{B,L} \\ Z_{B,L} \end{pmatrix}$$

$$(7-54)$$

$$\begin{pmatrix} L_B \\ M_B \\ N_B \end{pmatrix} = \begin{pmatrix} L_{B,RL} \\ M_{B,RL} \\ N_{B,RL} \end{pmatrix} + \begin{pmatrix} L_{B,RR} \\ M_{B,RR} \\ N_{B,RR} \end{pmatrix} + \begin{pmatrix} L_{B,FUS} \\ M_{B,FUS} \\ N_{B,FUS} \end{pmatrix} + \begin{pmatrix} L_{B,W} \\ M_{B,W} \\ N_{B,W} \end{pmatrix} + \begin{pmatrix} L_{B,H} \\ M_{B,H} \\ N_{B,H} \end{pmatrix} + \begin{pmatrix} L_{B,VL} \\ M_{B,VL} \\ N_{B,VL} \end{pmatrix} + \begin{pmatrix} L_{B,VR} \\ M_{B,VR} \\ N_{B,VR} \end{pmatrix} + \begin{pmatrix} L_{B,L} \\ M_{B,L} \\ N_{B,L} \end{pmatrix}$$

$$(7-55)$$

除了上述各部件的气动载荷外,还应考虑作用在倾转旋翼机上的重力载荷,可得到六自由度平衡方程组。由于倾转旋翼机短舱旋转会引起机体重心的变化,那么机体在体轴系中各坐标轴方向上的惯性矩以及在机体纵向对称面内的惯性矩 $I_{xx}$、$I_{yy}$、$I_{zz}$ 和 $I_{xy}$ 也会随短舱倾角的变化而变化,具体变化关系较为简单,可见参考文献。

## 7.5.2 混合操纵模型

鉴于倾转旋翼机结合了直升机和固定翼飞机两种飞行模式,为降低飞行员的操纵难度,倾转旋翼机通过座舱内的总距杆、周期变距杆和脚蹬实现了飞行员在全部飞行模式下对旋翼、副翼、升降舵和方向舵的操纵,如图 7-6 所示。

直升机模式下垂向运动操作仍由总距杆操作控制,横向运动通过驾驶杆横向操作控制两副旋翼的差动总距实现滚转和侧飞,纵向运动通过驾驶杆纵向操作控制两副旋翼纵向周期变距实现俯仰控制,航向运动通过脚蹬操作控制两副旋翼差动纵向周期变距实现偏航控制,这种方式只适用于直升机和过渡飞行模式,在固定翼飞机飞行模式下则会被锁定。固定翼飞机模式下,通过总距杆联动油门控制飞行速度和高度,通过驾驶杆横向操作控制副翼实现横向滚转运动,通过驾驶杆纵向操作和脚蹬分别控制升降舵和方向舵满足纵向运动和航向运动操

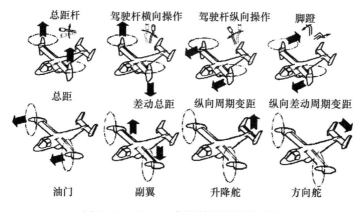

图 7-6　XV-15 倾转旋翼机操纵系统

作。固定翼飞机的一套操纵方式在倾转旋翼机整个飞行过程中都有效,直升机模式下机翼的襟翼和副翼均向下偏转,降低旋翼尾流对机翼的下洗冲击作用,其操纵功效较小。倾转过渡模式下,随着发动机短舱倾转到飞机模式,直升机的操纵方式逐渐停止。倾转旋翼机通过直升机操纵方式和固定翼飞机操纵方式的结合,实现了对整机在各飞行模式下的操纵。

依据上述的操纵机构运行方式,主要通过总距操作 $\delta_C$、纵向操作 $\delta_B$、横向操作 $\delta_S$ 和航向操纵量 $\delta_R$ 这 4 个操纵量进行操作,设 $\theta_0$ 分别为旋翼桨叶根部总距,$B_1$、$A_1$ 分别为纵、横向周期变距预置角,可运用数学方程描述上述 4 个操纵量与直升机和固定翼操纵模式的关系(过渡模式为两者的结合),即

$$
\begin{cases}
\theta_{0R} = \theta_0 - \dfrac{\partial \theta_0}{\partial \delta_S}(\delta_S - \delta_{S,n}) \\[2mm]
\theta_{0L} = \theta_0 + \dfrac{\partial \theta_0}{\partial \delta_S}(\delta_S - \delta_{S,n}) \\[2mm]
B_{1R} = \dfrac{\partial B_1}{\partial \delta_B}(\delta_B - \delta_{B,n}) - \dfrac{\partial B_1}{\partial \delta_R}(\delta_R - \delta_{R,n}) \\[2mm]
B_{1L} = \dfrac{\partial B_1}{\partial \delta_B}(\delta_B - \delta_{B,n}) + \dfrac{\partial B_1}{\partial \delta_R}(\delta_R - \delta_{R,n}) \\[2mm]
A_{1R} = A_{1L} = \dfrac{\partial A_1}{\partial \delta_S}(\delta_S - \delta_{S,n}) \\[2mm]
\delta_a = \dfrac{\partial \delta_a}{\partial \delta_S}(\delta_S - \delta_{S,n}) \\[2mm]
\delta_r = \dfrac{\partial \delta_r}{\partial \delta_R}(\delta_R - \delta_{R,n}) \\[2mm]
\delta_e = \dfrac{\partial \delta_e}{\partial \delta_B}(\delta_B - \delta_{B,n})
\end{cases}
\tag{7-56}
$$

式中:n 表示操纵杆中立位置;$\delta_a$、$\delta_r$、$\delta_e$ 分别为固定翼副翼偏转角、升降舵偏转角和方向舵偏转角;$\dfrac{\partial B_1}{\partial \delta_B}$、$\dfrac{\partial \delta_a}{\partial \delta_S}$ 等均为变距系数或操纵系数,具体数值可查表获得。

# 7.6 外吊挂对倾转旋翼机平衡特性的影响

刚性吊挂模型和柔性吊挂模型的主要区别在于是否考虑吊挂绳索的柔性,直升机外吊挂相关研究表明,定直平飞配平中,两种模型几乎没有差别,考察倾转旋翼机外吊挂的配平问题时,假设刚性杆已足够满足需求,进一步研究稳定性和飞行品质时,刚性吊挂模型和柔性吊挂模型的计算结果差别较大。

基于倾转旋翼机带外吊挂系统的非线性飞行力学模型,首先对无外吊挂系统进行配平计算,分析验证了倾转旋翼机本体飞行力学模型的有效性和正确性。接着在此基础上增加 500kg 外吊挂物,吊挂点在以机体重心为原点的机体轴系中的坐标为( -0.3m,0m,1.1m),吊索长度为 3m,重新进行配平计算后,比较分析外吊挂在不同飞行模式、不同飞行速度下对样例整机配平结果的影响,如表 7 - 1 所列。

表 7 - 1   倾转旋翼机带外吊挂系统配平飞行模式

| $i_N/(°)$ | 0 | 15 | 30 | 60 | 90 |
|---|---|---|---|---|---|
| | 0.01 | 40 | 80 | 100 | 140 |
| | 10 | 50 | 90 | 110 | 150 |
| | 20 | 60 | 100 | 120 | 160 |
| | 30 | 70 | 110 | 130 | 170 |
| $X/\mathrm{kn}$ | 40 | 80 | 120 | 140 | 180 |
| | 50 | 90 | 130 | 150 | 190 |
| | 60 | 100 | 140 | 160 | 200 |
| | 70 | 110 | | | 220 |
| | 80 | 120 | | | 240 |

## 7.6.1   系统模型验证

在研究系统平衡性之前,需验证模型的可靠性。将倾转旋翼机无外吊挂系统模型的配平结果与国外通用倾转旋翼机模型 GTRS( Generic Tiltrotor Aircraft Simulation）的结果进行比对,在一定的误差范围内,只要配平结果的变化趋势基本一致,即可认为本章所建立的模型可以反映飞行器的基本飞行特性,可以为分析研究带外吊挂系统的飞行特性提供参考。本章重点对比了倾转旋翼机无外吊挂系统在不同飞行模式、不同飞行速度下的操纵输入量和飞行姿态角。

从图 7-7 至图 7-9 中的数据和变化趋势可以看出,本章模型和 GTRS 模型的配平结果基本一致,虽然有一定的误差,主要原因是 GTRS 模型复杂度高,仿真精度高,但计算效率较低,所建模型在一定程度上简化了旋翼模型,未考虑飞控系统的增稳修正。但可以较好地反映倾转旋翼机的飞行特性,可用于外吊挂对系统飞行特性影响的分析研究。

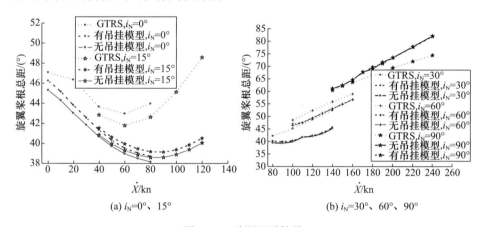

(a) $i_N$=0°、15°

(b) $i_N$=30°、60°、90°

图 7-7　总距配平结果

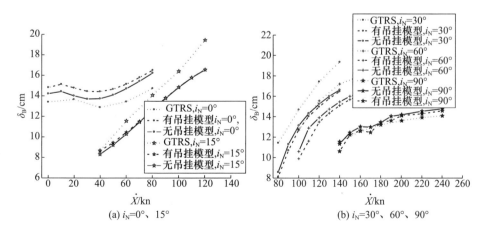

(a) $i_N$=0°、15°

(b) $i_N$=30°、60°、90°

图 7-8　纵向操纵量配平结果

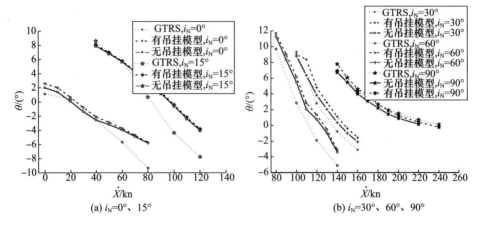

(a) $i_N=0°$、$15°$                    (b) $i_N=30°$、$60°$、$90°$

图 7 - 9    机身俯仰角配平结果

## 7.6.2    外吊挂对系统平衡性的影响

图 7 - 7(a)显示,当短舱倾角较小时,左、右旋翼为系统提供拉力,但随着速度的增加,旋翼尾迹对机翼气动环境的影响减弱,进而使机翼产生的升力增大,系统所需要的总距减小。但当速度继续增大时,系统各组件所受的阻力也随之增大,此时便需要提高总距来提供更多向前的拉力。此时吊挂物对总距的影响比较明显:倾转旋翼机需要增加总距从而提高旋翼拉力来平衡吊挂物的重力。

当短舱倾角大于30°时,如图 7 - 7(b)所示,旋翼尾迹对机翼的气动干扰则可忽略不计,随着速度的增大,需要通过增大总距来平衡增大的气动阻力。此时旋翼拉力变为向前的推力,升力来源也逐渐由旋翼拉力过渡为机翼产生的升力,因此吊挂物会使总距的配平结果稍微增大,但变化幅度甚小。

在直升机模式下,如图 7 - 8(a)所示,纵向操纵同时控制纵向周期变距和升降舵偏角,机翼的气动焦点在机体重心之前会产生抬头力矩,而且随着速度的增加,机翼产生的升力增大,需要增大纵向操纵量来平衡俯仰角的增加。在增加吊挂物后,由于吊挂点位于倾转旋翼机机体重心之后,吊挂物产生一定的抬头力矩,使俯仰角有增加的趋势。为了平衡吊挂物,需要前推纵向操纵杆,从而增大纵向周期变距来提供更大的低头力矩以保证系统重新平衡。也就是说,增加外吊挂物后,机体俯仰角的配平结果会增大(图 7 - 9(a)),纵向操纵量也相应增大。

对于过渡飞行模式和固定翼飞机飞行模式,如图 7 - 8(b)所示,直升机操纵方式逐渐减弱到消失,固定翼飞机操纵方式逐渐起主导作用,纵向操纵量明显减小。此时,升降舵的偏移量随着速度的增加而增大。短舱的倾转使得机体重心前移,机翼升力产生的力矩也逐渐由抬头力矩变为低头力矩,因此在相同速度下,短舱倾角越大,配平所需的纵向操纵量即升降舵偏角越小。增加吊挂物后,由于吊挂点相对于此时的机体重心更加靠后,吊挂物产生抬头力矩,该抬头力矩虽然可以平衡一部分机翼产生的低头力矩,从而使配平需要的纵向操纵量即升降舵偏角相对减小,但却会使重新配平后的机体俯仰角增大(图 7 - 9(b))。

为了更好地反映倾转旋翼机外吊挂在不同飞行模式、不同飞行速度下的姿态变化,进一步研究了吊挂物的俯仰角变化。图 7 - 10 表明随着短舱倾角、飞行速度的增大,外吊挂物相应状态下的俯仰角也逐渐增大,符合正常推理。同时,当 $i_N = 60°$、$X = 160kn$ 时,吊挂物的后摆角已经达到 $45°$,此时吊挂物的存在会影响整个系统的飞行性能,飞行状态存在一定的安全隐患。

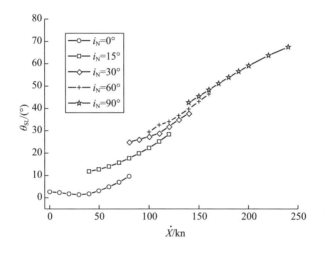

图 7 - 10　吊挂物俯仰角配平结果

以上结果表明,吊挂物的存在对总距的影响主要反映在直升机飞行模式上,此时旋翼拉力是倾转旋翼机 - 吊挂物耦合系统升力的主要来源,为了平衡吊挂物的重量,需要增大总距来实现。直升机飞行模式时,吊挂点位于机体重心之后的吊挂物产生的抬头力矩与气动焦点位于机体重心之前的机翼产生的抬头力矩叠加,需要增大纵向操纵量来提供与之平衡的低头力矩。但随着短舱的倾转,机体重心前移,使得机翼产生的力矩由抬头力矩变为低头力矩,并逐渐增大。吊挂物的存在此时则可以平衡部分低头力矩,使得纵向操纵量相对减少。另外,吊挂物的加入使系统平衡时俯仰角变大。为了保证飞行安全,带外吊挂飞行时短舱倾角应控制在一定范围。

# 7.7 小 结

迄今为止,国内倾转旋翼机相关的研究尚不成熟。倾转旋翼的独特构型使旋翼对机翼及尾翼的气动干扰十分严重,复杂程度高于常规直升机旋翼/机身的气动干扰,其飞行力学模型的建立更加依赖于试验数据,后续研究可进一步细化旋翼、机翼等气动模型,提高飞行力学模型置信度。倾转旋翼机外吊挂飞行既可垂直起降,又扩展了直升机外吊挂的飞行包线,让长距离的快速吊挂运输变得可能,本章对倾转旋翼机及吊挂物飞行力学模型建模进行了研究,为了便于初步研究吊挂物对倾转旋翼机飞行特性影响,分别讨论了刚性吊挂模型和柔性吊挂模型,对于平衡分析,刚性假设可满足计算精度,但在讨论稳定性及飞行品质时,吊索的柔性影响较大,必须加以考虑。此外,为进一步接近实际情况,还应考虑涡脱落和涡街对刚体吊挂物气动特性的影响,吊挂构型可从单点吊挂向多点吊挂拓展。

## 参考文献

[1] Harendra P B,Joglekar M J,Gaffey T M et al. A mathmatical model for real time flight simulation of the Bell model 301 tilt – rotor research aircraft[R]. NASA CR – 114614,1973.

[2] Jhemi A A,Carlson E B,Zhao Y J,et al. Optimization of rotorcraft flight following engine failure [J]. Journal of the American Society,2004,49(2):117 – 126.

[3] Ferguson S W. A mathmatical model for real time flight simulation of a generic tilt – rotor aircraft[R]. NASA CR – 166536,1988.

[4] Maisel M D,Giulianetti D J,Dugan D C. The history of the XV – 15 tilt – rotor aircraft:from concept to flight[R]. NASA SP – 2000 – 4517,Washington,D. C. ,2000.

[5] Fusato D,Guglieri G,Celi R. Flight dynamics of an articulated rotor helicopter with an external slung – load[J]. Journal of the American Helicopter Society,2001,46(1):3 – 13.

# 第 8 章
## 自转旋翼机飞行力学建模

    自转旋翼机是第一种直接使用旋翼产生升力的飞行器,作为直升机的"兄长",它以无动力旋翼为主要升力面,螺旋桨提供推力或者拉力,起飞方式主要是滑跑起飞,有些复杂的自转旋翼机通过安装预转机构或者旋翼桨尖喷气可以实现垂直起降或者超短距起降。自转旋翼从来流中获得能量,如果要保持所需的升力和高度,则需要保持不变的前飞运动。因此,自转旋翼机不能像直升机那样保持空中悬停,但却有更高的效率和更好的飞行性能,它的旋翼始终呈自转状态,所以不需要复杂的传动机构,有的甚至没有旋翼变距机构,不存在反扭矩问题,无需尾桨,结构大大简化,重量轻,容易上手操纵。自转状态的旋翼可产生较大升力而不易失速,旋翼工作状态好,振动和噪声水平较低,由于旋翼时刻处于自转状态,自转旋翼机容易进入自转下滑状态,安全性较直升机更高。许多自转旋翼机的飞行性能与同等质量的直升机相比毫不逊色(最大速度、航程等),如ELA 07 自转旋翼机最大平飞速度可达 180 kn。

    自转旋翼机的首飞比直升机早了十几年,但它的发展道路却非常曲折。早期的自转旋翼机发展为旋翼空气动力学理论奠定了坚实的基础,例如旋翼整体挥舞、摆振和周期变距的控制等都是在自转旋翼机上最先使用,由于自转旋翼机性能和稳定性问题一直没有得到彻底解决,从直升机被发明到 20 世纪 90 年代,自转旋翼机的发展比较缓慢,然而其介于固定翼与直升机之间的飞行特性注定会有用武之地,与轻型固定翼飞机比较,自转旋翼机的爬升性能、有效载荷和最小飞行速度等特性都优于固定翼飞机。近年来,为了进一步提升自转旋翼机的飞行速度,研究人员开始加装机翼在大速度前飞时提供大部分升力,通常将安装有固定翼的自转旋翼机称为 gyroplane,把没有固定翼的自转旋翼机称为 autogyro。

    关于自转旋翼机研究和试验的文献很少,大部分研究都以英国的 VPM M16 为对象。本章以自转旋翼的气动建模为重点,在直升机旋翼气动模型基础上,考虑自转旋翼的特点,建立自转旋翼的气动模型,采用部件级方法建立包含螺旋桨、机身、平尾和垂尾自转旋翼机飞行力学模型,以西班牙 ELA 07 自转旋翼机为样机(图 8 - 1),讨论自转旋翼机的平衡特性和稳定性。

图 8 - 1　ELA 07 自转旋翼机

# 8.1　自转旋翼气动模型

## 8.1.1　自转旋翼的工作原理

自转是自然界中一种常见的现象,如落叶在空气中的运动。旋翼自转是直升机必须具备的能力之一,可在紧急情况下(如发动机停车、尾桨失效等)使直升机具备应急安全飞行着陆的能力,是所有直升机的基本要求之一。

自转旋翼和驱动旋翼都是产生升力的装置,但驱动旋翼的动力来源不同,自转旋翼由迎面的风驱动旋翼转动,从来流中获得能量,自转旋翼机向前运动的拉力或推力由螺旋桨产生。自转旋翼依靠相对气流向上穿过旋翼,带动旋翼产生旋转,而不需要以轴形式输入的功率。以垂直下降状态的驱动旋翼类比(风车状态),设下滑状态的旋翼诱导速度为 $v_i$,下滑速度为 $V_c$,$v_h$ 为悬停状态下的诱导速度,$Q_h$ 为悬停状态下扭矩,根据第 2 章动量理论可知

$$\frac{Q}{Q_h} = \frac{\Omega Q}{\Omega Q_h} = \frac{P}{P_h} = \frac{V_c}{v_h} + \frac{v_i}{v_h} \qquad (8-1)$$

式中:$V_c/v_h$ 与旋翼势能的变化有关;$v_i/v_h$ 为旋翼本身的诱导损失扭矩,可由动量理论计算。实际上,下滑状态的旋翼功率至少还包括型阻功率,则下滑状态的自转旋翼的扭矩可表示为

$$Q = \frac{T}{\Omega}(V_c + v_i) + Q_0 = 0 \tag{8-2}$$

式中：$Q_0$ 为克服型阻所需的扭矩，自转旋翼无动力驱动，故总扭矩为 0。可见，式中 $V_c$ 为负，旋翼必须处于下降状态，结合式（8-1），可得

$$\frac{V_c}{v_h} = -\frac{v_i}{v_h} - \frac{\Omega Q_0}{T v_h} \tag{8-3}$$

式中，型阻部分损失远小于诱导功率的损失，对垂直下降状态的自转旋翼 $V_c/v_h$ 通常在 $-1.9 \sim -1.8$ 之间，而 $v_h = \sqrt{T/2\rho S_1}$，则

$$V_d = 1.9\sqrt{\frac{T}{2\rho S_1}} \tag{8-4}$$

式中：$V_d$ 为自转旋翼产生一定拉力时旋翼必须具有的下降速度。可见，保持旋翼自转的下降速度与桨盘载荷有关，以自转旋翼机的典型桨盘载荷 96N/m² 计算，自转旋翼的下降率约为 12m/s。与直升机不同，自转旋翼机的旋翼时刻处于自转状态，产生自转的能量只能来自于由下而上穿过桨盘的相对气流，因此自转旋翼机无法悬停。前飞时，直升机桨盘前倾产生向前的分力，而自转旋翼机的旋翼桨盘需设计为向后倾倒，相对来流斜向吹来，以产生由下而上穿过桨盘的相对气流，旋翼有了正迎角才能进入自转。这样前飞时旋翼便可持续自旋并产生升力。增大发动机功率将使螺旋桨推力增大，旋翼升力增大，产生爬升速度，同理减小发动机功率将造成高度缓慢下降。由于时刻处于自转状态，如遇发动机停车，自转旋翼机仍可以依靠旋翼自转安全着陆，具有较高的安全性。

自转旋翼机虽然不能垂直起降，但通过旋翼预转技术，即起飞前通过传动装置将旋翼预先驱转，然后通过离合器切断传动链路后起飞，使旋翼机可以鸦式跳跃或超短距起飞；而降落时，通过操纵旋翼锥体后倾，可实现点式着陆，不需要专用机场。

由第 5 章讨论可知，旋翼的气动力除旋翼拉力外，由于旋翼周向气流不对称产生的自然挥舞，旋翼锥体出现侧倒和后倒，对应产生侧向力和后向力。当直升机前飞时旋翼桨盘前倾，旋翼合力产生部分向前的分力，旋翼后向力因桨盘前倾变为向前的分力。自转旋翼机为保证旋翼自转，旋翼被设计为在自然挥舞的基础上进一步后倾，旋翼后向力增大后，成为自转旋翼机飞行中阻力的一部分，如图 8-2 所示。

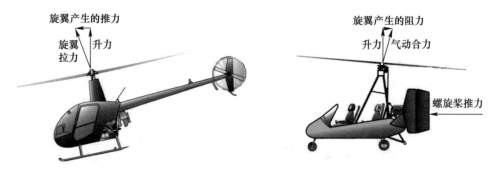

图 8-2　直升机与自转旋翼机平飞气动力对比

## 8.1.2　桨盘受力分析

由于桨盘周向气流不对称,桨叶不同径向位置、不同方位角的剖面气流环境、诱导速度、升力等均不相同。结合第 5 章桨盘迎角、升阻比和诱导速度的分布,对自转旋翼进行分析,如图 8-3 所示。桨盘桨尖部分的叶素来流速度大、迎角小,气动合力向后,阻碍桨叶转动,起阻转作用;桨根部位叶素迎角过大,尤其是后行桨叶部分,已经引起了失速。对于自转旋翼机,由于桨盘气流不对称情况没有驱转旋翼严重,在桨盘中间部分的叶素气动合力向前,驱使桨叶转动,对自转起加速作用。同时也减小了桨根部分由于迎角过大失速或负迎角产生的负升力区域。当整个桨盘起阻碍作用的气动合力等于起驱动作用的气动合力时,旋翼便处于稳定自转状态。

图 8-3 详细展示了上述 3 个区域的叶素气动特性,图中各处叶素气动合力可以分解为相对桨盘平面的竖直垂向分力和水平切向分力,即升力和阻力。代表桨尖部分的区域 A 除叶尖损失部分外,气动合力在斜后方,起阻转的作用;区域 C 部分周向气流减小,迎角增大,气动合力较大且向斜前方,起驱动自转的作用;区域 E 迎角过大产生失速,几乎不产生升力,受阻力变大的影响,气动合力向斜后方,起阻转的作用;桨叶上有两个平衡点,即阻转区与驱动区之间的平衡点 B 以及驱动区和失速区之间的平衡点 D。在这两个点上,虽然产生升力和阻力,但气动合力与旋翼轴平行,总体来说,既不会驱动桨叶加速,也不会使桨叶产生减速。

不同飞行状态也会导致自转旋翼的气动动力分布变化,如图 8-4 所示。垂直下降时,对于整个桨盘,靠近桨叶尖部的阻转区通常包含了旋翼桨盘 30% 的区域,该区域能够产生升力,减缓自转旋翼机的下降率,同时也减缓了旋翼的自转。旋翼桨叶由内至外 25% ～70% 的区域为驱动区。它位于阻转区和失速区

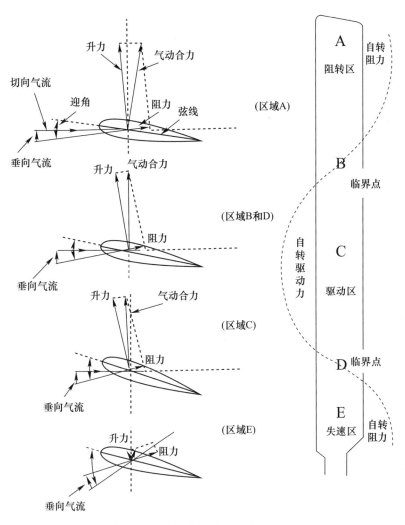

图 8 - 3　自转旋翼桨叶微段气动力

之间,该区域内向前倾斜的气动合力产生升力,并用于驱动旋翼旋转;桨盘半径内段 25% 的区域为失速区,失速区内由于桨叶迎角均超过失速迎角,主要产生阻力,起到减缓旋翼旋转的目的。

前飞时,来流有偏角,由于前飞相对速度的影响,整个旋翼桨盘区域分布如图 8 - 4(b)所示。整个桨盘 3 个区域的大小分布随桨距、前飞速度、下降率和旋翼转速等变化而变化,任何导致这些因素的变化都会引起相关区域的变化。如上提总距,所有区域的桨距都会增加。这会使平衡点 B 沿桨叶内段移动,致使平衡点 D 沿桨叶外段移动。如此,增加了阻转区和失速区,减小了驱转区,旋翼

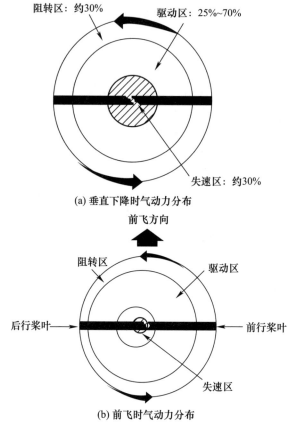

(a) 垂直下降时气动力分布

(b) 前飞时气动力分布

图 8 – 4　自转旋翼的气动力作用区域分布

转速将降低。飞行员可通过调整总距来保持旋翼转速恒定,使驱转区所产生的加速力能够与阻转区和失速区产生的减速力实现平衡。

### 8.1.3　自转旋翼的挥舞

　　自转旋翼机通常采用跷板式旋翼,它由两片桨叶连接到桨毂上,不设置摆振铰。两片桨叶共用一个挥舞铰,挥舞运动就像跷跷板一样,因而得名跷板式。这种桨毂构造具有机构非常简单的优点,桨叶根部具有悬臂梁式约束;缺点是由于水平铰外伸量为 0,其操纵功效和角速度阻尼是所有旋翼构型中最差的,零过载时操纵功效为零,负过载时产生反向的操纵力矩。这种构型旋翼一般只有两片桨叶,桨叶实度小,振动大,适用于轻型直升机。设第 $m$ 片桨叶的挥舞力矩按傅里叶级数展开,即

$$M_{T,m} = M_{T0} + \sum_{n=1}^{\infty} M_{Tc}\cos\psi_m + M_{Ts}\sin\psi_m \qquad (8-5)$$

式中：$\psi_1 = \psi_2 + \pi$，可写成

$$M_{T,m} = M_{T0} + \sum_{n=1}^{\infty} (-1)^{nm}(M_{Tc}\cos\psi_m + M_{Ts}\sin\psi_m) \qquad (8-6)$$

于是，绕跷跷板铰总的挥舞力矩为

$$M_T = M_{T,2} - M_{T,1} = \sum_{n=1}^{\infty} [1 - (-1)^{nm}](M_{Tc}\cos\psi_m + M_{Ts}\sin\psi_m) \qquad (8-7)$$

可见，对于所有偶数阶谐波，来自两片桨叶的挥舞力矩相互抵消了。对于跷跷板旋翼，挥舞模型在之前挥舞方程的基础上作了进一步简化。

### 8.1.4　自转旋翼力和力矩模型

自转旋翼机的旋翼工作原理与直升机旋翼类似，区别在于自转旋翼气流从桨盘下方向上穿过桨盘平面，远处下游尾迹在旋翼的上方，可将分析直升机旋翼气动力和力矩的方法用于分析自转旋翼。

自转旋翼机通常采用跷跷板式旋翼，由于挥舞铰外伸量为 0，不产生桨毂力矩和反扭矩。书中对于单旋翼气动力和力矩的计算，有积分格式和离散格式两种方法，由于缺少样例机旋翼翔实的风洞试验数据，采用积分格式计算，先转换至在旋翼桨毂坐标系 $o_R x_R y_R z_R$ 下，再转换至全机体轴系 $ox_B y_B z_B$ 下，转换中由于自转旋翼轴存在后倒角，将转换矩阵中的旋翼轴前倾角替换为后倒角即可，最终得到旋翼气动力 $X_{B,R}$、$Y_{B,R}$、$Z_{B,R}$ 和力矩 $L_{B,R}$、$M_{B,R}$、$N_{B,R}$。

## 8.2　其他部件气动模型

### 8.2.1　机身气动模型

机身气动模型基于风洞试验数据进行建模，通过风洞试验测得不同迎角、不同侧滑角下的机身气动力和力矩系数。机身气动力与力矩为

$$\begin{pmatrix} -D_{FUS} \\ -Y_{FUS} \\ -L_{FUS} \end{pmatrix} = \frac{1}{2}\rho(u_F^2 + v_F^2 + w_F^2)S_F \begin{pmatrix} C_{X,F} \\ C_{Y,F} \\ C_{Z,F} \end{pmatrix} \qquad (8-8)$$

$$\begin{pmatrix} R_{FUS} \\ M_{FUS} \\ N_{FUS} \end{pmatrix} = \frac{1}{2}\rho(u_F^2 + v_F^2 + w_F^2)S_F l_F \begin{pmatrix} C_{L,F} \\ C_{M,F} \\ C_{N,F} \end{pmatrix} \qquad (8-9)$$

式中：$S_F$ 为机身面积；$l_F$ 为机身参考长度，气动力和力矩系数均为迎角 $\alpha_{FUS}$ 和侧滑角 $\beta_{FUS}$ 的函数。

这样，机身气动力和力矩在机身体轴系 $o'x'_By'_Bz'_B$ 下的形式为

$$
\begin{pmatrix} X_{B,FUS} \\ Y_{B,FUS} \\ Z_{B,FUS} \end{pmatrix} = \begin{pmatrix} \cos\alpha_{FUS}\cos\beta_{FUS} & -\cos\alpha_{FUS}\sin\beta_{FUS} & -\sin\alpha_{FUS} \\ \sin\beta_{FUS} & \cos\beta_{FUS} & 0 \\ \sin\alpha_{FUS}\cos\beta_{FUS} & -\sin\alpha_{FUS}\sin\beta_{FUS} & \cos\alpha_{FUS} \end{pmatrix} \begin{pmatrix} -D_{FUS} \\ -Y_{FUS} \\ -L_{FUS} \end{pmatrix}
$$

$$(8-10)$$

$$
\begin{pmatrix} L_{B,FUS} \\ M_{B,FUS} \\ N_{B,FUS} \end{pmatrix} = \begin{pmatrix} \cos\alpha_{FUS}\cos\beta_{FUS} & -\cos\alpha_{FUS}\sin\beta_{FUS} & -\sin\alpha_{FUS} \\ \sin\beta_{FUS} & \cos\beta_{FUS} & 0 \\ \sin\alpha_{FUS}\cos\beta_{FUS} & -\sin\alpha_{FUS}\sin\beta_{FUS} & \cos\alpha_{FUS} \end{pmatrix} \begin{pmatrix} R_{FUS} \\ M_{FUS} \\ N_{FUS} \end{pmatrix} +
$$

$$
\begin{pmatrix} Y_{B,FUS} \cdot h_{F,G} + Z_{B,FUS} \cdot d_{F,G} \\ -X_{B,FUS} \cdot h_{F,G} - Z_{B,FUS} \cdot l_{F,G} \\ -X_{B,FUS} \cdot d_{F,G} + Y_{B,FUS} \cdot l_{F,G} \end{pmatrix}
$$

$$(8-11)$$

## 8.2.2 平尾气动模型

自转旋翼机的平尾所处的真实气流环境也比较复杂，与单旋翼带尾桨直升机尾桨的区别在于，旋翼尾迹处于桨盘上方，可忽略旋翼下洗和侧洗影响，但要考虑螺旋桨和机身带来的干扰。平尾运动速度分量 $u_{HT}$、$v_{HT}$、$w_{HT}$ 为

$$
\begin{pmatrix} u_{HT} \\ v_{HT} \\ w_{HT} \end{pmatrix} = \begin{pmatrix} u_B - q_B \cdot h_{FG} + r_B \cdot d_{FG} \\ v_B + p_B \cdot h_{F,G} - r_B \cdot l_{FG} \\ w_B + q_B \cdot l_{FG} - p_B \cdot d_{FG} \end{pmatrix} + \begin{pmatrix} u_{HT,F} \\ v_{HT,F} \\ w_{HT,F} \end{pmatrix} + \begin{pmatrix} u_{HT,P} \\ v_{HT,P} \\ w_{HT,P} \end{pmatrix}
$$

$$(8-12)$$

式中：$u_{HT,F}$、$v_{HT,F}$、$w_{HT,F}$ 为机身对平尾的气动干扰速度；$u_{HT,P}$、$v_{HT,P}$、$w_{HT,P}$ 为螺旋桨带来的气动干扰，来自气动试验或气动干扰计算。随后，在平尾风轴系 $o_{HT}x_{HT,w}$ $y_{HT,w}z_{HT,w}$ 下计算来流在平尾上产生的升力和阻力，将平尾升、阻力转换至平尾体轴系得到平尾气动力 $(X_{B,HT}, Y_{B,HT}, Z_{B,HT})$ 和力矩 $(L_{B,HT}, M_{B,HT}, N_{B,HT})$。

## 8.2.3 垂尾气动模型

自转旋翼机垂尾通常安装在尾部外两侧，与平尾类似，可以忽略旋翼对垂尾的干扰，但需要考虑机身和螺旋桨对垂尾的干扰影响。垂尾运动速度分量 $u_{VT}$、$v_{VT}$、$w_{VT}$ 为

$$
\begin{pmatrix} u_{\mathrm{VT}} \\ v_{\mathrm{VT}} \\ w_{\mathrm{VT}} \end{pmatrix} = \begin{pmatrix} 1 & 0 & 0 \\ 0 & \dfrac{\cos\pi}{2} & \dfrac{\sin\pi}{2} \\ 0 & \dfrac{-\sin\pi}{2} & \dfrac{\cos\pi}{2} \end{pmatrix} \begin{pmatrix} u_{\mathrm{B}} - q_{\mathrm{B}} \cdot h_{\mathrm{VT,G}} + r_{\mathrm{B}} \cdot d_{\mathrm{VT,G}} \\ v_{\mathrm{B}} + p_{\mathrm{B}} \cdot h_{\mathrm{VT,G}} - r_{\mathrm{B}} \cdot l_{\mathrm{VT,G}} \\ w_{\mathrm{B}} + q_{\mathrm{B}} \cdot l_{\mathrm{VT,G}} - p_{\mathrm{B}} \cdot d_{\mathrm{VT,G}} \end{pmatrix} + \begin{pmatrix} u_{\mathrm{VT,F}} \\ v_{\mathrm{VT,F}} \\ w_{\mathrm{VT,F}} \end{pmatrix} + \begin{pmatrix} u_{\mathrm{VT,P}} \\ v_{\mathrm{VT,P}} \\ w_{\mathrm{VT,P}} \end{pmatrix}
$$

$$(8-13)$$

式中：$u_{\mathrm{VT,F}}$、$v_{\mathrm{VT,F}}$、$w_{\mathrm{VT,F}}$ 和 $u_{\mathrm{VT,P}}$、$v_{\mathrm{VT,P}}$、$w_{\mathrm{VT,P}}$ 为机身、螺旋桨对垂尾带来的气动干扰。

在垂尾处安装有方向舵，对于方向舵，设舵面襟翼偏角 $\delta_{\mathrm{a}}$ 产生的增量升力系数可表示为

$$
C_{\mathrm{L,FP}} = \frac{a_{\mathrm{FP}}}{\pi} \left[ 2\sqrt{\frac{c_{\mathrm{FP}}}{c}\left(1 - \frac{c_{\mathrm{FP}}}{c}\right)} + \arccos\left(1 - \frac{2c_{\mathrm{FP}}}{c}\right) \right] \delta_{\mathrm{a}}
\qquad (8-14)
$$

式中：$a_{\mathrm{FP}}$ 为舵面翼型升力线斜率；$c_{\mathrm{FP}}$ 为襟翼段弦长；$c$ 为翼型总弦长。舵面襟翼的阻力系数可表示为

$$
C_{\mathrm{D,FP}} = C_{\mathrm{DD}} \delta_{\mathrm{a}}^2
\qquad (8-15)
$$

式中：$C_{\mathrm{DD}}$ 为襟翼阻力系数，与襟翼的几何常数有关，对于典型情况，$C_{\mathrm{DD}}$ 可取 0.01。

因此，在垂尾风轴系 $o_{\mathrm{VT}} x_{\mathrm{VT,w}} y_{\mathrm{VT,w}} z_{\mathrm{VT,w}}$ 下，垂尾和方向舵共同产生的升力和阻力为

$$
L_{\mathrm{VT}} = \frac{1}{2} \rho (u_{\mathrm{VT}}^2 + v_{\mathrm{VT}}^2 + w_{\mathrm{VT}}^2) S_{\mathrm{VT}} (C_{\mathrm{L,VT}} + C_{\mathrm{L,FP}})
\qquad (8-16)
$$

$$
D_{\mathrm{VT}} = \frac{1}{2} \rho (u_{\mathrm{VT}}^2 + v_{\mathrm{VT}}^2 + w_{\mathrm{VT}}^2) S_{\mathrm{VT}} (C_{\mathrm{D,VT}} + C_{\mathrm{L,FP}})
\qquad (8-17)
$$

将垂尾升、阻力转换至垂尾体轴系，可得到垂尾（含方向舵）的气动力 $(X_{\mathrm{B,VT}}, Y_{\mathrm{B,VT}}, Z_{\mathrm{B,VT}})$ 和力矩 $(L_{\mathrm{B,VT}}, M_{\mathrm{B,VT}}, N_{\mathrm{B,VT}})$。

## 8.2.4　螺旋桨气动模型

螺旋桨是一种把发动机的动力变成推力或拉力的装置，与旋翼类似，螺旋桨的工作大都同样在恒速条件下，靠变距实现气动力的变化，不同之处在于螺旋桨没有周向气流不对称引起的挥舞和摆振运动，因此不存在锥度角、后倒角和侧倒角，不提供升力，只产生推力和扭矩。而直升机尾桨同样无周期变距，挥舞运动很小，可忽略，可将其拉力和扭矩计算方法用于螺旋桨，推导出螺旋桨拉力系数、扭矩系数，即

$$C_{T,P} = \frac{a_{S,P}\sigma_P}{2}\left(-\frac{\lambda_P}{2} + \frac{\theta_{0,P}}{3} + \frac{\theta_{T,P}}{4} + \frac{\theta_{0,P}}{2}\mu_P^2 + \frac{\theta_{T,P}}{4}\mu_P\right) \tag{8-18}$$

$$C_{Q,P} = \frac{a_{S,P}\sigma_P}{2}\left(\frac{C_{d,P}}{4a_{S,P}}\mu_P^2 + \frac{C_{d,P}}{4a_{S,P}} + \frac{\theta_{0,P}\lambda_P}{3} + \frac{\theta_{T,P}\lambda_P}{4} - \frac{\lambda_P^2}{2}\right) \tag{8-19}$$

式中:$a_{S,P}$和$C_{d,P}$分别为螺旋桨桨叶翼型升力线斜率和阻力系数;$\sigma_P$为螺旋桨实度;$\mu_P$为螺旋桨前进比;$\lambda_P$为螺旋桨入流比;$\theta_{0,P}$为螺旋桨桨距;$\theta_{T,P}$为螺旋桨桨叶负扭度。入流比和前进比需要转换至螺旋桨体轴系下计算,诱导速度按动量理论迭代式计算,将螺旋桨拉力和扭矩转换至全机体轴系下,有

$$\begin{pmatrix} X_{B,P} \\ Y_{B,P} \\ Z_{B,P} \end{pmatrix} = \begin{pmatrix} \cos\left(\frac{-\pi}{2}\right) & 0 & -\sin\left(\frac{-\pi}{2}\right) \\ 0 & 1 & 0 \\ \sin\left(\frac{-\pi}{2}\right) & 0 & \cos\left(\frac{-\pi}{2}\right) \end{pmatrix} \begin{pmatrix} 0 \\ 0 \\ -\pi\rho\Omega_P^2 R_P^4 C_{T,P} \end{pmatrix} \tag{8-20}$$

$$\begin{pmatrix} L_{B,P} \\ M_{B,P} \\ N_{B,P} \end{pmatrix} = \begin{pmatrix} \cos\left(\frac{-\pi}{2}\right) & 0 & -\sin\left(\frac{-\pi}{2}\right) \\ 0 & 1 & 0 \\ \sin\left(\frac{-\pi}{2}\right) & 0 & \cos\left(\frac{-\pi}{2}\right) \end{pmatrix} \begin{pmatrix} 0 \\ 0 \\ \pi\rho\Omega_P^2 R_P^5 C_{Q,P} \end{pmatrix} + \begin{pmatrix} Y_{B,P}\cdot h_{P,G} - Z_{B,P}\cdot d_{P,G} \\ -X_{B,P}\cdot h_{P,G} + Z_{B,P}\cdot l_{P,G} \\ X_{B,P}\cdot d_{P,G} - Y_{B,P}\cdot l_{P,G} \end{pmatrix}$$

$$\tag{8-21}$$

此外,如果自转旋翼机已经选定了发动机和螺旋桨,则可以根据发动机和螺旋桨厂商提供的螺旋桨最大推力与前飞速度关系曲线,运用插值方法进行计算,计算在给定前飞速度和油门开度的状态下螺旋桨的实际输出推力和扭矩,即

$$\begin{cases} T_P = f(u_B, \chi_P) \\ Q_P = \dfrac{T_P u_B}{\Omega_P} \end{cases} \tag{8-22}$$

式中:$\chi_P$为油门开度,如果没有相关性能曲线,可按动量 - 叶素理论推导出的公式计算。

# ◤ 8.3  全机模型及操纵模型

## 8.3.1  全机模型

在前面小节的基础上,汇总机身、平尾、垂尾、螺旋桨、旋翼的气动力和气动

力矩,全机总气动力和气动力矩为上述气动部件之和,计入重力载荷,考虑自转旋翼机多了一个旋翼自由度,平衡状态自转旋翼反扭矩为零,可得旋翼机七自由度平衡方程组,即

$$\begin{pmatrix} X_B \\ Y_B \\ Z_B \end{pmatrix} + \begin{pmatrix} 1 & 0 & 0 \\ 0 & \cos\phi & \sin\phi \\ 0 & -\sin\phi & \cos\phi \end{pmatrix} \begin{pmatrix} \cos\theta & 0 & -\sin\theta \\ 0 & 1 & 0 \\ \sin\theta & 0 & \cos\theta \end{pmatrix} \begin{pmatrix} 0 \\ 0 \\ m_G g \end{pmatrix} = \mathbf{0} \qquad (8-23)$$

$$\begin{pmatrix} L_B \\ M_B \\ N_B \end{pmatrix} = \mathbf{0} \qquad (8-24)$$

$$Q = 0 \qquad (8-25)$$

## 8.3.2　自转旋翼机操纵模型

早期的自转旋翼机是在固定翼飞机的基础上加装自转旋翼改装而来,为了提高低速时的控制效率,在随后的发展过程中取消了原有的机翼、副翼、升降舵甚至平尾,形成了目前主流旋翼机的布局形式与操纵方式,即"旋翼 + 方向舵"的操纵方式。自转旋翼机飞行时,螺旋桨推力靠操纵发动机油门控制、旋翼纵向和横向周期变距由驾驶杆操纵、垂尾方向舵由脚蹬控制,总距在自转旋翼机起飞后一般是不操纵的。

其中,旋翼的操纵方式也有两种,如图 8 – 5 所示。一种是直接控制,即没有自动倾斜器,靠直接扳动或通过操纵拉杆扳动旋翼桨毂,改变旋翼的构造旋转平

图 8 – 5　直接扳动和通过操纵拉杆扳动操纵旋翼

面使它向所需的方向倾斜,来实现飞行方向的改变,但控制精度较差,随着起飞重量增加,所需操纵力矩会变得非常大,只适用于小型旋翼类飞行器,且无法以"跳飞"方式起飞。另一种是利用自动倾斜器实现周期变距,其旋翼操纵原理同直升机一样。

自转旋翼机不产生反扭矩,无需尾桨,飞行中总距一般不变,因此,自转旋翼机的操纵主要包括 $\delta_T$、$\delta_B$、$\delta_S$、$\delta_R$,分别为发动机油门开度、纵向操纵量、横向操纵量和航向操纵量。

## ■ 8.4  自转旋翼机的配平计算

自转旋翼机非线性平衡方程组 $f(x) = 0$,是由 3 个合力、3 个合力矩方程组和旋翼反扭矩方程组成的七自由度方程组。其中 $x = [\delta_T, \delta_B, \delta_S, \delta_R, \theta, \phi, \Omega]^T$,$f(x) = [f_1, f_2, f_3, f_4, f_5, f_6, f_7]^T$,与直升机和倾转旋翼机相比,自转旋翼机的操纵量和方程组自由度均发生了变化,运用第 4 章飞行力学方程组的求解算法,仍可求得满足精度要求的解。

以 ELA 07 自转旋翼机为样机,开展平衡计算。自转旋翼机的飞行速度通常都在 200km/h 以下,本节选取定直平飞速度为 30m/s、40m/s、50m/s 这 3 个速度点进行研究。在 1km 高度下,求出各个前飞速度下的配平状态量和操纵量。图 8-6 所示为前飞速度为 30m/s、40m/s、50m/s 这 3 个速度下定直平飞的配平图。

旋翼稳定自转是自转旋翼机正常飞行的必要条件,从配平结果可以看出,自转旋翼的稳定转速随前飞速度增加而增大。由动量-叶素理论不难理解,当加大来流速度时,气流合速度变大,叶素剖面迎角增大,使气动合力值变大并向斜前方运动,使得驱动力明显增加、旋翼转速加快。同理,如果增大桨盘后倒角,叶素迎角增大,引起叶素气动合力增大、合力方向向前运动,同样使旋翼转速加快。旋翼转速虽有变化,但范围不大,可理解为旋翼在自转状态下为保证产生恒定升力而随来流变化进行的自动调整。

旋翼后倒角随前飞速度增加而减小,由于旋翼桨盘的入流增大,为了保持一定的升力,桨盘迎角需要减小,为减小旋翼后倒角,需要前推驾驶杆,产生的低头力矩会使样例自转旋翼机的迎角逐渐减小。样例机在速度范围内,桨盘横向倒角变化在 1° 左右,它的主要作用是减小吹风引起的横向挥舞并抵消螺旋桨反扭矩。

俯仰角同样随前飞速度逐渐减小,但减小的幅值不大,选定速度范围内的变化在 3° 以内,这是由于自转旋翼机旋翼主要作用为产生升力,前飞的推力由螺旋桨提供;而直升机为获得较大的前飞速度,必须由较大的桨盘前倾角来获得前向分力,致使产生更大的低头力矩。

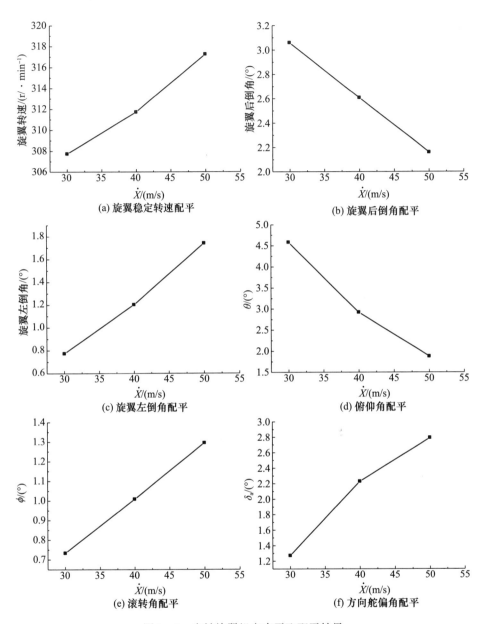

图 8-6　自转旋翼机定直平飞配平结果

样例自转旋翼机在速度范围内的滚转角变化在 0.5° 内，几乎不受速度影响，说明该旋翼机的稳定性较好。方向舵的气动力主要用于平衡旋翼机的偏航力矩，舵偏角在低速时变化稍大，而在平飞速度达 40m/s 后则变化幅度很小，舵面上产生的气动力主要用于平衡机身的偏航力矩。

# ▩ 8.5 自转旋翼机的稳定性分析

## 8.5.1 状态方程

用线性小扰动理论对自转旋翼机进行稳定性研究,自转旋翼机飞行力学方程组增加了自转旋翼转速自由度,控制变量去除了总距,增加油门开度,需要在第 4 章内容基础上,推导增加自转旋翼转速自由度后的自转旋翼机的状态方程和控制方程。自转旋翼机的全量方程组除式(4-7)外,还需要补充旋翼转速自由度方程,可写为

$$\dot{\Omega} = \frac{Q}{I_r} \tag{8-26}$$

式中:$\dot{\Omega}$ 为自转旋翼角加速度;$I_r$ 为自转旋翼绕旋转中心的转动惯量。取扰动变量 $\Delta \boldsymbol{x} = [\Delta u_B, \Delta v_B, \Delta w_B, \Delta p_B, \Delta q_B, \Delta r_B, \Delta\theta, \Delta\phi, \Delta\psi, \Delta\Omega]^T$,根据线性小扰动理论,可将自转旋翼机状态方程改写为以下标准状态方程组,即

$$\Delta \dot{\boldsymbol{x}} = \boldsymbol{A} \cdot \Delta \boldsymbol{x} + \boldsymbol{B} \boldsymbol{u} \tag{8-27}$$

记为

$$\dot{\boldsymbol{y}} = \boldsymbol{A} \boldsymbol{y} + \boldsymbol{B} \boldsymbol{u} \tag{8-28}$$

其中,

$$\boldsymbol{y} = [\Delta u_B, \Delta v_B, \Delta w_B, \Delta p_B, \Delta q_B, \Delta r_B, \Delta\theta, \Delta\phi, \Delta\psi, \Delta\Omega]^T$$

$$\boldsymbol{u} = [\delta_T, \delta_B, \delta_S, \delta_R]^T$$

此处状态矩阵 $\boldsymbol{A}$ 为 $10 \times 10$ 阶,控制矩阵 $\boldsymbol{B}$ 为 $10 \times 4$ 阶,多出的 1 阶为旋翼扭矩的偏导数,进一步分解状态矩阵 $\boldsymbol{A}$ 与控制矩阵 $\boldsymbol{B}$,可得到自转旋翼机解耦后的纵、横向状态方程,即

$$\dot{\boldsymbol{y}}_{lon} = \boldsymbol{A}_{lon} \boldsymbol{y}_{lon} + \boldsymbol{B}_{lon} \boldsymbol{u}_{lon} \tag{8-29}$$

$$\dot{\boldsymbol{y}}_{lat} = \boldsymbol{A}_{lat} \boldsymbol{y}_{lat} + \boldsymbol{B}_{lat} \boldsymbol{u}_{lat} \tag{8-30}$$

其中,

$$\boldsymbol{y}_{lon} = [\Delta u_B, \Delta w_B, \Delta q_B, \Delta\theta, \Delta\Omega]^T, \quad \boldsymbol{u}_{lon}[\delta_T, \delta_B]^T$$

$$\boldsymbol{y}_{\text{lat}} = \left[\Delta v_{\text{B}}, \Delta p_{\text{B}}, \Delta r_{\text{B}}, \Delta\phi, \Delta\psi\right]^{\text{T}}, \quad \boldsymbol{u}_{\text{lat}}\left[\delta_{\text{S}}, \delta_{\text{R}}\right]^{\text{T}}$$

因自转旋翼机状态矩阵 $\boldsymbol{A}$ 与控制矩阵 $\boldsymbol{B}$ 发生变化,此处给出解耦后 $\boldsymbol{A}_{\text{lon}}$、$\boldsymbol{A}_{\text{lat}}$、$\boldsymbol{B}_{\text{lon}}$、$\boldsymbol{B}_{\text{lat}}$ 的具体形式为

$$\boldsymbol{A}_{\text{lon}} = \begin{bmatrix} \dfrac{X_u}{m_{\text{G}}} & \dfrac{X_w}{m_{\text{G}}} & \dfrac{X_q}{m_{\text{G}}-w_0} & -g\cos\theta_0 & \dfrac{X_\Omega}{m_{\text{G}}} \\[2ex] \dfrac{Z_u}{m_{\text{G}}} & \dfrac{Z_w}{m_{\text{G}}} & \dfrac{Z_q}{m_{\text{G}}+u_0} & -g\sin\theta_0\cos\phi_0 & \dfrac{Z_\Omega}{m_{\text{G}}} \\[2ex] \dfrac{M_u}{I_{yy}} & \dfrac{M_w}{I_{yy}} & \dfrac{M_q}{I_{yy}} & 0 & \dfrac{M_q}{I_{yy}} \\[2ex] 0 & 0 & \cos\phi_0 & 0 & 0 \\[2ex] \dfrac{Q_u}{I_{\text{r}}} & \dfrac{Q_w}{I_{\text{r}}} & \dfrac{Q_q}{I_{\text{r}}} & 0 & \dfrac{Q_\Omega}{I_{\text{r}}} \end{bmatrix}$$

$$\boldsymbol{A}_{\text{lat}} = \begin{bmatrix} \dfrac{Y_v}{m_{\text{G}}} & \dfrac{Y_p}{m_{\text{G}}+w_0} & \dfrac{Y_r}{m_{\text{G}}-u_0} & g\cos\theta_0\cos\phi_0 & 0 \\[2ex] \dfrac{I_1 L_v}{I_{xx}}+\dfrac{I_3 N_v}{I_{zz}} & \dfrac{I_1 L_p}{I_{xx}}+\dfrac{I_3 N_p}{I_{zz}} & \dfrac{I_1 L_r}{I_{xx}}+\dfrac{I_3 N_r}{I_{zz}} & 0 & 0 \\[2ex] \dfrac{I_2 L_v}{I_{xx}}+\dfrac{I_1 N_v}{I_{zz}} & \dfrac{I_2 L_p}{I_{xx}}+\dfrac{I_1 N_p}{I_{zz}} & \dfrac{I_2 L_q}{I_{xx}}+\dfrac{I_1 N_q}{I_{zz}} & 0 & 0 \\[2ex] 0 & 1 & \cos\phi_0\tan\theta_0 & 0 & 0 \\[2ex] 0 & 0 & \cos\phi_0\sec\theta_0 & 0 & 0 \end{bmatrix}$$

$$\boldsymbol{B}_{\text{lon}} = \begin{bmatrix} \dfrac{X_{\delta_{\text{T}}}}{m_{\text{G}}} & \dfrac{X_{\delta_{\text{B}}}}{m_{\text{G}}} \\[2ex] \dfrac{Z_{\delta_{\text{T}}}}{m_{\text{G}}} & \dfrac{Z_{\delta_{\text{B}}}}{m_{\text{G}}} \\[2ex] \dfrac{M_{\delta_{\text{T}}}}{I_{yy}} & \dfrac{M_{\delta_{\text{B}}}}{I_{yy}} \\[2ex] 0 & 0 \\[2ex] \dfrac{-Q_{\delta_{\text{T}}}}{I_{\text{r}}} & \dfrac{Q_{\delta_{\text{B}}}}{I_{\text{r}}} \end{bmatrix}, \quad \boldsymbol{B}_{\text{lat}} = \begin{bmatrix} \dfrac{Y_{\delta_{\text{S}}}}{m_{\text{G}}} & \dfrac{Y_{\delta_{\text{R}}}}{m_{\text{G}}} \\[2ex] \dfrac{I_1 L_{\delta_{\text{S}}}}{I_{xx}}+\dfrac{I_3 N_{\delta_{\text{S}}}}{I_{zz}} & \dfrac{I_1 L_{\delta_{\text{R}}}}{I_{xx}}+\dfrac{I_3 N_{\delta_{\text{R}}}}{I_{zz}} \\[2ex] \dfrac{I_2 L_{\delta_{\text{S}}}}{I_{xx}}+\dfrac{I_1 N_{\delta_{\text{S}}}}{I_{zz}} & \dfrac{I_2 L_{\delta_{\text{R}}}}{I_{xx}}+\dfrac{I_1 N_{\delta_{\text{R}}}}{I_{zz}} \\[2ex] 0 & 0 \\[2ex] 0 & 0 \end{bmatrix}$$

## 8.5.2 稳定根和运动模态

自转旋翼机与直升机相比,增加了旋翼转速自由度,因此,运动模态也增加了旋翼转速模态。纵向运动模态包括长周期模态、短周期模态和旋翼转速模态。从表 8-1 中可以看出,解耦状态下,在速度范围内样例机的纵向短周期模态是稳定的,而且随着速度增加稳定性逐渐增强,它的特点是周期很短、衰减快,适宜在较小的时间尺度内观察,主要表现在扰动恢复的初始阶段,迎角、俯仰角速度等主要呈现短周期模态特性。长周期模态在以上几个前飞速度情况下基本稳定,但其变化趋势与短周期相反,即随着前飞速度的增加,长周期模态趋于不稳定。这与长周期模态自身的特点有关,对于自转旋翼机而言,其周期长、衰减慢且容易受到其他因素的影响,适于在较长的时间尺度观察。旋翼转速模态是不稳定的,它是旋翼机特有的一种模态,该模态一直处于不稳定状态,且随着前飞速度的增加,趋于发散。

横向模态通常包括滚转模态、螺旋模态和荷兰滚模态,在某些气动布局、某些飞行状态下,滚转和螺旋极点非常接近,滚转模态和螺旋模态会耦合成一种新的长周期振荡模态,即螺旋-滚转耦合模态,这种情况下飞行器对飞行员的滚转操纵变得迟钝,难以进行航向的精准操纵,对于飞行品质要求较高的军用飞行器,螺旋-滚转耦合模态是不允许出现的。解耦状态下,算例自转旋翼机的横向模态中存在两对共轭复根,出现了荷兰滚模态和螺旋-滚转耦合模态,该耦合模态在前飞速度较低时稳定,较高时不稳定,荷兰滚模态在速度较低时不稳定,速度较高时稳定。此外,还存在特征根为 0 的偏航模态,该模态中立稳定,但对原始的非线性模型,则需要分析其高阶的零动态才能判定其稳定性。

表 8-1　自转旋翼机算例(ELA-07)纵向稳定根

| 根状态 | $\dot{X}=30\text{m/s}$ | $\dot{X}=40\text{m/s}$ | $\dot{X}=50\text{m/s}$ |
|---|---|---|---|
| 纵向稳定根 | $-0.2314\pm1.6393j$<br>$-0.4748\pm0.2869j$<br>$0.2527$ | $-0.3816\pm2.3492j$<br>$-0.3376\pm0.3245j$<br>$0.2732$ | $-0.4616\pm3.0455j$<br>$-0.2782\pm0.3069j$<br>$0.2979$ |
| 横向稳定根 | $-0.0571\pm0.0351j$<br>$0.0256\pm2.6188j$<br>$0.0$ | $-0.0162\pm0.0522j$<br>$-0.0574\pm3.4136j$<br>$0.0$ | $0.0023\pm0.0471j$<br>$-0.1128\pm4.2221j$<br>$0.0$ |
| 耦合状态纵向稳定根 | $-0.4376\pm0.3354j$<br>$-0.0370\pm0.0841j$<br>$0.2498$ | $-0.3111\pm0.3373j$<br>$-0.0059\pm0.0686j$<br>$0.2693$ | $-0.2541\pm0.3139j$<br>$0.0080\pm0.0554j$<br>$0.2909$ |
| 耦合状态横向稳定根 | $0.0788\pm2.5713j$<br>$-0.3405\pm1.7121j$<br>$0.0$ | $0.0252\pm3.3338j$<br>$-0.4990\pm2.4765j$<br>$0.0$ | $0.00241\pm4.1054j$<br>$-0.6008\pm3.2203j$<br>$0.0$ |

耦合状态下,纵向短周期模态和荷兰滚模态一直是稳定的,纵向长周期模态在前飞速度为 50m/s 时变得不稳定,滚转－螺旋耦合模态、旋翼转速模态一直是不稳定的。与解耦状态相比,稳定性分析结果存在明显不同,这说明算例直升机存在纵、横向耦合,把纵、横向分离求解,会带来一定的误差。

为了更加形象地分析自转旋翼机的运动模态,绘出了自转旋翼机的特征根轨迹。从图 8－7 中可以看出,自转旋翼机随着速度的增大,稳定性总体减弱。与其他自转旋翼机相比,该型自转旋翼机个别模态的不稳定主要有两个原因。一是样例机的重心低于推力中心 0.3m,自转旋翼机的历史曾发生由于纵向稳定性而被勒令停飞的事故,后来通过仿真计算发现,通过改变自转旋翼机重心相对于推力线的位置可提高飞机的纵向稳定性,即保证飞机的重心高于推力线水平。二是所建模型没有考虑反馈控制系统,所以是一个开环系统,未能对运动模态起到增稳的作用,对与螺旋－滚转的耦合可以通过增加反馈控制的方法改善该情况。

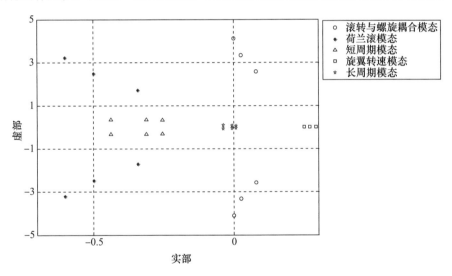

图 8－7　自转旋翼机纵向特征根轨迹

因此,如果仅考虑传统意义上的纵向模态,即长周期模态和短周期模态,样例机纵向模态是稳定的,但如果考虑到自转旋翼的模态,该机纵向模态是不稳定的。

## 8.5.3　模态定量分析

依据第 4 章动稳定性主要指标的计算方法,分析样例自转旋翼机的周期、振荡频率、阻尼比等随前飞速度的变化情况。

### 1. 纵向定量分析

为了更加形象地讨论几个纵向模态的变化情况,以未解耦的样例机纵向特征模态为分析对象,图8-8和图8-9给出前飞速度为30m/s、40m/s、50m/s 纵向模态参数变化规律。纵向短周期模态的一些参数随前飞速度的变化,半衰期、周期、无阻尼自振频率、阻尼比等参数变化幅度都不大。从半衰期曲线可以看出,半衰期在2s 左右,随着速度的增加而增大,表明样例机恢复到初始状态所需的时间增加,纵向短周期模态的稳定性在低速时较高速更优。周期 $T$ 在19s 左右,由于飞行员对长周期的振荡运动可以及时地实施操纵,对长周期振荡的要求可以稍微放宽,通常对于 $10s < T < 20s$ 的周期运动,要求倍幅时间 $t_2 > 10s$,样例机纵向短周期模态均收敛,以满足要求。无阻尼自振频率在0.45rad/s 左右,随着速度的增加而减小,阻尼比在0.7 左右,属于欠阻尼状态,并随着速度的增大而减小。

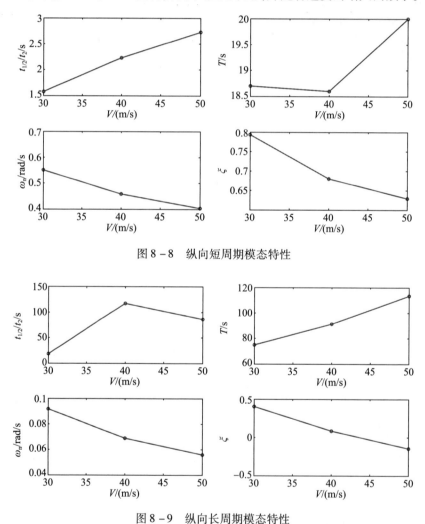

图8-8  纵向短周期模态特性

图8-9  纵向长周期模态特性

纵向长周期模态随前飞速度的增大,它的半衰期、周期变化幅度较大、无阻尼自振频率、阻尼变化幅度较小。从半衰期曲线可以看出,恢复到初始状态所需的时间增加,在前飞速度达 50m/s 时,长周期变得发散,半幅时间变为倍幅时间,表明纵向长周期模态在低速时较高速时稳定。纵向长周期模态由收敛逐渐变为发散,振荡周期随着速度的增加而增大,无阻尼自振频率随着速度的增加而减小,阻尼比在前飞速度小于 40m/s 时属于欠阻尼状态,前飞速度为 50m/s 时阻尼小于零,属于指数型谐振荡发散运动,在速度范围内随着速度的增大而减小。

**2. 横航向定量分析**

以样例机未解耦的横向运动为分析对象,图 8 – 10 给出前飞速度为 30m/s、40m/s、50m/s 横航向模态参数变化规律。

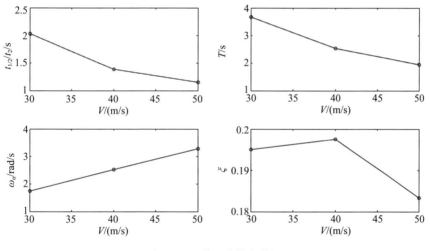

图 8 – 10　荷兰滚模态特性

荷兰滚模态的一些参数随前飞速度的变化如图 8 – 10 所示,在速度范围内半衰期随着速度的增大而减小,均在 2s 以内,该模态随前飞速度增大稳定性增强。周期 $T$ 随着速度的增加而减小,从 3.7s 变到 2s。根据动稳定性的普遍规范,对于 $T \leqslant 5s$ 的周期运动,要求 $t_{1/2} \leqslant 10s$,样例机满足要求。无阻尼自振频率随着速度的增加而增大,从 1.7rad/s 变化到 3.3rad/s,阻尼随着速度的增加先增大后减小,从 0.195 变化到 0.18,变化幅度较小,属于欠阻尼状态。

## 8.6　小　　结

自转旋翼机的历史悠久,发展经历了一波三折,近 20 年重新吸引了人们的注意,在世界范围内,已经超过 1000 种自转旋翼机进行军事和执法应用。由于国内的通用航空产业与欧美国家相比发展相对滞后,自转旋翼机的发展相对较晚,目前国内的自转旋翼机仍然处于理论研究和样机试验阶段。本章从自转旋翼的气动特性入手,对自转旋翼机的飞行力学建模进行了研究,虽然缺乏试飞数据对比,但经分析配平计算结果,飞行力学建模有效且可信。讨论了自转旋翼机的稳定性问题,虽然自转旋翼机有诸多优点和应用价值,但相比于直升机,对其稳定性理论研究还很不成熟,纵向稳定性与直升机类似,经过不断修正,只要通过合理确定各部件相对重心的位置、改变平尾面积和使用反馈控制器等方法,就可以获得较好的稳定性;但对于横航向的稳定性研究尚不透彻,准确地评估样例自转旋翼机的横侧向特性,可能需要建立更准确的飞行力学方程。对于自转旋翼机除英国外尚未有专门的适航标准,根据直升机的适航条例进行适航认证,会导致很多条例不适用于自转旋翼机的情况,一定程度上阻碍了自转旋翼机的发展。

## 参考文献

[1] Leishman J G. Principles of helicopter aerodynamics(2nd Edition)[M]. New York:Cambridge University Press,2006.

[2] CAA Paper 2009/02 The Aerodynamics of Gyroplanes. www. caa. co. uk.

[3] Houston S S. Validation of a rotorcraft mathematical model for autogyro simulation[J]. Journal of Aircraft,2000,37(3):403 – 409.

[4] 朱清华. 自转旋翼飞行器总体设计关键技术研究[D]. 南京:南京航空航天大学,2007.

# 第 **9** 章

# 飞行性能计算及应用

以直升机为代表的旋翼飞行器具备其他飞行器无法实现的垂直起降、空中悬停和低空低速机动飞行能力,独特的飞行特点决定了其不可替代的作用。飞行性能是直升机的关键战术技术指标,主要是指直升机常规飞行状态的性能,包括悬停性能、垂直飞行性能和前飞性能,本章内容不包括机动飞行性能。飞行性能关键取决于不同状态下的剩余功率,即需用功率和发动机可用功率之差。飞行性能指标主要包括最大平飞速度、最大爬升率、使用升限、有(无)地效悬停升限、最大航程、续航时间、经济速度、有利速度和转弯坡度等。

直升机所处的气象和飞行条件易出现温度较低和液态水含量较高的情况,从而产生旋翼结冰问题。旋翼部件的结冰主要引起桨叶气动特性的变化(降低桨叶翼型升力系数,并使桨叶翼型阻力系数增大),从而降低直升机的飞行性能,严重威胁飞行安全。20 世纪 80 年代起,相关研究机构逐步对旋翼结冰展开了探索,我国对结冰后的飞机飞行动力学特性的研究已有一定成果,结冰对直升机飞行性能的影响研究刚刚开始,主要集中在翼型结冰研究及数值模拟,由于旋翼桨叶在不同径向位置和不同方位角具有不同的来流迎角和来流速度,相比固定翼机翼结冰的数值模拟更为复杂。目前,旋翼结冰的数值模拟及其结冰后的飞行性能研究较少。

## ◼ **9.1** 飞行性能计算方法

本章研究的直升机飞行性能指标中,悬停和垂直飞行性能包括最大垂直爬升率、无地效悬停升限、有地效悬停升限。前飞性能包括最大平飞速度、经济速度、有利速度、最大航程、最大续航时间、最大爬升率、使用升限。此外,还考虑了稳定协调转弯时的最大盘旋坡度。飞行性能计算指标如图 9 – 1 所示。

以 UH – 60A 直升机为例,采用离散格式涡流理论模型,引入空气压缩性修正计算旋翼需用功率,计算精度尤其是在大速度前飞条件下较高,是精确计算飞

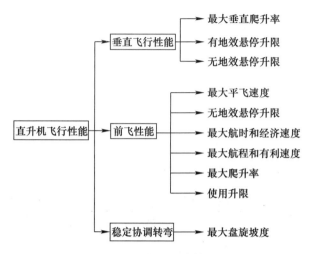

图 9 - 1　飞行性能计算指标

行性能指标的基础。

## 9.1.1　空气密度计算

直升机飞行性能的计算中要涉及高度和升限的计算,空气密度 $\rho$ 随高度变化,在直升机使用高度以下,空气密度和高度的关系可近似表示为

$$\rho = \rho_0 \cdot \left[ \frac{(288.15 - 0.0065h)}{288.16} \right]^{4.265} \qquad (9-1)$$

式中: $\rho_0 = 1.225 \mathrm{kg/m^3}$; 高度 $h$ 的单位为 m。

温度随高度的变化可近似表示为

$$T = 15 - 1.983 \left( \frac{h}{304.8} \right) \qquad (9-2)$$

式中,温度单位为℃,空气密度和温度的关系可近似表示为

$$\rho = \rho_0 \cdot \left[ \frac{(T + 273.16)}{288.16} \right]^{4.265} \qquad (9-3)$$

在已知温度和大气压力的情况下,气压高度可表示为

$$h_p = 0.3048 \times \frac{518.4}{0.00357} \left[ 1 - \left( \frac{p}{p_0} \right)^{0.1903} \right] \qquad (9-4)$$

式中: $p_0 = 1.01301 \times 10^5 \mathrm{N/m^2}$ 为海平面大气压力。

在直升机座舱,气压高度可以从气压式高度表中直接读取,则气压高度同空气密度的关系可表示为

$$\frac{\rho}{\rho_0} = \frac{288.16}{(T+273.16)}\left(1 - \frac{0.0006h_p}{288.16}\right) \tag{9-5}$$

## 9.1.2 发动机特性

目前直升机普遍装配自由涡轮式涡轴发动机,它的涡轮分为动力涡轮和自由涡轮。动力涡轮驱动压气机、起动发电机等附件转动,自由涡轮不与发动机转轴相连,燃气流过动力涡轮后继续带动自由涡轮和旋翼转动。自由涡轮式涡轴发动机的突出特点是,可以改变自由涡轮的转速来适应各种飞行状态对旋翼转速的要求。

涡轴发动机的高度特性遵循功率随高度增加而下降,同时燃油消耗率增大。功率下降速度比大气相对密度 $\rho/\rho_0$ 的降低略慢,这一点涡轴发动机要优于活塞式发动机。发动机转速一定的情况下,随着飞行速度的增加,发动机功率增加,燃油消耗率减小。相比高度特性,飞行速度对功率和燃油消耗率影响较小。

讨论发动机特性时,可采用解析法建立涡轴发动机的数学模型,但该方法需要大量的发动机部、附件数据,且效率不高。在缺乏相应的发动机部、附件特性数据和发动机燃油调节系统模型的条件下,发动机可用功率和耗油率数据可采用现有数据插值计算得到,如表 9-1 和表 9-2 所列,可满足飞行性能计算要求。

表 9-1 算例发动机功率随飞行高度变化

| 高度/m | 起飞状态/kW | 最大连续状态/kW |
|---|---|---|
| 0 | 1279 | 1126 |
| 2000 | 1054 | 951 |
| 4000 | 825 | 763 |
| 6000 | 628 | 604 |

表 9-2 算例发动机油耗变化

| 功率/kW | 油耗/(kg/h) |
|---|---|
| 1279 | 361 |
| 1251 | 354 |
| 1114 | 315 |
| 844 | 255 |
| 562 | 192 |

其中起飞功率为发动机最大转速工作状态,发动机部、部件要承受最大应力和温度,连续工作时间一般不超过 5min。计算最大平飞速度和最大垂直爬升率时,发动机为起飞功率状态,发动机最大连续状态用于正常爬升。

### 9.1.3 功率计算

直升机性能计算的基础是确定飞行范围内的直升机需用功率和发动机可用功率。发动机的出轴功率 $N_M$ 除去传动损失、冷却、液压系统、发电机以及其他设备或附件的消耗后才等于直升机的可用功率。在初步计算时,可近似用功率传递系数 $\zeta$ 计入这些消耗,即

$$N_{ava} = \zeta N_M \qquad (9-6)$$

式中:$\zeta$ 可根据经验估算或由手册查得。

水平飞行时,直升机的需用功率的组成主要有:①用于产生升力的诱导功率;②消耗于带动桨叶旋转的型阻功率;③克服直升机前飞中废阻的废阻功率。此外,当前飞速度增大到某一临界值时,由于空气压缩性、局部激波出现及发展,将出现波阻功率,它使翼型阻力系数急剧增大。在工程计算中,往往在大速度飞行时需用功率计算值跟不上试飞数据的变化,就是由于波阻计算不准造成的。

若考虑空气压缩性修正,则旋翼每个离散区域的阻力系数可表示为

$$C_d^{(i,j)} = C_d(Ma, \alpha^{(i,j)}) + k \qquad (9-7)$$

该因子与旋翼桨盘载荷和马赫数有关,即

$$k = \begin{cases} 2.07\left(\dfrac{2C_T}{a_s\sigma}\right)^2 & Ma_{T90} \leqslant Ma_D \\ 2.07\left(\dfrac{2C_T}{a_s\sigma}\right)^2 + 0.096(Ma_{T90} - Ma_D) + 0.8\left(Ma_{T90} - Ma_D\right)^2 & Ma_{T90} > Ma_D \end{cases}$$

$$(9-8)$$

式中:$Ma_D$ 为发散马赫数,$Ma_D = 0.955 - 1.25t/c$,$t/c$ 为翼型相对厚度;$Ma_{T90}$ 为旋翼桨叶 90°方位角处的桨尖马赫数,且有

$$Ma_{T90} = \frac{\Omega R}{a}\left(1 + \sqrt{\mu^2 + \lambda_0^2}\right)$$

直升机需用功率计算是飞行性能计算的基础。为此,在第 5 章采用离散化桨盘模型的飞行力学模型基础上,利用风洞试验数据分别计算了定直平飞、爬升与下滑(前飞速度 $V = 100\text{kn}$)和稳定协调转弯(转弯速率 $V = 100\text{kn}$)3 种状态的旋翼需用功率,并与试飞数据和参考结果进行了对比,如图 9-2 所示。

其中,稳定协调转弯运动方程参见第 4 章,在爬升和下滑过程中,要在定直平飞的基础上加入垂直速度分量。如图 9-2(a)所示,在大速度前飞的情况下,由于考虑了空气压缩性修正,旋翼需用功率计算时比采用动量理论的旋翼模型

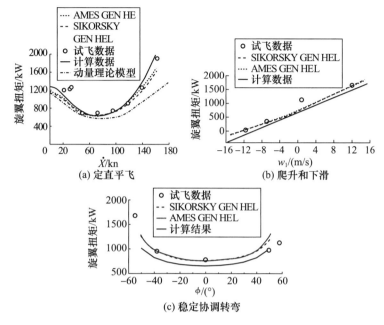

图 9 - 2　旋翼需用功率配平曲线

更为精确。在不同的飞行状态下,本模型需用功率计算与试飞数据和国外模型结果相比,总体趋势完全一致,基本反映了系统特性,可用来进一步计算各飞行性能指标。

## 9.1.4　垂直飞行性能计算

### 1. 最大垂直爬升率

由飞行动力学模型计算得到直升机悬停需用功率 $N_{re}$,则垂直爬升率初值可由下式表示,即

$$V_{T0} = \frac{N_{ava} - N_{re}}{T} \qquad (9-9)$$

式中:$T$ 为旋翼拉力。在指定的高度,爬升状态时取发动机额定状态的可用功率 $N_{ava}$,计算爬升率时由于诱导功率变小而对爬升率进行修正,其修正系数为

$$\kappa = 1 + \frac{1}{1 + \dfrac{V_{T0}}{v_i}} \qquad (9-10)$$

式中:$v_i$ 为该高度下直升机悬停时旋翼的平均诱导速度,则

$$V_T = \kappa V_{T0} \qquad (9-11)$$

**2. 悬停升限**

计算悬停升限是一个反复迭代的过程。按飞行高度迭代,通常取爬升率小于 $V_T = 0.5\text{m/s}$ 时对应的高度称为悬停高度,也称直升机的实用悬停升限。此时,下式成立,即

$$N_{\text{ava}} = N_{\text{re}} \qquad (9-12)$$

直升机在贴近地面悬停和前飞时,地面会对旋翼的下洗气流造成阻碍,进而影响旋翼流场和旋翼性能,造成的结果会使旋翼诱导功率减小,而且直升机越贴近地面,诱导功率减小得越多,与旋翼离地高度和旋翼直径的比值有关。假定在拉力不变的情况下,型阻功率不变,在考虑地面效应的情况下,引入无地效的相对效率 $\eta_0$,则有地效时需用功率为

$$N_{\text{h,re}} = N_{\text{re}}(1 - \eta_0(1 - k_{\text{h}})) \qquad (9-13)$$

$$K_{\text{h}} = \frac{1}{1 + 0.038\left(\dfrac{D}{h}\right)^2} \qquad (9-14)$$

式中:$D$ 为旋翼直径;$h$ 为悬停高度。

## 9.1.5 前飞性能计算

### 1. 最大平飞速度

计算得到任意高度下直升机需用功率随飞行速度的变化曲线后,对比发动机提供的可用功率曲线,两条曲线的交点就给出了功率平衡所确定的最大平飞速度。计算时应考虑气流分离限制和激波失速限制。

### 2. 最大爬升率与使用升限

爬升性能的估算以平飞性能计算为基础,也是一个反复迭代的过程。随着飞行速度的增加,平飞需用功率先降低后升高。如果假设可用功率随速度不变,则在计算爬升性能时,由于平飞和爬升两种飞行状态的旋翼及机身迎角不同,速度分布也不同,因而两者的废阻功率、诱导功率和型阻功率皆有差别。作为近似处理,引入爬升修正系数 $k_{\text{ps}}$,即

$$V_{\text{f0}} = k_{\text{ps}} \frac{N_{\text{ava}} - (N_{\text{re}})_{\text{min}}}{T} \qquad (9-15)$$

式中:$N_{\text{ava}}$ 为可用功率;$(N_{\text{re}})_{\text{min}}$ 为平飞需用功率曲线最低点处,此处剩余功率最大。最大爬升率计算按照式(9-15)计算,其中 $k_{\text{ps}}$ 随飞行速度而变化,一般来说,单旋翼直升机的 $k_{\text{ps}}$ 值在 0.8~0.9 之间,宜取 0.85。

可将式(9-15)计算得到的 $V_{\text{f0}}$ 作为初值,重新计算爬升角、迎角及气流合

速度后,再次计算直升机需用功率和可用功率,并求得 $V_{f1}$,比较两次爬升率,若 $\Delta V_f = |V_{f1} - V_{f0}| \leqslant 0.1\,\text{m/s}$,则满足精度要求,输出结果。

计算使用升限时要不断增加飞行高度并迭代计算爬升率,直到 $V_f \leqslant 0.5\,\text{m/s}$ 时所对应的高度为直升机的动升限或实用升限。

**3. 续航性能**

续航性能是直升机的主要技术指标之一,包括续航时间和航程,主要取决于两方面的因素,即直升机的燃油量和单位时间或单位距离的油耗。其中,发动机的单位耗油率为

$$C_e = \frac{q_h}{N_M} = \frac{q_{km} V_0}{N_M} \tag{9-16}$$

式中:$q_h$ 为小时耗油率(kg/h);$q_{km}$ 为公里耗油率(kg/km);$V_0$ 为飞行速度(km/h)。

由于在巡航飞行过程中燃油消耗量较大,为了较为准确和方便地计算飞行重量,飞行重量采用巡航飞行中的平均值,即

$$m_{ava} = m_h - \frac{1}{2} m_{fu} \tag{9-17}$$

式中:$m_h$ 为起飞重量;$m_{fu}$ 为可用燃油量,它并不等于直升机的燃油装载量,需扣除巡航飞行之外的燃油消耗、应急储备燃油和油箱内的残留燃油。在没有具体数据时估算巡航性能,须扣除的油量为总油量的 10%～15%(大致为应急飞行 30min 所需油量)。

假定在巡航飞行过程中,发动机功率 $N_M$ 保持不变,那么航程和航时分别表示为

$$L_0 = \int \frac{dm_{ava}}{q_{km}} = \frac{\zeta m_{fu}}{C_e \left( \dfrac{N_{re}}{V_0} \right)} \tag{9-18}$$

$$T_0 = \int \frac{dm_{ava}}{q_h} = \frac{\zeta m_{fu}}{C_e N_{re}} \tag{9-19}$$

除了以上计算值外,整个航程和航时还要再加上一部分进入和退出航线的余量,即

$$L = L_0 + \Delta L_1 + \Delta L_2$$
$$T = T_0 + \Delta T_1 + \Delta T_2 \tag{9-20}$$

一般来讲,这段时间和距离分别为 6～8min 和 10～15km。

若发动机油耗 $C_e$ 不随飞行速度变化,$N_{re}$ 为巡航飞行中的需用功率,在 $(N_{re}/V_0)$ 最小时,航程达到最大值。在平飞需用功率曲线上,由原点向该曲线作切线,切点处就是 $(N_{re}/V_0)_{min}$ 点,对应最大航程的速度即为有利速度。在平飞功率曲线

上,$N_{\text{re}}$曲线的最低点对应着航时最久的飞行状态,对应最大航时的飞行速度即为经济速度。

**4. 最大盘旋坡度**

在稳定协调转弯模型的基础上,设定转弯速度,在周期变距杆、总距杆和脚蹬的操纵范围内,发动机功率足够,即计算得到最大盘旋坡度。如取转弯速率 $V=100\text{kn}$,计算得到最大盘旋坡度为 57.4°。

## 9.1.6 算法验证

在高度为 1220m、大气温度为 15℃ 的条件下,UH-60A 直升机飞行性能计算结果如表 9-3 所列。表中的各项飞行性能的参考值来自《直升机手册》。

表 9-3 UH-60A 飞行性能指标计算结果

| 飞行性能指标 | 计算数据 | 直升机手册上数据 |
|---|---|---|
| 最大平飞速度/(km/h) | 299.78 | 296 |
| 经济速度/(km/h) | 149.16 | 无 |
| 有利速度/(km/h) | 203.72 | 无 |
| 航程/km | 465.01 | 592 |
| 航时/h | 2.36 | 2.3 |
| 最大垂直爬升率/(m/s) | 1.89 | 2.08 |
| 最大爬升率/(m/s) | 7.59 | 无 |
| 无地效悬停升限/km | 1.929 | 1.705 |
| 有地效悬停升限/km | 2.983 | 2.895 |
| 使用升限/km | 5.490 | 5.790 |
| 单发巡航速度/(km/s) | 171.53 | 195 |
| 最大盘旋坡度/(°) | 57.4 | 无 |

燃油取机内油箱满载量,起飞重量为直升机空机重量加燃油重量及飞行员重量。计算有地效悬停升限时,要求直升机机轮能够离地面 1.5m。从计算结果的对比可得,建立的直升机飞行性能分析模型与手册数据误差较小,满足工程设计的精度要求。

# 9.2 旋翼结冰后的飞行性能计算

旋翼桨叶结冰严重破坏了桨叶的流场环境,影响气动性能,使得桨叶产生的升力减小、阻力增大、失速迎角减小。桨叶结冰还可能对直升机操纵装置产生影响,恶化直升机的操稳特性,严重威胁飞行安全。此外,旋翼的不完全结冰区域会发生冰脱落现象,可能引起强烈振动,还会与直升机的其他部件相撞,对直升机造成破坏。

结冰问题的研究方法主要有冰风洞试验、飞行试验、数值模拟和工程算法研究等。旋翼结冰的数值模拟多采用 CFD 方法,求解桨叶二维翼型空气流场和水滴流场,引入结冰热力学模型,计算结冰后升、阻力系数增量。该方法的缺点在于耗时较长,难以与飞行力学模型嵌套以进一步研究旋翼结冰对飞行特性的影响。工程模型由于计算效率高但又不失准确性,能被广泛用于工程分析。

目前,对旋翼的结冰问题的建模研究,主要集中在结合冰风洞试验对旋翼扭矩的研究和桨叶翼型的结冰研究。本章在飞行性能模型中引入结冰热力学模型,采用工程公式计算翼型升、阻力系数的增量和挥舞系数的增量,将翼型结冰模型嵌入旋翼气动模型,以 UH - 60A 直升机为例,进一步研究旋翼结冰对直升机飞行性能的影响。这种工程算法既避免了在翼型结冰计算中复杂的数值计算,又可用于预测结冰后的旋翼气动特性和直升机飞行性能计算。

## 9.2.1　旋翼结冰的影响因素

旋翼结冰机理和飞行实践表明,影响旋翼结冰的因素主要有环境温度、液态水含量、水滴直径、结冰时间、飞行状态等。

根据资料统计,直升机在 - 30 ~ 0℃ 的环境温度范围内,都有积冰的可能。云层中的液态水含量(liquid water content,LWC)是影响积冰的重要参数之一。一般来说,液态水含量越高,则在一定时间内撞击在桨叶表面上的水量越多,积冰越严重。水滴直径表示云层中水滴的大小,采用平均有效直径(mean volume diameter,MVD)作为研究依据。由于水滴直径的大小决定了其惯性和所受气动力的大小,从而决定了水滴在流场中的运动轨迹和在桨叶表面的撞击特性,因此水滴直径主要影响水滴撞击特性和桨叶结冰区域的大小。一般来说,直升机在飞行中旋翼结冰的时间越长,桨叶表面的结冰量越多,对飞行的影响越严重。然而,由于旋翼旋转对附着冰产生的离心力作用,结冰时间过长,还可能会使桨叶附着冰层发生脱落,从而能够从某种程度上减缓飞行性能下降的趋势。

影响旋翼结冰的飞行状态主要包括直升机的飞行高度、飞行速度和飞行姿态。空气中的液态水主要分布在 6000m 以下,旋翼结冰大多数发生在这个高度范围内。大气中液态水含量在地面处最高,随高度的增加而迅速下降,在 2000m 高度时,已降到不足地面的一半。飞行速度和飞行姿态影响旋翼的流场,从而影响过冷水滴的运动轨迹,进而对旋翼结冰造成影响。

目前,欧洲航空安全局(European Aviation Safty Agency,EASA)已将结冰条

件载入直升机适航标准,美国联邦航空管理局(Federal Aviation Administration,FAA)也开展了结冰飞行的研究。

### 9.2.2 旋翼结冰工程模型

将离散格式的旋翼模型运用于结冰问题研究,将旋翼桨盘分别沿周向和径向划分计算区域,对每个区域内桨叶微段的来流迎角与马赫数进行均化处理,讨论旋翼结冰情况。

**1. 桨叶表面冰型的确定**

冰风洞试验表明,桨叶表面局部温度 $T_C$ 主要受环境温度 $T_S$、迎角 $\alpha$ 和马赫数 $Ma$ 的影响,有以下经验表达式,即

$$T_C = (T_S + 273.15)(1 + 0.2r_e M^2) + 0.33(\alpha - 6) - 273.15 \quad (9-21)$$

式中:$r_e$ 为复温因子,根据冰风洞试验数据,可采用以下多项式拟合公式计算,即

$$r_e = 0.0944MW^2 + 0.385MW + 0.98M^3 - 1.33M -$$
$$0.0283W^2 - 0.115W + 1.077 \quad (9-22)$$

式中:$W$ 为液态水含量。当 $T_C < 0℃$ 时,桨叶表面结冰。桨叶表面结冰的临界环境温度为

$$T_{ON} = \frac{273.15 - 0.33(\alpha - 6)}{1 + 0.2r_e M^2} - 273.15 \quad (9-23)$$

根据风洞试验数据,桨叶表面结明冰和霜冰的临界环境温度分别为

$$T_{GL} = T_{ON} - 0.33\alpha \quad (9-24)$$

$$T_R = (224.79 \cdot W^2 - 326.25 \cdot W + 35.59)M^2 +$$
$$(-83.05 \cdot W^2 + 57.73 \cdot W - 26.38)M \quad (9-25)$$

桨叶不同径向位置处的表面可能结霜冰、混合冰和明冰,环境温度的变化与表面冰形的关系为:

(1)$T_S < T_R - 2$ 时,桨叶表面结霜冰;

(2)$T_R - 2 \leqslant T_S < T_{GL} + 2$ 时,桨叶表面结混合冰;

(3)$T_R + 2 \leqslant T_S < T_{GL}$ 时,桨叶表面结明冰;

(4)$T_{GL} \leqslant T_S < T_{ON}$ 时,桨叶表面结楔形明冰;

(5)$T_S \geqslant T_{ON}$ 时,桨叶表面不结冰。

**2. 结冰后翼型升阻力系数增量计算**

根据冰风洞试验结果,结冰后翼型升阻力系数增量随一些结冰参数(碰撞水滴惯性系数 $K$、积聚参数 $A_c$、水滴收集率 $E$)而变化。

旋翼桨叶表面碰撞水滴惯性系数 $K$ 是平均水滴直径 $D$、桨叶翼型来流速度 $V$、水滴密度 $\rho_w$、翼型弦长 $c$ 和空气黏性 $\mu$ 的函数，即

$$K = \frac{\rho_w D^2 V}{18 c \mu} \tag{9-26}$$

在典型积冰条件下，$K$ 可作如下修正，即

$$K_0 = 18K\left(Re^{-2/3} - \frac{\sqrt{6}\arctan\left(\frac{Re^{(1/3)}}{\sqrt{6}}\right)}{Re}\right) \tag{9-27}$$

式中：$Re$ 为雷诺数。

积聚参数 $A_c$ 为无量纲质量流量，表征在结冰时间 $\tau$ 内，旋翼桨叶翼型弦长上垂直于来流方向的平面上的结冰厚度，定义为

$$A_c = \frac{VW\tau}{\rho_1 c} \tag{9-28}$$

式中：$\rho_1$ 为冰的密度。

旋翼桨叶翼型剖面总的水滴收集率 $E$ 可采用以下根据翼型冰风洞试验数据拟合得出的经验公式计算，即

$$E = 0.08686\ln K_0 + 0.6111\,\bar{t}^2 - 0.7433\,\bar{t} + 0.56 \tag{9-29}$$

式中：$\bar{t}$ 为桨叶翼型相对厚度。

对于结冰后的桨叶翼型升力系数增量，霜冰、混合冰、明冰均可近似为

$$\Delta C_l = -0.01335 \times K_0\,\bar{t}\left[\alpha + 2 + K_{Ll} \times 0.00555\,(\alpha-6)^2\right]K_L \times 0.1524W\tau/c \tag{9-30}$$

对于结冰后的桨叶翼型阻力系数增量，在 3 种冰形下分别如下。

（1）霜冰，有

$$\Delta C_{d,R} = \left[0.158\ln k_s + 175 A_c E + 1.7\right]\left(\frac{\alpha+6}{10}\right)C_{d,no\,ice} \tag{9-31}$$

式中：$\alpha$ 为桨叶翼型来流迎角；$K_L$、$K_{Ll}$ 为冰风洞试验数据修正系数；$C_{d,no\,ice}$ 为结冰前桨叶翼型阻力系数；$k_s$ 为结冰表面粗糙度，根据文献，利用等效沙粒粗糙度来考虑结冰表面粗糙度对旋翼桨叶结冰的影响，即

$$k_s = 0.6839 k_s^L \cdot k_s^D \cdot k_s^T \cdot k_s^B \tag{9-32}$$

式中：$k_s^L$、$k_s^D$、$k_s^T$ 分别为液态水含量、水滴直径和环境温度对 $k_s$ 的影响系数；基准值 $k_s^B = 0.001177$。

（2）明冰，有

$$\Delta C_{d,\,GL} = K_{D1} \times \left[ 0.00686 K_0 \, \overline{t}^{\,1.5} (\alpha + 6) - 0.0313 \, \overline{r}^{\,2} + \right.$$
$$\left. K_D \times 0.006 M^{2.4} \right] \times 0.1524 \frac{W\tau}{c} \qquad (9-33)$$

（3）混合冰，有

$$\Delta C_{d,\,M} = \Delta C_{d,\,R} - (\Delta C_{d,\,GL} - \Delta C_{d,\,R}) \frac{T_R - 2 - T_S}{4} \qquad (9-34)$$

式中：$K_D$、$K_{D1}$ 为冰风洞试验数据修正系数；$\overline{r}$ 为翼型相对前缘半径。

### 9.2.3 旋翼结冰模型与飞行动力学模型的嵌套

要建立结冰后的飞行动力学模型，首先需把旋翼结冰模型嵌入至旋翼气动模型。令结冰后的翼型升阻力系数为

$$\begin{cases} C_{l,ICE} = C_l + \Delta C_l \\ C_{d,ICE} = C_d + \Delta C_d \end{cases} \qquad (9-35)$$

将式（9-35）代入式（5-13）与式（5-14），即可建立数值离散格式下的结冰后的旋翼气动模型，进而建立离散格式下结冰后的直升机飞行动力学模型。

通过引入旋翼结冰模型，计算旋翼各个划分区域的桨叶翼型升阻力系数增量，进一步计算结冰后旋翼拉力、侧力、后向力和扭矩系数增量，得到结冰后的旋翼力和力矩系数。考虑结冰对旋翼挥舞模型的影响后，引入结冰前的飞行力学模型，从而建立结冰后的直升机飞行力学模型。图9-3所示为结冰后的直升机飞行力学平衡计算流程图。

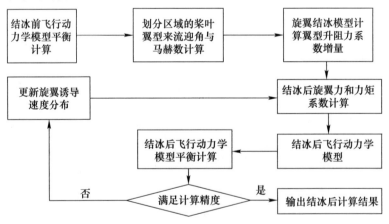

图9-3　直升机结冰后平衡计算流程图

## 9.2.4　旋翼结冰计算

基于离散格式的涡流理论模型,直升机飞行力学模型具有较高的计算精度,能够用来进一步研究结冰对直升机飞行动力学特性的影响。建立结冰后的单旋翼带尾桨直升机飞行动力学模型,以 UH-60A 为算例,讨论直升机旋翼结冰问题,计算条件如表 9-4 所列。

表 9-4　结冰条件

| $\dot{X}$/kn | $T_S$/℃ | $\tau$/s | $D$/μm | $W$/(g/m³) | $N_r$ | $N_\psi$ |
|---|---|---|---|---|---|---|
| 60 | -12 | 60 | 20 | 0.75 | 100 | 144 |

首先给出了结冰前桨叶来流马赫数 $Ma$ 分布和涡流理论下的迎角 $\alpha$ 分布,如图 9-4 所示,据此得到桨叶表面 $T_C$、$T_{ON}$、$T_{GL}$ 和 $T_R$ 的分布。由上述温度分布图可根据旋翼结冰模型来确定桨叶任意径向位置和任意方位角下的结冰情况和冰形。

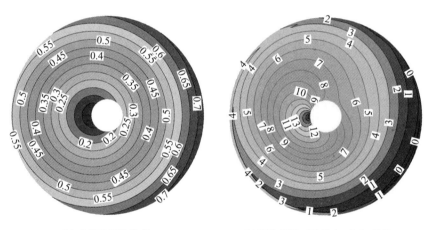

(a) 来流马赫数分布　　　　　(b) 涡流理论下的迎角 $\alpha$ 分布(单位(°))

图 9-4　直升机旋翼结冰前的桨叶来流马赫数与迎角分布

如图 9-5 所示,局部温度大于 0℃ 时,桨叶表面不结冰,局部温度小于 0℃ 时,随着环境温度的变化,桨叶表面分别结明冰、霜冰和混合冰。桨叶在旋转过程中,对于区域 Ⅰ,由于主要受高马赫数的影响,使得桨叶表面结冰临界温度 $T_{ON}$ 较低,局部温度 $T_C > 0$℃,桨叶表面不结冰;对于区域 Ⅱ,局部温度 $T_C < 0$℃,环境温度 $T_S \geqslant (T_R + 2)$℃,但小于结冰临界温度 $T_{ON}$,桨叶表面结明冰;对于区域 Ⅲ,局部温度 $T_C < 0$℃,环境温度 $(T_R + 2)$℃ $> T_S \geqslant (T_R - 2)$℃,桨叶表面结混合冰;对于区域 Ⅳ,局部温度 $T_C < 0$,环境温度 $T_S < (T_R - 2)$℃,桨叶表面结霜冰。

图 9-5　桨盘区域冰形分布

可见,桨盘结冰情况较为复杂,不同位置分布着不同冰型,在判明桨盘不同区域冰型的基础上,计算旋翼各个划分区域的翼型升力系数和阻力系数增量,进一步可得到结冰前后旋翼的升阻比变化,如图 9-6 所示。

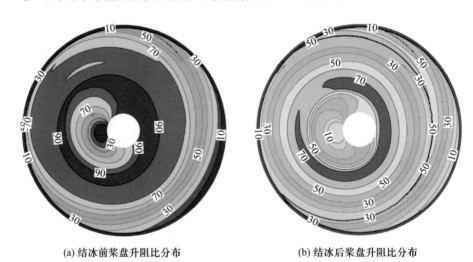

(a) 结冰前桨盘升阻比分布　　　　　　　(b) 结冰后桨盘升阻比分布

图 9-6　结冰前、后桨盘的升阻比分布

与结冰前相比,结冰后的旋翼桨叶翼型升阻比明显下降,升阻比整体约下降了 20,这直接导致了旋翼气动性能的下降。

### 9.2.5　旋翼结冰对飞行性能的影响

在不同结冰情况下，霜冰是由大量颗粒状冰晶组成的粗糙且不透明的积冰，通常在环境温度为 $-20℃$ 左右或温度更低的条件下飞行时遇到，由于冰层较为松脆，容易清除，同时积冰的外形较为规则，对直升机飞行安全危害相对较小。明冰是一种光滑透明、结构致密的积冰，通常直升机在环境温度为 $-10℃$ 左右的条件下飞行时，极有可能遭遇此种类型的积冰。混合冰是霜冰和明冰的混合体，通常在 $-20 \sim -10℃$ 的云层中飞行时极有可能会遭遇此种类型的积冰。与霜冰相比，明冰和混合冰冻结较为牢固，对旋翼桨叶气动性能的破坏较为严重，不易清除，对直升机旋翼的防冰、除冰设备有较高的要求，对飞行安全危害较大。

国外针对环境温度对旋翼需用功率的影响进行了试验研究，在明冰和混合冰的状态下，旋翼需用功率随温度下降迅速增大，环境温度在 $-12℃$ 以下，旋翼结冰已经十分严重，旋翼需用功率将到达结冰前的 $2 \sim 3$ 倍，此时发动机提供的可用功率已经不足以保持直升机飞行，研究直升机的飞行性能指标已经没有意义。而在 $-20℃$ 以下的霜冰状态，旋翼需用功率较明冰和混合冰状态时有所下降，结冰带来的不利影响有所缓和。从直升机防冰系统来讲，在刚开始出现结冰时，就应该进行除冰，在 $-10 \sim 0℃$ 范围内最易出现结冰问题，对直升机飞行影响也最严重，也是除冰系统的主要工作范围。

综合以上分析，以环境温度为 $-5℃$、水滴直径 $5\mu m$、液态水含量 $0.35g/m^3$、结冰时间 20s 为基准结冰状态，研究结冰参量对所选飞行性能指标的影响。采用 9.1 节的飞行性能计算模型，在高度为 900m 时计算旋翼结冰对前飞性能（最大平飞速度、最大爬升率）和悬停性能（最大垂直爬升率）的影响。

**1. 环境温度的影响**

当环境温度在 $-10℃$ 以内，旋翼桨叶冰型多为明冰，旋翼需用功率增量随环境温度的降低而增大，环境温度对最大平飞速度的影响如图 9-7 所示。

随着环境温度的降低，由于旋翼需用功率增量随环境温度的降低而增大，最大平飞速度随之降低。最大平飞速度随结冰时间呈线性下降趋势，且环境温度越低，下降趋势越明显，这说明直升机需用功率呈同样的发展趋势。相比结冰时间，环境温度的影响更为明显。

不考虑结冰时间，环境温度对爬升率的影响如图 9-8 所示，当环境温度低于 $-5℃$，发动机可用功率已经不足以保证悬停时的需用功率，直升机已无垂直爬升能力。由于需用功率曲线呈"浴盆"状，仍可保证一部分飞行性能。可见，环境温度对最大垂直爬升率的影响十分明显，最大爬升率随环境温度几乎呈指数下降。

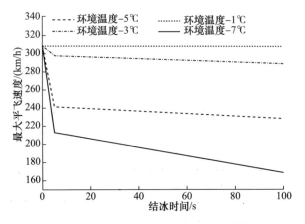

图 9 - 7　环境温度对最大平飞速度的影响

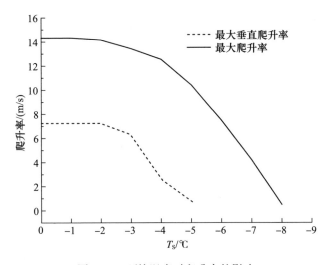

图 9 - 8　环境温度对爬升率的影响

## 2. 液态水含量的影响

　　液态水含量对最大平飞速度的影响如图 9 - 9 所示。一定液态水含量下,虽然最大平飞速度随结冰时间呈线性下降趋势,但变化不大。液态水含量越大,越有利于旋翼结冰,最大平飞速度值越小。

　　液态水含量对爬升率的影响如图 9 - 10 所示,在结冰温度下,只要存在液态水,旋翼便会出现结冰问题并严重影响爬升性能。随着液态水含量的增大,旋翼从微量结冰发展至大量结冰,爬升率不断下降,相比环境温度,液态水含量对爬升率的影响较小。

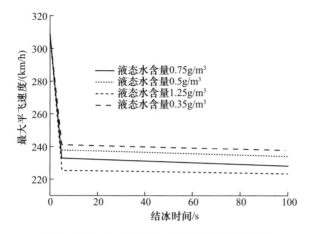

图 9 - 9　液态水含量对最大平飞速度的影响

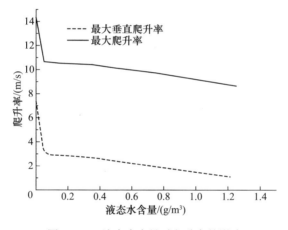

图 9 - 10　液态水含量对爬升率的影响

### 3. 水滴直径的影响

水滴直径对最大平飞速度的影响较小,如图 9 - 11 所示。水滴直径越大,越有利于旋翼结冰,最大平飞速度越低。

爬升性能随着水滴直径的增大而减小,但影响较轻。通过计算,基准状态下水滴直径为 5μm,最大垂直爬升率和最大爬升率分别为 2.70m/s 和 10.42m/s;当水滴直径增大至 10μm 时,两者分别为 2.48m/s 和 10.21m/s;当水滴直径增大至 20μm 时,两者分别为 2.21m/s 和 10.09m/s。

### 4. 结论

通过在每个桨盘划分区域以系数增量形式计入结冰对翼型升阻力特性的影

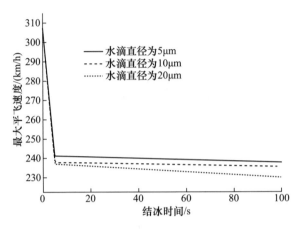

图 9 - 11　水滴直径对最大平飞速度的影响

响,建立结冰后飞行性能计算模型。以 UH - 60A 为例,结合发动机功率数据,分别研究了环境温度、液态水含量、水滴直径和结冰时间对飞行性能的影响。通过分析,结冰后的旋翼需用功率迅速增大,飞行性能下降严重,原有飞行包线已不再适用,如果任由结冰发展,甚至将达到结冰前的 2 ~ 3 倍,将对直升机飞行安全造成严重后果,具体结论如下。

（1）当旋翼桨叶环境温度处于明冰的温度范围时,环境温度的降低会严重降低飞行性能,随着结冰时间的增加,飞行性能进一步降低。

（2）液态水含量会对飞行性能产生一定影响,液态水含量越大,结冰情况越严重,飞行性能也越差。

（3）水滴直径对飞行性能影响较小,最大平飞速度随水滴直径的增大而减小,随着结冰时间的增大,这种趋势略有增加。水滴直径对算例直升机的爬升性能影响不大。

# 9.3　小　　　结

飞行性能计算是飞行力学研究的重要内容之一,飞行性能指标计算不准确的原因之一在于大速度前飞时未考虑前行桨叶激波和后行桨叶气流分离,采用第 5 章离散格式的旋翼气动模型,结合空气压缩性修正,可较为准确地计算直升机飞行性能指标。随后,建立旋翼结冰模型并与离散格式的旋翼气动模型嵌套,可进行结冰后桨盘冰型分布和旋翼气动特性分析,提出了一种旋翼结冰后直升机飞行性能估算方法,计算分析表明,旋翼结冰现象严重降低直升机的飞行性能,缩小了飞行包线,甚至威胁飞行安全,后续可在此基础上结合尾桨结冰、尾面结冰研究,开展全机结冰的飞行力学研究。

## 参考文献

[1] Leishman J G. Principles of helicopter aerodynamics(2nd Edition)[M]. New York:Cambridge University Press,2006.

[2] 王适存. 直升机空气动力学[M]. 北京:航空专业教材编审组,1985.

[3] Ostroff A J,Downing D R,Rood W J. A technique using a nonlinear helicopter model for determining trims and derivatives[R]. NASATN D 8159,1976.

[4] Ballin M G. Validation of a real – time engineering simulation of the UH – 60A helicopter [R]. NASA TM88359,1987.

[5] 倪先平. 直升机手册[M]. 北京:航空工业出版社,2003.

[6] Flemming R J. Correlation of icing relationships with airfoil and rotorcraft icing data[J]. Journal of Aircraft,1986,23(10):737 – 743.

[7] Flemming R J,Lednicer D A. High speed ice accretion on rotorcraft airfoils[R]. NASA CR 3910,1985.

[8] Flemming R J,Randall K B,Thomas H B. Role of wind tunnels and computer codes in the certification and qualification of rotorcraft for flight in forecast icing[R]. NASATM106747,1994.

# 第**⑩**章
# 直升机飞行品质研究

随着直升机应用领域的拓宽和技术的发展,对直升机的要求也更高。直升机的设计和评价指标,也从早期提出的飞行性能和结构强度要求扩展至舒适性、可靠性和任务效能。新的航空设计标准已把直升机飞行品质作为研究重点。直升机飞行品质是直升机在执行任务中对飞行员的适应性,或者说直升机按照飞行员的需要而完成任务的适宜程度,是直升机设计、试飞和使用的依据与标准。

美军很早就制定了相应的飞行品质规范,如20世纪60年代的《直升机飞行及地面驾驶品质的一般要求》(MIL - H8501),20世纪70年代颁布的《有人驾驶垂直/短距起落飞机品质规范》(MIL - F - 83300)(以下简称《品质规范》),目前内容最新且较为完善的飞行品质规范是《军用旋翼飞行器驾驶品质要求》(ADS - 33E - PRF)(以下简称《品质要求》)。以上标准均在不同时期对直升机的设计和试飞发挥了重要作用。我国在充分消化吸收相关美标的基础上,制定了国内的军用直升机飞行品质规范,目前国内直升机的设计、试飞验证全面采用了以ADS - 33E 为蓝本而编制的直升机飞行品质规范,但以 MIL - F - 83300 为蓝本的老规范仍是多个改进型号的设计、试验和试飞的依据和指导性文件。

直升机特别是军用直升机通常具备较强的环境适应性,能够在中雨、中雪及中等结冰条件下继续执行任务,因此开展结冰后的飞行特性研究有较强的现实意义。近年来,国外在直升机旋翼结冰的工程经验算法上有一定研究,仅限于旋翼结冰对旋翼拉力和功率的影响,本章对结冰前后的直升机操纵性、稳定性和飞行品质进行了计算分析,在第9章旋翼结冰后飞行性能研究的基础上,进一步展开旋翼结冰对飞行品质的影响研究。

## ■ 10.1 基于 MIL - F - 83300 的飞行品质研究

《有人驾驶垂直/短距起落飞机军用品质规范》( MIL - F - 83300)将直升机

飞行阶段分为 A 种(要求急剧的机动动作、精确跟踪或精确控制飞行轨迹,如空战、对地攻击、侦察等)、B 种(尽管可能要求精确控制飞行轨迹,但可通过缓慢的机动动作并无需精确跟踪就能正常完成,如爬升、巡航、悬停等)和 C 种(一般采用缓慢的机动动作完成,并常常要求精确地控制飞行轨迹,如垂直起飞/着陆、滑跑起飞/着陆等)。其中,A 种和 B 种为非场域飞行阶段,C 种为场域飞行阶段。在此基础上,进一步将飞行品质分为 3 个等级,并用飞行品质参数的 3 个数值来说明,且每一个数值都是该等级的最低条件。这些等级在一定程度上表示直升机完成使用任务的能力。等级 1 适合于顺利完成使用任务的飞行阶段;等级 2 适合于完成使用任务的飞行阶段,但飞行员负担有所增加,或任务效果有所降低,或两者兼有;等级 3 能满足安全地操纵直升机,但飞行员负担过重,或任务效果不好,或两者兼有,它能安全地终止 A 种飞行阶段的飞行,并能完成 B 种和 C 种飞行阶段的飞行。等级 1 优于或等于给出的等级 1 的边界或数值;等级 2 劣于等级 1,但不劣于等级 2 的边界或数值;等级 3 劣于等级 2,但不劣于等级 3 的边界或数值。当等级 1 和等级 2 所给定的边界或数值相同时,超出上述边界或劣于给定数值的飞行品质至多是等级 3。本节根据《品质规范》的品质评价方式,对 CH－47B 算例直升机悬停开环状态的飞行品质展开研究,主要研究其动态响应特性与操纵特性两个方面。

## 10.1.1　动态响应特性——俯仰(滚转)动态响应

根据《品质规范》3.2.2 节的要求,在座舱操纵机构松浮和固持的两种情况下,当俯仰(滚转)方向上一个外界扰动或一个阶跃操纵输入后,直升机的动态响应应满足表 10-1 的要求。表中 $\omega$ 为振荡频率,单位为 rad/s;$\zeta$ 为阻尼比;$T_2$ 为倍幅时间,单位为 s。

表 10-1　MIL－F－83300 关于直升机悬停和

小速度飞行条件下的俯仰(滚转)动态响应要求

| 评价等级 | 周期模态 | 非周期模态 |
|---|---|---|
| 等级 1 | $\omega > 1.1$ 时,$\zeta \geqslant 0.3$ <br> $\omega \leqslant 0.5$ 时,$\zeta \geqslant -0.1$ <br> $0.5 < \omega \leqslant 1.1$ 时,$\zeta \geqslant 0$ | 稳定 |
| 等级 2 | $\zeta \geqslant 0$ <br> $\zeta < 0$ 时,$\omega \leqslant 0.84$ 时,且 $T_2 \geqslant 12$ | 发散,但 $T_2 \geqslant 12$ |
| 等级 3 | $\zeta \geqslant 0$ <br> $\zeta < 0$ 时,$\omega \leqslant 1.25$ 时,且 $T_2 \geqslant 5$ | 发散,但 $T_2 \geqslant 5$ |

表 10 - 2    CH - 47B 纵列式直升机悬停状态动态响应特性分析

| 状态 | 周期模态稳定根 | $\omega$ | $\zeta$ | $T_2$ | 非周期模态稳定根 | 评价等级 |
|---|---|---|---|---|---|---|
| 俯仰 | $0.0967 \pm 0.465j$ | 0.465 | -0.2036 | 7.166 | -1.0763, -0.3055 | 等级 3 |
| 滚转 | $0.1064 \pm 0.5087j$ | 0.509 | -0.2047 | 6.513 | -0.9806, -0.0499 | 等级 3 |

结合动态响应要求,在悬停状态稳定根的基础上,如表 10 - 2 所列。可见,算例机 CH - 47B 悬停状态下的俯仰、滚转动态响应品质均为等级 3 的水平。实际上,由于算例机悬停状态下的非周期模态稳定,可将周期模态特征根与表 10 - 1 共同绘制成目视飞行等级评价图,可明显看出动态响应特性的评价等级,如图 10 - 1 所示。

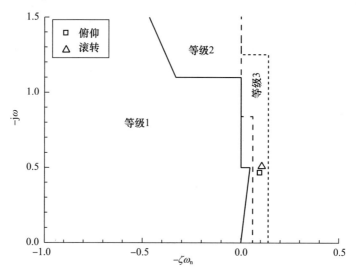

图 10 - 1    动态响应特性目视飞行等级评价分析图

## 10.1.2    动态响应特性——航向阻尼

按照《品质规范》要求,直升机以零空速悬停时,偏航模态应是稳定的,且时间常数 $\tau$ 不应超过下列数值:对于等级 1,$\tau \leqslant 1.0\text{s}$;对于等级 2,$\tau \leqslant 2.0\text{s}$;对于等级 3 来说,偏航时不应有非周期的发散趋势。时间常数 $\tau$ 可用偏航阻尼 $N_r/I_{zz}$ 的负倒数来近似表示,即

$$\tau = -\frac{1}{\dfrac{N_r}{I_{zz}}} \qquad\qquad (10 - 1)$$

根据稳定根计算结果,CH - 47B 算例直升机的偏航阻尼 $N_r/I_{zz} = -0.04392$,

可得出时间常数 $\tau = 22.77\mathrm{s}$。可见,其航向阻尼特性仅满足等级 3 的要求。

## 10.1.3　操纵特性——操纵功效

操纵功效可以理解为飞行员操纵直升机单位操纵输入产生的最大力矩。《品质规范》中 3.2.3.1 节提出,一架直升机所需要的操纵功效可以分为 3 类,即配平操纵功效、机动操纵功效和稳定操纵功效。在一个突然的操纵输入后,1s 内能产生的姿态角的确定值,可以作为需要最小机动操纵功效的衡量尺度。本节主要研究纵列式直升机悬停状态最小机动操纵功效。表 10-3 给出了当风从算例机 CH-47B 最危险的方向吹来,在同时使用俯仰、滚转和偏航操纵极限组合下(各操纵阶跃输入 1.0cm),1.0s 内产生的姿态角变化量。《品质规范》中 3.2.3.1 节规定的 1s 内姿态角变化要求如表 10-4 所列。

由此得出,算例机 CH-47B 最小机动操纵功效,俯仰通道可达到等级 2 水平(几乎接近等级 1 水平);滚转、偏航通道达到等级 3 水平(几乎都接近等级 2 水平)。

表 10-3　CH-47B 纵列式直升机悬停状态极限操纵输入 1s 内姿态角变化

| 状态 | $\theta/(°)$ | $\phi/(°)$ | $\psi/(°)$ |
|---|---|---|---|
| 姿态角变化 | 2.91 | 2.485 | 2.947 |

表 10-4　MIL-F-83300 中极限操纵输入 1s 内姿态角变化要求

| 等级 | $\theta/(°)$ | $\phi/(°)$ | $\psi/(°)$ |
|---|---|---|---|
| 1 | ±3.0 | ±4.0 | ±6.0 |
| 2 | ±2.0 | ±2.5 | ±3.0 |
| 3 | ±2.0 | ±2.0 | ±2.0 |

## 10.1.4　操纵特性——操纵灵敏度

操纵灵敏度是指单位操纵输入引起的初始加速度。它可以用来衡量操纵直升机后所得到的响应的快速性。低的操纵灵敏度使直升机具有缓慢的响应特性,但操纵灵敏度过高也会引起驾驶员的过操纵,危害飞行安全。根据品质规范中 3.2.3.2 节的描述,操纵灵敏度的允许范围可以间接根据单位操纵输入 1s 内的姿态响应来确定。表 10-5 是纵列式直升机 CH-47B 3 个通道单位操纵阶跃输入引起的姿态响应。《品质规范》中 3.2.3.2 节规定的单位操纵输入 1s 内姿态角变化要求如表 10-6 所列。由此得出,算例机 CH-47B 操纵灵敏度,俯仰与滚转操纵灵敏度能达到等级 1 水平,偏航操纵灵敏度在等级 2 范围。

表 10 – 5  CH – 47B 纵列式直升机悬停
状态单位操纵输入 1s 内姿态响应

| 状态 | 俯仰/((°)/cm) | 滚转/((°)/cm) | 偏航/((°)/cm) |
|------|------|------|------|
| 姿态响应 | 2.9 | 3.79 | 2.13 |

表 10 – 6  MIL – F – 83300 中单位操纵输入 1s 内姿态响应要求

| 等级 | 俯仰/((°)/cm) | | 滚转/((°)/cm) | | 偏航/((°)/cm) | |
|------|------|------|------|------|------|------|
| | 最小 | 最大 | 最小 | 最大 | 最小 | 最大 |
| 1 | 1.2 | 7.9 | 1.6 | 7.9 | 2.4 | 9.1 |
| 2 | 0.8 | 11.8 | 1.0 | 11.8 | 1.2 | 17.7 |
| 3 | 0.4 | 15.8 | 0.4 | 15.8 | 0.4 | 19.7 |

# ◤ 10.2  基于 ADS – 33 的飞行品质研究

## 10.2.1  飞行品质要求的特点

2000 年以来,美国新的《品质要求》(ADS – 33E – PRF)的出现,引起了直升机研制部门、使用部门、相关学者的高度关注,相关研究和验证工作随即展开。目前,我国直升机研制已将《品质要求》(ADS – 33E – PRF)作为飞行品质研究蓝本,并对新规范的内容进行了较深入的研究。

新的飞行品质规范 ADS – 33E – PRF 综合了直升机飞行及地面驾驶品质的一般要求(MIL – H – 8501A)颁布后 20 多年来品质规范方面的研究成果,内容广泛、观点新颖、实用性强,并提出了新的判据和要求。归纳起来,新规范有以下特点。

(1) 提出任务科目基元(mission task element,MTE)的概念。新规范以任务为本,其基本出发点是保证直升机飞行品质能够适合规定的任务,且所有的飞行任务都可分解为若干个 MTE 的各种组合。对于每一种 MTE,规范中都有明确的时间和空间限制,有确切的起止点和性能要求,因而这些规定可以保证直升机能够胜任各种任务的需要。如新规范第四章中列出了 17 种机动飞行任务科目基元作为必需的试飞科目,从而基本保证了对直升机机动性的要求。

(2) 响应类型(response type,RT)分档。新规范把响应按照幅值的大、中、小和频率的高、中、低分档,并将两者结合为几种类型,对不同类型规定不同品质要求。如滚转 $\phi < 10°$ 为小幅、$10° \leq \phi \leq 60°$ 为中幅、$\phi \leq 60°$ 为大幅;俯仰分

界值为 10°和 30°。至于频率的高、中、低区分,未见确切数据。对于大小不同的响应分别从不同方面提出不同品质要求。小幅/中高频提出带宽和相位滞后;中大幅/低中频提出姿态敏捷性;小幅/低中频提出动稳定性。此外,在 0 及甚低频范围,要满足配平要求;在 0 及很小幅范围,属准静态稳定性要求的范围。除了对俯仰、滚转、航向、升降 4 个操纵轴的响应分别规定了指标要求外,还规定了轴间耦合的限制,包括俯仰对滚转、滚转对俯仰、总距对俯仰、总距对航向、侧滑对俯仰及滚转的轴间耦合。这些规定比以前的规范更为具体和丰富。

（3）飞行品质评定的三维性。三维性就是把 MTE、环境可知度(usable cue environment,UCE)以及 RT 有机结合共同设定品质等级要求,其中 UCE 又划分为 3 个等级,RT 列出了速率指令、姿态指令、姿态保持、位置保持及其组合共7 种。

（4）对姿态敏捷性提出要求。新规范中用姿态敏捷性评价操纵功效和操纵灵敏度。它主要针对中大幅/低中频的操纵响应而规定,用以表征直升机机动动作的时间短暂性,或操纵产生机动响应的有效性。如滚转通道姿态敏捷性的定义是滚转速率的峰值的改变量对滚转姿态角改变幅值的比值,即 $\Delta p/\Delta\phi$ ,量纲是 rad/s。

（5）对带宽(bandwidth)和相位滞后(phase delay)提出要求。直升机对较慢(低频)操纵一般会有较好的跟随性,操纵响应幅值大致与操纵量成正比,相位滞后也较小。当进行快速或高频操纵输入时,直升机的跟随性变差,这时滞后加大且响应幅值减小,甚至会出现飞行员诱发振荡(pilot induced oscillations,PIO)现象。这表明直升机在某一工作频率内的适应范围,称为带宽。直升机带宽越大,它越能对快速的操纵做出合格的响应。带宽过小的直升机不适合需要高频操纵的机动飞行。

（6）重视飞行试验。在规范第四章中列出了 5 种精确机动科目和 12 种迅猛机动科目的飞行试验,并规定至少由 3 名试飞员按照 Cooper – Harper 评定等级对直升机在每种任务科目基元下的品质做出评定。同时还规定了每一科目的试验目的、方法以及达到"满意的"和"合格的"等级所对应具体时间的数据指标。此外,还要求进行由仪表飞行减速进场科目的试飞和不良目视环境下的 8 种机动科目试飞。

在基于 ADS – 33 – E – PRF 的飞行品质研究中,对 UH – 60A 算例直升机为在前飞速度为 $\dot{X}=30\mathrm{kn}$ 的状态下的带宽、俯仰(滚转)稳定性、姿态敏捷性、轴间耦合与垂直轴操纵功效等进行分析。

## 10.2.2　带宽

在直升机－飞行员形成的闭环系统中,飞行员施加操纵后,直升机会产生相应的姿态响应,直升机响应过慢,显然不适合飞行员操纵。直升机对飞行员操纵快慢的影响,存在一个工作频率的适应范围,称为直升机的带宽。带宽越大,说明该机越能够对快速的飞行员操纵做出合格的响应。对于带宽较小的直升机,飞行员需要小心操作,防止出现"诱发振荡"。ADS-33-E-PRF规范中在频域内要求直升机的操纵响应,即带宽和相位滞后。

相关定义及品质要求如图 10-2 所示。图中出现了两种带宽,取其中较小者为直升机带宽。①相位带宽 $\omega_{BW,P}$:从飞行员开始施加操纵为 0°相位,到直升机产生相应的姿态响应,相频曲线上经历了 180°的变化,在此基础上留出 45°余量,即以 -135°对应的频率定义为相位带宽;②增益带宽 $\omega_{BW,G}$:在 -135°相位对应的幅值上留出 6dB 的余量,对应的频率即为增益带宽。相位滞后指标 $\tau_p$ 表示飞行员操纵频率接近 $\omega_{180}$ 时,直升机走向不稳定的快慢程度。有定义

$$\tau_p = \frac{\Delta\phi_{2\omega_{180}}}{57.3(2\omega_{180})} \qquad (10-2)$$

图 10-2(a)和图 10-2(b)所示为俯仰、偏航和滚转通道带宽品质要求,按任务基元(MTE)分为目标捕获跟踪任务(target acquisition and tracking,TAA)和其他,按环境感示度(UCE)分类分为全部注意力飞行和分配注意力飞行。图 10-2(d)所示为其他任务基元在分配注意力飞行时的带宽品质要求。

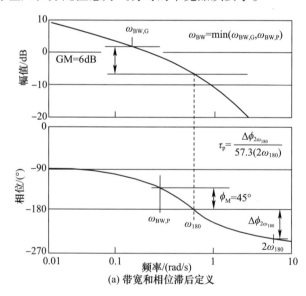

(a) 带宽和相位滞后定义

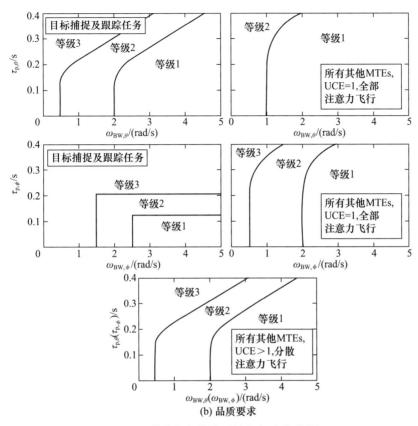

(b) 品质要求

图 10-2　带宽与相位滞后的定义及品质等级

因解耦后的直升机状态方程会丢失许多交叉耦合项,导致解耦出来的系统与原系统相比有一定的失真,因此在计算飞行品质时采用全耦合状态方程。由此可得算例直升机俯仰、滚转和偏航通道的伯德图,如图 10-3 所示。

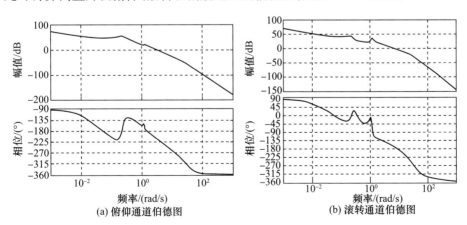

(a) 俯仰通道伯德图　　　　　　　　　(b) 滚转通道伯德图

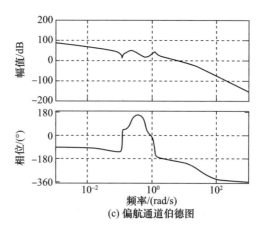

(c) 偏航通道伯德图

图 10 - 3　算例直升机前飞时 3 个通道的伯德图

按照定义,计算各通道带宽及相位滞后如表 10 - 7 所列。

表 10 - 7　算例直升机俯仰、滚转和偏航通道带宽和相位滞后指标

| 通道 | $\omega_{180}/(\text{rad/s})$ | 增益带宽 $\omega_{\text{BW,P}}/(\text{rad/s})$ | 相位带宽 $\omega_{\text{BW,P}}/(\text{rad/s})$ | 相位滞后 $\tau_{\text{p}}/\text{s}$ |
|---|---|---|---|---|
| 俯仰通道 | 1.38 | 0.894 | 0.527 | 0.182 |
| 滚转通道 | 8.48 | 5.45 | 2.69 | 0.0418 |
| 偏航通道 | 2.26 | 1.68 | 1.28 | 0.0459 |

可以看出,算例直升机在给定小速度飞行情况下,俯仰、滚转及偏航通道均具有中等程度的带宽,相位滞后较小。根据品质要求,滚转通道在执行 TAA(目标捕获及跟踪)任务和当可用感示环境 UCE > 1 及 UCE = 1 时处于等级 1 内;俯仰通道在执行 TAA 任务和当可用感示环境 UCE > 1 及 UCE = 1 时处于等级 2 内;偏航通道在执行 TAA 任务和当可用感示环境 UCE > 1 时均处于等级 2 内。可见,算例直升机作为战术通用直升机,具有较好的带宽品质,随着前飞速度的增大,其带宽飞行品质将进一步改善。

在以上计算 3 个通道的带宽时,带宽和相位滞后都按照定义从 Bode 图中正常求得。在实际计算带宽飞行品质指标时,常会出现一些状况,根据作者自己计算带宽时的经验,总结了以下几种情况。

(1) 相频曲线穿过 -135°线,但没有穿过 -180°线时。说明此时增益带宽可为任意带宽,即无论增益带宽为多大,都不会使直升机发生诱发振荡。此时,无需关注增益带宽,而只需要关注相位带宽,即以 -135°线所在的带宽为系统带宽。这种现象通常出现在开环状态下计算直升机的带宽品质时,加入直升机增稳系统后,相频曲线将穿过 -180°线,改善此现象。

（2）相频曲线没有穿过 -135°线，且在 -135°线之上。这种情况下没有办法考虑增益带宽。而此时，相位带宽也无需考虑，这意味着无论以多大带宽操纵直升机，都不会发生诱发振荡，这显然是不切实际的。截至目前的计算经验，在计算直升机带宽上还没碰到这种情况。

（3）相频曲线没有穿过 -135°线，且在 -135°线之下。这时，首先根据是否穿过 -180°线确定增益带宽（选取最小值）。然后，根据定义可知，相位带宽应是穿过 -135°线的点，而此时没有此点，说明此种情况下，无论直升机以何种带宽操纵，都是在诱发振荡的边缘，即操纵是在45°相位内（即 -135° ~ -180°相位之间）执行的，诱发振荡随时可能发生，带宽飞行品质最差。理论上，此时相位带宽不存在。若出现此状况，首先应检查飞行力学模型和飞行品质计算是否出现错误。

## 10.2.3　动稳定性

若直升机受扰后经过渡仍能返回受扰前的飞行状态，说明直升机具有一定的动稳定性。与《品质规范》(MIL - F - 83300) 中动态响应要求类似，若扰动振荡运动周期较短，则对其阻尼要求较高；若振荡运动频率较小，则对其阻尼要求降低。具有良好飞行品质的直升机应在受扰动后迅速恢复到受扰前状态。评判动稳定性，主要参考阻尼比 $\zeta$ 和自然频率 $\omega_n$ 两个参数，品质等级应满足图 10-4 所示限制要求。

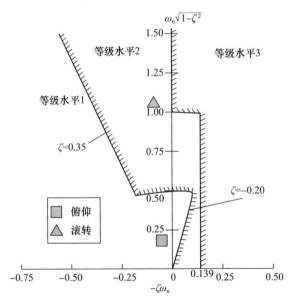

图 10-4　算例直升机俯仰、滚转通道稳定性分析

在给定前飞速度状态下，计算了算例直升机的俯仰、滚转通道的稳定性，如

图 10-4 所示。由图 10-4 可见,算例直升机在俯仰通道动稳定性处于等级 1 水平,滚转通道动稳定性处于等级 2 水平。

## 10.2.4　姿态敏捷性

姿态敏捷性的指标是姿态角速率变化峰值与姿态角改变幅值之比,即 $q_{pk}/\Delta\theta_{pk}(p_{pk}/\Delta\phi_{pk}、r_{pk}/\Delta\psi_{pk})$,如图 10-5 所示。它反映了直升机由一种飞行状态向另一种状态变化的能力。若姿态变化最小值($\Delta\theta_{min}$、$\Delta\phi_{min}$ 或 $\Delta\psi_{min}$)相同,则姿态角速率变化峰值与姿态角改变幅值之比越大,姿态敏捷性越好。本书在全耦合状态下,按上述定义计算俯仰、滚转和偏航通道的姿态敏捷性。对算例直升机施加纵向(横向、偏航)操纵 1.0cm 脉冲输入,计算它的脉冲响应。

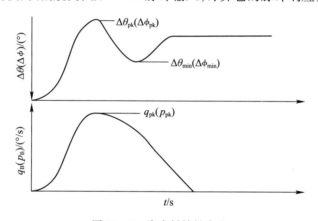

图 10-5　姿态敏捷性定义

按照定义,表 10-8 给出了俯仰、滚转和偏航通道的姿态敏捷性指标计算值。需要注意的是,本模型未加入飞控系统,属于开环状态,此状态下施加输入后直升机姿态振荡发散,故姿态变化最小角度与姿态角改变幅值取值相同,仍取姿态响应曲线上的第一个峰值。如果加入控制系统,不会出现振荡发散现象,在操纵输入后经历第一个峰值后,直升机姿态响应会迅速收敛至稳态值。

表 10-8　算例直升机姿态敏捷性指标

| 俯仰 | $q_{pk}/(°/s)$ | $\Delta\theta_{pk}/(°)$ | $\Delta\theta_{min}/(°)$ | $q_{pk}/\Delta\theta_{pk}$ |
|---|---|---|---|---|
| | 11.1 | 17.14 | 17.14 | 0.649 |
| 滚转 | $p_{pk}/(°/s)$ | $\Delta\phi_{pk}/(°)$ | $\Delta\phi_{min}/(°)$ | $p_{pk}/\Delta\phi_{pk}$ |
| | 7.14 | 12.3 | 12.3 | 0.580 |
| 滚转 | $r_{pk}/(°/s)$ | $\Delta\psi_{pk}/(°)$ | $\Delta\psi_{min}/(°)$ | $r_{pk}/\Delta\phi_{pk}$ |
| | 11.6 | 20.3 | 20.3 | 0.558 |

为了便于查看各操纵通道姿态敏捷性计算结果处于哪一等级,将姿态敏捷性计算结果标注在飞行品质等级图上。如图 10 - 6 所示,由最上方两图可知,算例直升机俯仰通道对于 TAA 任务,在等级 2 范围;对于所有其他 MTE,在等级 1 范围。由中间两幅图可知,算例直升机滚转通道对于 TAA 任务,在等级 3 范围;对于所有其他 MTE,在等级 2 范围。算例直升机偏航通道对于 TAA 任务,在等级 3 范围,接近等级 2。

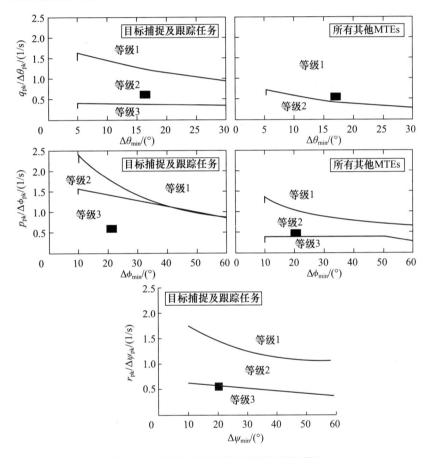

图 10 - 6 算例直升机姿态敏捷性指标等级

## 10.2.5 轴间耦合特性

轴间耦合是指某一轴(或通道)上的操纵输入对其他轴(或通道)所产生的响应。轴间耦合不利于直升机操纵,主要分为总距和偏航的耦合、俯仰和滚转的耦合以及滚转和俯仰的耦合。

以总距和偏航的耦合为例,分析了算例直升机轴间耦合情况。在航向操纵机构松浮的情况下,总距阶跃操纵输入后,引起的偏航角速度响应不应过大,以偏航角速度响应 $r_3$ 和第3s末的垂向速度响应 $w(3)$ 之比 $|r_3/w(3)|$ 作为总距和偏航轴间耦合特性评价标准。$r_3$ 可表示为

$$r_3 = \begin{cases} r(3) - r_1 & r_1 > 0 \\ r_1 - r(3) & r_1 < 0 \end{cases} \tag{10-3}$$

式中:$r(3)$ 为总距阶跃操纵输入后第3s末的偏航角;若偏航角速度响应在3s内存在峰值,则 $r_1$ 取第一个峰值,否则 $r_1$ 取 $r(1)$,$r(1)$ 为1s末的偏航角响应。

由图10-7可得,$r_3/|w(3)| = 0.3778$,$|r_1/w(3)| = 0.0442$,算例直升机总距-偏航耦合处于等级1水平。

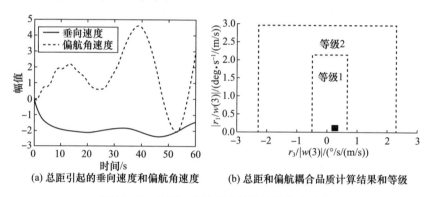

图10-7 总距-偏航耦合计算结果品质要求

### 10.2.6 垂直轴操纵功效

垂直轴操纵功效是直升机最重要的飞行品质评价内容之一。按飞行品质规范规定,快速上提或下压总距杆偏离原平衡位置,自操纵起1.5s后,直升机产生的垂向速度 $w_{1.5}$ 可以作为垂直轴操纵功效的评价指标。表10-9给出了直升机垂直轴操纵功效品质要求。此外,在施加总距阶跃操纵5s内,直升机垂向速度应具有大致为一阶的形状(即直线变化)。

表10-9 垂直轴操纵功效品质要求

| 垂向速度 | 等级1 | 等级2 | 等级3 |
|---|---|---|---|
| $w_{1.5}/(m/s)$ | 0.81 | 0.28 | 0.20 |

计算时,对总距施加1.0cm的阶跃输入,求解由总距操纵引起的垂向速度响应曲线。如图10-7(a)所示,垂向速度响应曲线在5s内呈直线,同时得到

1.5s 处垂向速度 $w_{1.5}=0.912\mathrm{m/s}$。可见,算例直升机的垂直轴操纵功效处于等级 1 的范围。

### 10.2.7　横向突风扰动

横向突风扰动对直升机悬停状态下的安全性能危害较大。按照品质规范要求,在受到来自最危险方向的阶跃突风扰动后的前 3.0s 内,偏航角速度变化峰值($r_\mathrm{pk}$)与突风速度幅值($V_\mathrm{g}$)之比越小越好。为分析直升机横向突风扰动品质,本节在线性小扰动理论下的状态方程基础上建立了以下一种横向突风扰动输入模型。

令直升机标准状态方程式(4 - 28)中的控制矩阵 $\boldsymbol{u}=\boldsymbol{0}$,同时取横向突风扰动量为 $\Delta v$,则

$$v = v' + \Delta v \tag{10 - 4}$$

式中:$v'$ 可理解为不计横向突风扰动影响时 $v$ 的变化量。综合标准状态方程式(4 - 28)及 $\boldsymbol{u}=\boldsymbol{0}$,可以得到横向突风扰动输入模型为

$$\dot{\boldsymbol{y}} = \boldsymbol{A}\boldsymbol{y} + \boldsymbol{B}_1 \Delta v \tag{10 - 5}$$

式中:$\boldsymbol{B}_1$ 为状态矩阵 $\boldsymbol{A}$ 的第 2 列。

计算时,对该模型施加幅值为 $V_\mathrm{g}$ 的阶跃输入,求解输入后最初 3s 内偏航角速度的峰值 $r_\mathrm{pk}$。经过计算,$r_\mathrm{pk}/V_\mathrm{g}=1.743\left[(^\circ/\mathrm{s})/(\mathrm{m/s})\right]$。根据品质要求(表 10 - 10),算例机横向突风扰动品质在等级 2 范围。

表 10 - 10　横向突风扰动品质指标最大允许值

| 偏航角速度峰值 | 等级 1 | 等级 2 |
|---|---|---|
| $r_\mathrm{pk}/V_\mathrm{g}/\left[(^\circ/\mathrm{s})/(\mathrm{m/s})\right]$ | 0.98 | 3.3 |

## 10.3　旋翼结冰对操纵性、稳定性的影响

结合旋翼结冰模型与直升机飞行力学模型,以 UH - 60A 为样机,进行结冰后的操稳特性研究。在表 10 - 11 所给的 5 种旋翼结冰状态(icing condition,IC)下细致研究结冰参量(环境温度、液态水含量、水滴直径和结冰时间)带来的影响。

表 10 - 11　旋翼结冰状态

| 结冰状态 | $T_\mathrm{S}/^\circ\mathrm{C}$ | $W/(\mathrm{g/m^3})$ | $D/\mu\mathrm{m}$ | $\tau/\mathrm{s}$ |
|---|---|---|---|---|
| ① | -25.0 | 0.75 | 20 | 100 |
| ② | -30.0 | 0.75 | 20 | 100 |

| 结冰状态 | $T_S/℃$ | $W/(g/m^3)$ | $D/\mu m$ | $\tau/s$ |
|---|---|---|---|---|
| ③ | −25.0 | 1.50 | 20 | 100 |
| ④ | −25.0 | 0.75 | 25 | 100 |
| ⑤ | −25.0 | 0.75 | 20 | 300 |

## 10.3.1 对稳定性的影响

表10-12列出了UH-60A在5种旋翼结冰状态下的非耦合运动状态稳定根的典型计算数据。可见,旋翼结冰对直升机非周期模态的影响不大,但导致直升机周期模态的恶化,最终使结冰后的稳定性下降。由不同结冰状态对直升机稳定性的影响分析可知,液态水含量和结冰时间的增加同样对直升机稳定性产生着严重的影响。

表10-12  直升机纵向与横航向稳定根计算结果

| 结冰状态 | 纵向 | | 横航向 | |
|---|---|---|---|---|
| | $\dot X=40kn$ | $\dot X=80kn$ | $\dot X=40kn$ | $\dot X=80kn$ |
| 结冰前 | −0.24955±0.08406j<br>−0.76781,0.11493 | −0.79559±0.88573j<br>−0.01084±0.12897j | −0.06830±1.18998j<br>−3.76873,−0.05864,<br>0.0 | −0.09274±1.68922j<br>−3.92513,−0.02721,<br>0.0 |
| ① | −0.12766±0.24432j<br>−1.09716,0.22478 | −0.77166±0.60003j<br>−0.01277±0.12946j | −0.07923±1.27110j<br>−3.89605,−0.06299,<br>0.0 | 0.05781±1.82791j<br>−4.35531,−0.04992,<br>0.0 |
| ② | −0.13588±0.23560j<br>−1.06649,0.20452 | −0.77673±0.63907j<br>−0.01339±0.12946j | −0.06764±1.29675j<br>−3.95716,−0.07064,<br>0.0 | 0.04544±1.81468j<br>−4.33660,−0.04877,<br>0.0 |
| ③ | −0.00610±0.19217j<br>−1.24753,0.11018 | 0.00323±0.19742j<br>−0.96273,−0.62828 | 0.00692±1.42209j<br>−4.48869,−0.10648,<br>0.0 | 0.18648±2.01403j<br>−5.02031,−0.06885,<br>0.0 |
| ④ | −0.10622±0.22961j<br>−1.12041,0.19328 | −0.77618±0.53320j<br>−0.01379±0.13336j | −0.04327±1.33455j<br>−4.11894,−0.08272,<br>0.0 | 0.08931±1.86757j<br>−4.53234,−0.05521,<br>0.0 |
| ⑤ | −0.02163±0.19809j<br>−1.22904,0.12516 | −0.78806±0.15440j<br>−0.00085±0.18982j | −0.00443±1.40345j<br>−4.39275,−0.10242,<br>0.0 | 0.18123±1.99915j<br>−4.92078,−0.06948,<br>0.0 |

## 10.3.2 对操纵性的影响

根据《品质规范》(MIL-F-83300)的描述,直升机的操纵性主要从操纵功效和操纵灵敏度两个方面来分析:在一个突然的操纵输入后,1s 内能产生的姿态角的确定值,可以作为需要最小机动操纵功效的衡量尺度;操纵灵敏度的允许范围也可间接根据单位杆单位操纵输入 1s 内的姿态响应来确定。可见,衡量操纵性的两个指标均可根据俯仰(滚转或偏航)通道的阶跃操纵输入响应来确定。据此,对样机在前飞速度 $\dot{X}=10\mathrm{kn}$ 的飞行条件下,施加 1.0cm 的纵向(横向或航向)阶跃操纵,研究给出的 5 种结冰状态对直升机操纵性的影响。图 10 - 8 给出了纵向 1.0cm 阶跃操纵下,5 种结冰状态对俯仰角和俯仰角速度响应的影响。

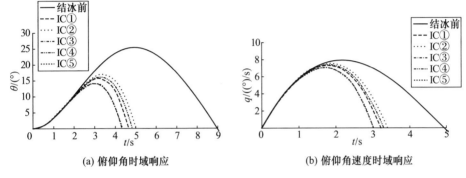

(a) 俯仰角时域响应　　　　　　　(b) 俯仰角速度时域响应

图 10 - 8　俯仰角和俯仰角速度的时域响应

　　如图 10 - 8 所示,旋翼结冰降低了直升机俯仰角和俯仰角速度的响应峰值,操纵响应变差。从 5 种结冰状态下的响应时间历程来看,液态水含量和结冰时间的增加对直升机操纵性的影响最大。在霜冰温度范围内,环境温度的降低,减缓了旋翼扭矩增大的趋势,因而使直升机操纵响应有向结冰前回复的趋势,但这种由环境温度变化产生的影响较小。此外,由水滴直径对结冰表面粗糙度的影响研究发现,当水滴直径不大于 $20\mu\mathrm{m}$ 时,可以忽略水滴直径对结冰表面粗糙度的影响;当水滴直径大于 $20\mu\mathrm{m}$ 时,随着水滴直径的增大,结冰表面粗糙度减小。因此,水滴直径的增大使直升机操纵响应有向结冰前回复的趋势,但这种由水滴直径变化产生的影响较小。

## 10.4　旋翼结冰状态对飞行品质的影响

　　基于飞行《品质要求》(ADS - 33E - PRF),对结冰对 UH - 60A 直升机姿态敏捷性、轴间耦合特性和横向突风扰动影响展开研究。基本旋翼结冰环境为 IC①(即当研究某一结冰参量对飞行品质的影响时,其他结冰参量均保持为 IC①的相应基准值不变)。

### 10.4.1  对姿态敏捷性的影响

在结冰后直升机飞行力学基础上,结合飞行品质分析方法,图 10-9 给出了直升机俯仰姿态敏捷性随不同结冰环境的变化。可以看出,旋翼结冰明显降低了俯仰姿态敏捷性,且随着结冰时间的增加,品质指标有沿评价图左下方移动的趋势,表明品质越来越差。

液态水含量、水滴直径和环境温度的变化对品质有一定影响。液态水含量的增加使品质指标沿评价图左下方移动,表明姿态敏捷性越来越差,如图 10-9(a)所示;水滴直径的增大使品质指标沿评价图左上方移动,表明姿态敏捷性有向结冰前回复的趋势。此外,环境温度的降低使品质指标沿评价图右上方移动,也表明姿态敏捷性有向结冰前回复的趋势,如图 10-9(c)所示。这一现象主要由旋翼桨叶结冰表面粗糙度的变化引起。式(9-32)中关于水滴直径和环境温度对

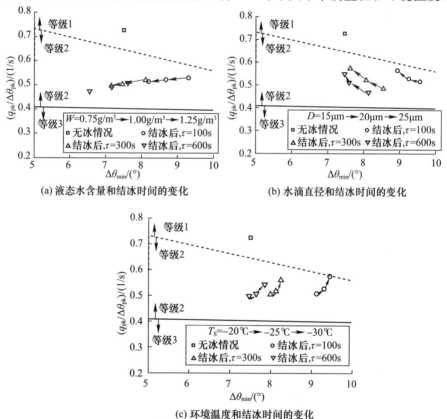

(a) 液态水含量和结冰时间的变化  (b) 水滴直径和结冰时间的变化

(c) 环境温度和结冰时间的变化

图 10-9  结冰对直升机俯仰姿态敏捷性的影响

结冰表面粗糙度的影响表明,水滴直径的增大使结冰表面粗糙度减小,结冰表面变得光滑,使积冰后的桨叶翼型气动性能较水滴直径较小时要好,使直升机姿态敏捷性有向结冰前回复的趋势;随着环境温度的降低,旋翼桨叶表面积冰的冰形越来越规则,使得积冰后的桨叶翼型气动特性较环境温度较高时略微变好,因而也使直升机姿态敏捷性有向结冰前回复的趋势,这一现象与实际的结冰情况相符合。

## 10.4.2　对轴间耦合特性的影响

　　旋翼结冰降低了直升机总距 – 偏航耦合特性,如图 10 – 10 所示,结冰时间的增加使品质指标更早地由等级 1 退化至等级 2。液态水含量的增加使品质指标沿左上方移动,表明总距 – 偏航耦合特性越来越差。环境温度的降低使品质指标朝右下方移动,表明品质有向结冰前回复的趋势。

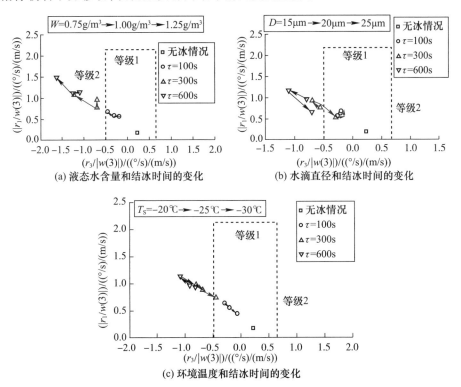

图 10 – 10　结冰对直升机总距 – 偏航耦合特性的影响

　　此外,从图 10 – 10(b)中可以明显看出,水滴直径的变化对总距 – 偏航耦合特性有较为特殊的影响。当水滴直径由 $D=15\,\mu m$ 增大至 $20\,\mu m$ 时,品质指标移至评价图的左上方,表明品质进一步下降;而当水滴直径由 $20\,\mu m$ 增大至 $25\,\mu m$

时,品质指标又开始移至评价图的右下方,表明品质有略微好转趋势。进一步研究发现,这一现象主要也是由旋翼桨叶结冰表面粗糙度的变化引起。当水滴直径小于 $20\mu m$ 时,水滴直径的变化对结冰表面粗糙度的影响可以忽略不计;当水滴直径大于 $20\mu m$ 时,水滴直径的增大导致结冰表面粗糙度减小,使结冰表面变得光滑,因而使结冰后的旋翼桨叶气动性能较结冰条件下水滴直径较小时略微变好,从而使直升机的总距 – 偏航耦合特性有向结冰前回复的趋势。

### 10.4.3    对横向突风扰动的影响

旋翼结冰降低了直升机横向突风扰动品质,且随着结冰时间的增加,品质呈线性下降趋势。液态水含量的增加、水滴直径的增大以及环境温度的下降均使直升机横向突风扰动品质下降,如图 10 – 11 所示。

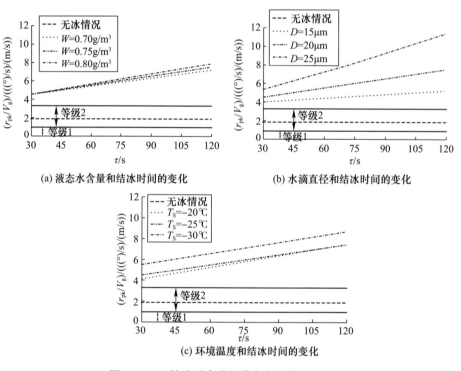

(a) 液态水含量和结冰时间的变化 　　　(b) 水滴直径和结冰时间的变化

(c) 环境温度和结冰时间的变化

图 10 – 11    结冰对直升机横向突风扰动的影响

## 🔲 10.5    小　　　结

飞行品质的研究除了依靠计算分析所得到的各项定量指标与规范中指标对

比外,还依靠试飞员对规定的任务科目进行试飞验证而给出飞行品质等级,本章的工作集中在飞行品质的定量计算,最终确定的飞行品质等级是对定量计算和试飞认定综合所得出的结论。结冰对直升机飞行特性有着不容忽视的影响,本章基于 MIL – F – 83300 和 ADS – 33E – PRF 对旋翼结冰前后的直升机飞行品质展开计算分析,讨论了不同结冰状态对飞行品质的影响,相关结果与实际的结冰情况相符合,今后可进一步结合旋翼结冰、尾桨结冰,开展全机结冰的飞行特性仿真研究,为直升机防冰、除冰设计以及结冰环境下直升机安全飞行提供一定的技术指导和预测手段。

## 参考文献

[1] 高正,陈仁良. 直升机飞行动力学[M]. 北京:科学出版社,2003.

[2] Hilbert K B. A mathematical model of UH – 60 helicopter[R]. NASATM85890,1984.

[3] 王适存. 直升机空气动力学[M]. 北京:航空专业教材编审组,1985.

[4] Ballin M G. Validation of a real – time engineering simulation of the UH – 60A helicopter[R]. NASA TM 88359,1987.

[5] ADS – 33E – PRF,Aeronautical Design Standard Performance Specification Handling Qualities Requirements for Military Rotorcraft[S]. Redstone Arsenal Alabama:Aviation Engineering Directorate,1996.

[6] Shin J,Bond T H. Experimental and computational ice shapes and resulting drag increase for a NACA 0012 Airfoil[R]. NASA TM 105743,1992.

[7] Cao Yihua,Li Guozhi,Ronald A. Hess. Helicopter flight characteristics in icing conditions[J]. The Aeronautical Journal,2012,116(1183):963 – 979.

# 内 容 简 介

本书从旋翼飞行器工程设计角度出发,对旋翼飞行器飞行力学建模涉及的旋翼尾迹建模、旋翼/机身气动干扰计算、飞行性能计算方法以及稳定性、操纵性和飞行品质分析方法作了系统介绍,针对多种构型的旋翼飞行器开展飞行力学建模研究,并结合相关算例对模型/方法进行了验证。

本书可以作为航空工程技术人员开展旋翼飞行器总体设计与性能分析的参考用书,也可供旋翼飞行器相关专业研究生使用。


This book proceeded from the perspective of rotorcraft engineering design, a systematic introduction to rotor wake modeling, rotor/fuselage aerodynamic interference modeling, flight performance calculation methods, and stability, controllability and flying qualities analysis methods involved in rotorcraft flight dynamics modeling were introduced. For multiple rotorcraft configurations, the flight dynamics modeling was carried, the model/method was verified with relevant calculation examples.

This book can be used as a reference for aviation engineering technician to carry out the overall design and performance analysis for rotorcraft, and it also can be used by graduate students in related majors of rotorcraft.